房屋建筑标准强制性条文实施指南丛书

建筑设备与节能分册

中国建筑工业出版社

图书在版编目（CIP）数据

建筑设备与节能分册/住房和城乡建设部强制性条文协调委员会.—北京：中国建筑工业出版社，2015.12
房屋建筑标准强制性条文实施指南丛书
ISBN 978-7-112-18306-7

Ⅰ.①建… Ⅱ.①住… Ⅲ.①建筑工程-工程施工-标准-中国-指南②房屋建筑设备-标准-中国-指南③建筑-节能-标准-中国-指南 Ⅳ.①TU711-62②TU8-62③TU111.4-62

中国版本图书馆 CIP 数据核字（2015）第 172944 号

为使广大工程技术人员能够更好地理解、掌握和执行《工程建设标准强制性条文（房屋建筑部分）》（2013 年版）（以下简称《强制性条文》），并便于有关监管部门和监督机构有效开展监督管理工作，受住房和城乡建设部标准定额司委托，住房和城乡建设部强制性条文协调委员会组织编制了《房屋建筑标准强制性条文实施指南》（以下简称《实施指南》）丛书。

本书包括 4 部分内容，主要内容包括：强制性条文概论、建筑设备、建筑节能、附录。本书为《实施指南》系列丛书的“建筑设备与节能分册”，共纳入强制性条文 351 条，涉及标准 50 本。其中，建筑设备篇的强制性条文 89 条，涉及标准 16 本；建筑节能篇的强制性条文 89 条，涉及标准 16 本。

本书是对房屋建筑标准有关强制性条文的权威解读，适合房屋建筑相关勘察、设计、施工、工程监理单位以及有关监督管理机构的专业技术人员和管理人员参考使用，亦可作为强制性条文的宣贯培训用书。

责任编辑：丁洪良 何玮珂 孙玉珍
责任设计：李志立
责任校对：李美娜 赵 颖

房屋建筑标准强制性条文实施指南丛书
建筑设备与节能分册
住房和城乡建设部强制性条文协调委员会
*
中国建筑工业出版社出版、发行（北京西郊百万庄）
各地新华书店、建筑书店经销
北京红光制版公司制版
北京圣夫亚美印刷有限公司印刷
*
开本：787×1092 毫米 1/16 印张：19¾ 字数：478 千字
2015 年 12 月第一版 2015 年 12 月第一次印刷
定价：**49.00** 元
ISBN 978-7-112-18306-7
（27544）

房屋建筑标准强制性条文实施指南
丛书指导委员会

主　任：杨瑾峰　住房和城乡建设部标准定额司副司长

副主任：黄　强　住房和城乡建设部强制性条文协调委员会常务副主任委员，中国建筑科学研究院副院长

沈元勤　中国建筑工业出版社社长

委　员：赵毅明　住房和城乡建设部标准定额司处长

王果英　住房和城乡建设部标准定额司处长

向建国　中国建筑工业出版社标准规范图书中心主任

房屋建筑标准强制性条文实施指南
丛书组织委员会

主　任：程志军

副主任：林常青　王晓锋

委　员：（按姓氏笔画为序）

叶　凌　刘雅芹　孙　兰　李小阳　李东彬　吴　体

张　炜　张　淼　张昌叙　陈云玉　罗开海　周　辉

周献祥　赵　锂　侯伟生　姜　波　贺贤娟　徐　伟

高　迪　黄小坤　黄世敏　康景文　梁　坦　程　骐

程绍革　滕延京

建筑设备与节能分册编委会

前言

为充分发挥工程建设强制性标准在贯彻国家方针政策、保证工程质量安全、维护社会公共利益等方面的引导和约束作用，进一步加强工程建设强制性标准的实施和监督工作，2013年，住房和城乡建设部标准定额司委托住房和城乡建设部强制性条文协调委员会（以下简称强条委）对现行工程建设国家标准、行业标准中的强制性条文进行了清理，并将清理后的强制性条文汇编成《工程建设标准强制性条文（房屋建筑部分）》（2013年版）（以下简称《强制性条文》）。

为使广大工程技术人员能够更好地理解、掌握和执行《强制性条文》，并便于有关监管部门和监督机构有效开展监督管理工作，受住房和城乡建设部标准定额司委托，强条委组织编制了《房屋建筑标准强制性条文实施指南》（以下简称《实施指南》）丛书。本书为《实施指南》丛书的建筑设备与节能分册，针对《强制性条文》第二篇“建筑设备”、第四篇“建筑节能”的内容进行编制。

一、编制概况

强制性条文的文字表达具有逻辑严谨、简练明确的特点，且只作规定而不述理由，对于执行者和监管者来说可能知其表易，而察其理难。编制《实施指南》的首要目的即是准确诠释强制性条文的内涵，析其理、明其意，从而使执行者能够有效实施强制性条文，使监管者能够有效监督强制性条文的实施。为此，强条委秘书处统一部署，精心组织，邀请房屋建筑相关标准主要编写人员和房屋建筑标准化领域的权威专家，经过稿件撰写、汇总、修改、审查、校对等过程，历时一年编制成稿。

二、内容简述

本书包括四部分内容，各部分主要内容如下：

第1部分　强制性条文概论——全面介绍强制性条文发展历程，分析其属性和作用，并对强制性条文的编制管理、制定、实施和监督等作了系统阐述，以使读者对强制性条文有全面、清晰的了解和认识。

第2、3部分　建筑设备、建筑节能——本书的技术内容部分，对强制性条文逐条解析，提出实施要点，并按照统一的体例进行编制，即“强制性条文”、“技术要点说明”和“实施与检查”，部分强制性条文还辅以“案例”。其中：

（1）“技术要点说明”主要包括条文规定的目的、依据、含义、强制实施的理由、相关标准规定（特别是相关强制性条文规定）以及注意事项等内容；

（2）“实施与检查”主要指为保证强制性条文有效执行和监督检查应采取的措施、操作程序和方法、检查程序和方法等，具体包括实施与检查的主体、行为以及实施与检查的内容、要求四个方面。本书中强制性条文的实施主体主要是勘察、设计单位，检查主体主要是监管部门和监督机构（如施工图审查单位），为避免重复，实施与检查的主体一般予以省略。

（3）“案例”针对部分强制性条文给出，供读者参考，以便于读者更好地理解、掌握。

第 4 部分　附录——收录与强制性条文实施和监督相关的行政法规、部门规章、强条委简介及有关文件，以便于读者查阅。

三、有关说明

本书为《实施指南》丛书的建筑设备设计和建筑节能设计、施工验收及改造册，共纳入强制性条文 351 条，涉及标准 50 本。其中，建筑设备篇的强制性条文 89 条，涉及标准 16 本；建筑节能篇的强制性条文 89 条，涉及标准 16 本。

本书中强制性条文的收录原则如下：

（1）以《强制性条文》所列条文为基础，并对 2014 年 6 月 30 日前新发布标准中的强制性条文进行了补充或代替；未纳入全文强制标准（如《住宅建筑规范》GB 50368－2005）的条文。

（2）对于处于修订中的标准，2014 年 6 月 30 日前已经完成强制性条文审查的，按强条委的审查意见纳入了相关条文，并在文中注明，未经过强制性条文审查的条文未纳入。

（3）由于标准修订不同步等原因，导致专用标准的个别强制性条文与通用标准或基础标准不协调或冲突时，该专用标准的相关条文不予纳入。

本书中，对于等同、等效的强制性条文，仅对其中一条列出实施要点的具体内容，对其他条仅列出条文，不再重复实施要点的具体内容。对有些内容相近，但又不属于等同或等效的强制性条文，各条的实施要点分别列出。

为了解释全面、详尽，个别强制性条文的实施要点中涉及少量非强制性条文的内容，但这并不表示这些非强制性条文具有强制性，而是仅指这些非强制性条文与该强制性条文有相关性。

本书中的强制性条文与新发布的工程建设国家标准、行业标准中相应的强制性条文不一致时，应以新发布的工程建设国家标准、行业标准中相应的强制性条文为准。

本书由强条委组织编制，是对房屋建筑标准有关强制性条文的权威解读，适合房屋建筑相关勘察、设计、施工、工程监理单位以及有关监督管理机构的专业技术人员和管理人员参考使用，亦可作为强制性条文的宣贯培训用书。但需要特别指出的是，除强制性条文之外，本书的其他内容并不具有强制性。

四、致谢

本书的编制工作得到了各标准主编单位、标准主要编写人员及有关专家的大力支持和帮助，住房和城乡建设部标准定额司、住房和城乡建设部标准定额研究所、中国建筑工业出版社有关负责同志也给予了具体指导。在本书付梓之际，诚挚地对有关单位、专家和有关人员表示感谢。

五、意见反馈

本书今后将适时修订。在本书使用过程中，如有意见或建议，请反馈至住房和城乡建设部强制性条文协调委员会秘书处（地址：北京市北三环东路30号 中国建筑科学研究院标准规范处；邮编：100013；E-mail：qtw@cabr.com.cn），以便修订完善。

住房和城乡建设部强制性条文协调委员会

2014年10月

目　录

第一篇　强制性条文概论

第二篇　建　筑　设　备

第三篇 建 筑 节 能

附 录

第 一 篇

强制性条文概论

1 强制性条文发展历程

工程建设标准是为在工程建设领域内获得最佳秩序，对建设工程的勘察、规划、设计、施工、安装、验收、运营维护及管理等活动和结果需要协调统一的事项所制定的共同的、重复使用的技术依据和准则，对促进技术进步，保证工程安全、质量、环境和公众利益，实现最佳社会效益、经济效益、环境效益和最佳效率等，具有直接作用和重要意义。

工程建设标准在保障建设工程质量安全、保障人身安全和人体健康以及其他社会公共利益方面一直发挥着重要作用。具体就是通过行之有效的标准规范，特别是工程建设强制性标准，为建设工程实施安全防范措施、消除安全隐患提供统一的技术要求，以确保在现有的技术、管理条件下尽可能地保障建设工程质量安全，从而最大限度地保障建设工程的建造者、所有者、使用者和有关人员的人身安全、财产安全以及人体健康。

就强制性而言，我国工程建设标准经历了全部强制、《中华人民共和国标准化法》意义上的强制性标准、强制性条文、全文强制标准的发展过程。1949～1989 年，为标准全部强制阶段，我国标准化工作采用单一的强制性标准体制。1989～2000 年，为标准分为强制性标准和推荐性标准阶段，我国标准化工作采用强制性标准和推荐性标准相结合的二元结构体制。2000 年至今，强制性条文制度建立并发展，全文强制标准陆续编制发布，强制性标准表现为条文强制和全文强制两种形式。

1.1 强制性条文的产生

1988 年和 1989 年先后发布的《中华人民共和国标准化法》、《中华人民共和国标准化法实施条例》规定：国家标准、行业标准分为强制性标准和推荐性标准；强制性标准，必须执行，推荐性标准，国家鼓励企业自愿采用。

1997 年发布的《中华人民共和国建筑法》规定，建设、勘察、设计、施工和监理单位在建筑活动中，必须执行相关标准。尽管《中华人民共和国标准化法》中明确将标准划分为强制性标准和推荐性标准，并对两者的执行提出了不同的要求，但在《中华人民共和国标准化法》出台后 9 年才出台的《中华人民共和国建筑法》并未响应这种划分，而是在条文中笼统地表述为“标准”。这种法律之间的不协调配套，使法律规范对技术标准的引用没有落实，更有将技术标准强制实施范围和内容扩大化的风险。

2000 年国务院发布的《建设工程质量管理条例》(国务院令第 279 号)规定，建设单位、勘察单位、设计单位、施工单位、工程监理单位依法对建设工程质量负责，而且要求建设工程质量的责任主体必须严格执行工程建设强制性标准，并对有关责任主体违反工程建设强制性标准，降低建设工程质量提出了具体处罚规定。《建设工程质量管理条例》首次在法规层面提出工程建设强制性标准，并将其作为保障建设工程质量的重要措施和各方责任主体执行技术标准的标志。

2000年8月，原建设部(现为住房和城乡建设部)发布与《建设工程质量管理条例》配套的《实施工程建设强制性标准监督规定》(建设部令第81号)，规定从事新建、扩建、改建等工程建设活动，必须执行工程建设强制性标准，且明确"本规定所称工程建设强制性标准是指直接涉及工程质量、安全、卫生及环境保护等方面的工程建设标准强制性条文"，从而确立了强制性条文的法律地位，并对加强建设工程质量的管理和加强强制性标准(强制性条文)实施的监督作出了具体规定，明确了各方责任主体的职责。《实施工程建设强制性标准监督规定》首次明确界定"工程建设强制性标准"即指"工程建设标准强制性条文"，响应了《建设工程质量管理条例》中对执行工程建设强制性标准的规定。

《建设工程质量管理条例》对执行工程建设强制性标准作出了明确的、严格的规定，这对工程建设强制性标准的定义、范围、数量等，都提出了新的要求。当时，我国在施的各类工程建设强制性标准(按《标准化法》划分的强制性标准)多达2700余项，需要执行的标准条文超过15万条。在这些强制性标准的条文中，既有应强制的技术要求，也有在正常情况下可以选择执行的技术要求。如果不加区分地都予以严格执行，必然影响工程技术人员的积极性和创造性，阻碍新技术、新工艺、新材料的推广应用；如果不突出确实需要强制执行的技术要求，政府管理部门也将难以开展监督工作，必然影响标准作用的充分发挥。《实施工程建设强制性标准监督规定》明确"工程建设强制性标准"即指"工程建设标准强制性条文"，实际上是进一步限定了工程建设强制性标准的范围，并为实施《建设工程质量管理条例》开辟了道路。

原建设部(现为住房和城乡建设部)于2000年组织专家从已经批准的工程建设国家标准、行业标准中挑选带有"必须"和"应"规定的条文，对其中直接涉及工程质量、安全、卫生及环境保护和其他公众利益的条文进行摘录，形成了《工程建设标准强制性条文》2000年版。《工程建设标准强制性条文》2000年版共十五部分，包括城乡规划、城市建设、房屋建筑、工业建筑、水利工程、电力工程、信息工程、水运工程、公路工程、铁道工程、石油和化工建设工程、矿山工程、人防工程、广播电影电视工程和民航机场工程，覆盖了工程建设的各主要领域。

从2000年以来，在制修订工程建设标准时，对直接涉及工程质量、安全人民生命财产安全、人身健康、环境保护和其他公众利益，以及提高经济效益和社会效益等方面的条文经审查后作为强制性条文，并在标准发布公告中明确条文编号，在标准前言中加以说明，在标准正文中用黑体字标志。工程建设标准强制性条文(房屋建筑部分)咨询委员会(现为住房和城乡建设部强制性条文协调委员会)是房屋建筑(现扩展为房屋建筑、城乡规划、城镇建设)标准强制性条文的审查和管理机构。这种审查制度延续至今。

1.2 强制性条文的现状

随着强制性条文制度的确立及实施，工程建设强制性标准得以相对有序地发展。起初，强制性条文均来源于工程建设国家标准、行业标准，后来编制的地方标准中也开始出现强制性条文。相关标准制修订后还会出现新制订或修订的强制性条文，强制性条文不断推出和更新。

其后，对《工程建设标准强制性条文》各部分也陆续开展了修订工作。《工程建设标准强制性条文》(房屋建筑部分)先后出版了 2002 年版、2009 年版和 2013 年版。其他部分还有《工程建设标准强制性条文》(城乡规划部分)2013 年版，《工程建设标准强制性条文》(城镇建设部分)2013 年版，《工程建设标准强制性条文》(电力工程部分)2006 年版，《工程建设标准强制性条文》(水利部分)2010 年版，《工程建设标准强制性条文》(工业建筑部分)2012 年版。

截至 2013 年 6 月 30 日，房屋建筑、城乡规划、城镇建设领域现行工程建设标准、强制性标准和强制性条文情况如表 1.2 所示。

表 1.2 我国房屋建筑、城乡规划、城镇建设领域现行标准和强制性标准情况

	所属领域		
	房屋建筑	城乡规划	城镇建设
现行标准总数	482	27	251
其中，国标数量	227	22	97
行标数量	255	5	154
现行强制性标准总数	325	17	138
其中，国标数量	169	14	52
行标数量	156	3	86
强制性条文总数	3103	193	2180

2003 年，原建设部（现为住房和城乡建设部）组织开展了房屋建筑、城镇燃气、城市轨道交通技术法规的试点编制工作，继续推进工程建设标准体制改革。2005 年以来，原建设部（现为住房和城乡建设部）组织制订了一批全文强制标准，如《住宅建筑规范》GB 50368－2005、《城市轨道交通技术规范》GB 50490－2009、《城镇燃气技术规范》GB 50494－2009、《城镇给水排水技术规范》GB 50778－2012 等。

全文强制标准是主要依据现行相关标准，参照发达国家和地区技术法规制定原则，结合我国实际情况制定的全部条文为强制性条文的工程建设强制性标准。全文强制标准具有与国外技术法规相近的属性和特点。

截至目前，工程建设强制性标准具有两种表现形式：一是工程建设标准中以黑体字标志的必须严格执行的强制性条文，以及摘录现行标准中强制性条文形成的《工程建设标准强制性条文》汇编；二是以功能和性能要求为基础的全文强制标准，如《住宅建筑规范》GB 50368－2005。强制性条文和全文强制标准构成了我国目前的工程建设强制性标准体系。

1.3 强制性条文的不足

在工程建设强制性标准发展过程中，无论是强制性条文（含全文强制标准）编制、审查、发布，还是其实施及实施监督，一些不适应和不完善的地方逐渐暴露出来。主要有以下几个方面：

（1）强制性条文散布于各本技术标准中，系统性不够，且可能存在重复、交叉甚至矛盾。目前，强制性条文由标准编制组提出，经标准审查会审查通过后，再由住房和城乡建设部强制性条文协调委员会审查。审查会专家多从技术层面把关，可较好地把握技术的成熟性和可操作性。但编制组和审查会专家可能对强制性条文的确定原则理解不深，或对相关标准的规定（特别是强制性条文）不熟悉，造成提交的强制性条文与相关标准强制性条文重复、交叉甚至矛盾。强制性条文之间内容交叉甚至矛盾则势必会造成实施者无所适从，不利于发挥标准的作用，更不利于保证质量和责任划分。

（2）强制性条文形成机制不能完全适应发展需要。强制性条文在不断充实的过程中，也存在强制性条文确定原则和方式、审查规则等方面不够完善的问题。由于强制性条文与非强制性条文界限不清，致使强制性条文的确定并不能完全遵循统一的、明确的、一贯的规则，也会造成强制性条文之间重复、交叉甚至矛盾。同时，由于标准制修订不同步和审查时限要求等因素，住房和城乡建设部强制性条文协调委员会有时也无法从总体上平衡，只能“被动”接受。这些都不能完全适应当前工程建设标准和经济社会发展的需求。

（3）以功能和性能要求为基础的全文强制标准的有效有序实施存在困难。住房和城乡建设部已陆续编制、发布一些以功能和性能要求为基础的全文强制标准，这为构建工程建设技术法规体系奠定了良好的基础。但由于未能在制度层面界定全文强制标准、强制性条文和非强制性条文的地位和关联关系，致使全文强制标准的实施和监督可能缺乏明确的技术依据和方法手段。这个问题在部分强制性条文中也同样存在。

总体来说，强制性条文的这些不足是由其形成机制造成的，是“与生俱来”的。这些问题的解决，有待于在标准化实践中进一步反映需求，有待于社会各界进一步凝聚共识，有待于工程建设标准体制进一步改革。

2 强制性条文的属性和作用

2.1 强制性条文的属性

强制性条文和全文强制标准一样，具有标准的一般属性和构成要素，同时具有现实的强制性。强制性是强制性条文最重要的属性。

我国《中华人民共和国标准化法》和《中华人民共和国标准化法实施条例》规定了强制性标准必须执行，《中华人民共和国建筑法》规定了建筑活动应遵守有关标准规定，《建设工程质量管理条例》规定了必须严格执行工程建设强制性标准，《实施工程建设强制性标准监督规定》进一步明确"工程建设强制性标准"即指"工程建设标准强制性条文"。

由于法律、行政法规和部门规章的引用和对强制性标准的逐次界定，使强制性条文具有了强制执行的属性。换句话说，强制性条文的强制性是由法律、行政法规、部门规章联合赋予的。法律、行政法规规定应执行强制性标准，部门规章进一步明确强制性标准即强制性条文。

2.2 强制性条文的作用

（1）强制性条文是贯彻《建设工程质量管理条例》的重大制度安排

2000年，国务院发布《建设工程质量管理条例》（以下简称《条例》）。这是国家在市场经济条件下，为建立新的建设工程质量管理制度和运行机制而制定的行政法规。《条例》对执行工程建设强制性标准作出了全面、严格的规定。这是迄今为止，国家对不执行强制性标准作出的最为严厉的行政管理规定，不执行强制性标准就是违法，就要受到相应的处罚。《条例》对强制性标准实施监督的严格规定，打破了主要依靠行政管理保证建设工程质量的传统习惯，赋予了强制性标准明确的法律地位，开始走上了行政管理和强制性标准并重的保证建设工程质量的道路。

《条例》为强制性标准的全面贯彻实施创造了极为有利的条件。《实施工程建设强制性标准监督规定》进一步明确强制性标准即强制性条文。由此，强制性条文制度正式建立和实施，为贯彻《条例》提供了有效的手段和措施，是一项意义重大、影响深远的制度安排。

（2）强制性条文对保证工程质量安全、规范建设市场具有重要作用

强制性条文是工程建设活动应遵守的基本技术要求，同时也是工程质量安全和建设市场监管的技术依据。强制性条文是直接涉及工程质量、安全、卫生及环境保护等方面的工程建设标准条文，对保证工程质量、安全至关重要。我国中央政府和地方政府开展的各次工程质量安全和建设市场监督执法检查，均将是否执行强制性标准作为一项重要内容。在事故调查中，不论对人为原因造成的，还是对在自然灾害中垮塌的建设工程，都要重点审

查有关单位贯彻执行强制性条文的情况，对违规者要追究法律责任。

据2011年全国建设工程质量安全执法监督检查情况的通报，住房和城乡建设部组织对全国30个省、自治区、直辖市（西藏自治区除外）进行了以保障性安居工程为主的建设工程质量安全监督执法检查，共抽查233项在建房屋建筑工程（包括保障性安居工程214项、商品住宅11项、公共建筑工程8项，总建筑面积约366.3万m^2）。从检查情况看，这次抽查的工程总体上能按照国家有关工程建设法律法规和强制性标准进行建设，大多数项目的参建各方质量行为比较规范，勘察设计和施工质量处于受控状态。但是，建设、勘察、设计、施工、监理等各方责任主体均不同程度存在质量安全问题，个别工程执行工程建设强制性技术标准的情况不容乐观。

另据来自于《中国建设报》的消息，2012年全国施工图审查共查出违反强制性条款数量290688条次，施工图审查一次审查合格率仅为44.9%。这不仅反映出勘察设计质量仍有待提高，还反映出施工图审查在保障工程质量方面成效显著，发挥了事前审查，及时发现、排除质量安全隐患，减少事故损失的作用。

与建设工程相关的质量事故和安全事故，虽然其表现形式和后果多种多样，但其中的一个重要原因都是违反标准的规定，特别是违反强制性条文的规定。只有严格贯彻执行工程建设标准，特别是强制性条文，才能保证建设工程的使用寿命，才能确保人民的生命财产安全，才能使工程建设投资发挥最好的效益。

（3）强制性条文是推进工程建设标准体制改革的关键步骤

工程建设标准是中央政府和地方政府从技术标准化的角度，为工程建设活动提供的技术规则，对引导和规范建设市场行为、保证工程质量安全具有重要的作用。我国现行的工程建设标准体制是强制性和推荐性相结合的体制，这一体制是《中华人民共和国标准化法》所规定的。在建立和完善社会主义市场经济体制和应对加入WTO的新形势下，需要进行改革和完善，需要与时俱进。

世界上大多数国家对工程建设活动的技术控制，采取的是技术法规与技术标准相结合的管理体制。技术法规是强制性的，是把工程建设活动中的技术要求法制化，在工程建设活动中严格贯彻，不执行技术法规就是违法，就要受到相应的处罚。技术法规中引用的技术标准也应严格执行，而没有被技术法规引用的技术标准可自愿采用。这种技术法规与技术标准相结合的管理体制，由于技术法规的数量少、重点突出，因而执行起来也就明确、方便，不仅能够满足工程建设活动的技术需求，而且也不会给工程建设市场发展以及工程技术进步造成障碍。应当说，这对我国工程建设标准体制的改革具有现实的借鉴作用。

我国的法律规范体系中并没有“技术法规”这种法律文件。在我国工程建设技术领域直接形成技术法规、按照技术法规与技术标准相结合的体制运作，并不具备立法上的基础条件，尚需要不断研究、探索和实践，并在某些重要环节取得突破。强制性条文是工程建设标准体制改革的关键步骤，为探索建立适应中国国情的工程建设技术法规体系奠定了基础、积累了经验。可以预计，强制性条文内容的不断改造和完善，将会逐步成为我国工程建设技术法规的重要内容。

3　强制性条文制定

3.1　强制性条文管理部门和管理机构

目前，我国工程建设标准化管理部门和机构包括两部分：一是政府管理部门，包括负责全国工程建设标准化归口管理工作的国务院住房和城乡建设主管部门，负责本部门或本行业工程建设标准化工作的国务院有关主管部门，负责本行政区域工程建设标准化工作的省、市、县人民政府住房和城乡建设主管部门；二是非政府管理机构，即政府主管部门委托的负责工程建设标准化管理工作的机构。

由于强制性条文来源于各本工程建设标准，上述工程建设标准化管理部门和机构也同时承担着强制性条文的管理责任和具体工作。以下以房屋建筑标准强制性条文的管理为例，介绍其管理部门和管理机构。

2001年7月，原建设部（现为住房和城乡建设部）发文《关于组建〈工程建设标准强制性条文〉（房屋建筑部分）咨询委员会的通知》（建办标［2001］33号），批准成立了由中国建筑科学研究院牵头联合有关单位组建的《工程建设标准强制性条文》（房屋建筑部分）咨询委员会（以下简称咨询委员会），明确了咨询委员会负责协助建设部标准定额司管理房屋建筑强制性标准（强制性条文）。

2011年，为适应住房城乡建设标准化管理需求，进一步增强标准化技术管理力度，保障标准的编制质量和水平，更好地发挥标准对住房城乡建设事业的支撑保障作用，住房和城乡建设部发文《关于调整住房和城乡建设部标准化技术支撑机构的通知》（建标［2011］98号），批准成立了住房和城乡建设部强制性条文协调委员会（在原咨询委员会基础上重新组建，以下简称强条委），明确强条委是开展城乡规划、城乡建设和房屋建筑领域工程建设标准强制性条文管理工作的标准化技术支撑机构，负责对城乡规划、工程勘察与测量、建筑设计等二十个专业标准化技术委员会（以下简称专业标委会）提交的工程建设国家标准、行业标准，以及各地方建设行政主管部门或其委托机构报请备案的地方标准中的强制性条文进行审查，协助住房和城乡建设部对强制性条文进行日常管理和对强制性条文技术内容进行解释。

总体来说，住房和城乡建设部（标准定额司）是房屋建筑标准强制性条文的管理部门，强条委是房屋建筑等标准强制性条文的管理机构。在具体管理工作中，受住房和城乡建设部（标准定额司）委托，住房和城乡建设部标准定额研究所、各专业标委会在标准编制管理的有关环节中对强制性条文的确定发挥作用。

3.2　强制性条文制定程序

由于强制性条文来源于各本工程建设标准，是随着工程建设标准制修订过程确定的，其制定程序与工程建设标准基本相同。

根据住房和城乡建设部于2011年12月发布的《住房和城乡建设部标准编制工作流程(试行)》(建标标函［2011］151号)和住房和城乡建设部强制性条文协调委员会于2012年4月发布的《强制性条文审查工作办法》(强条委［2012］3号)的有关规定，城乡规划、城乡建设和房屋建筑领域工程建设标准中的强制性条文制定程序可总结如下：

(1) 在标准征求意见阶段，标准主编单位(编制组)将标准(含拟定强制性条文)征求意见文件报送强条委秘书处，强条委秘书处组织反馈意见。

(2) 在标准送审阶段，标准主编单位(编制组)向标准审查会议提交的标准送审文件中应明确提出拟定的强制性条文；标准审查会议上，标准审查专家委员会对标准主编单位(编制组)提出的拟定强制性条文进行专项审查，且审查会议纪要应包含强制性条文专项审查意见和具体建议。

(3) 在标准报批阶段，标准主编单位(编制组)应按标准审查会议意见，对建议作为强制性条文的条文进行修改、完善，并报专业标委会进行初审；经专业标委会初审后，由专业标委会秘书处书面报请强条委审查；强条委秘书处进行形式审查，组织有关专家对强制性条文进行技术审查，并向专业标委会及主编单位出具强制性条文审查意见函；标准主编单位(编制组)应按照强条委的审查意见，对标准报批稿进行相应的修改、完善，在向住房和城乡建设部行文报送标准报批文件时，应随附强条委出具的强制性条文审查意见函。

3.3 强制性条文编写规定

根据住房和城乡建设部于2008年10月发布的《工程建设标准编写规定》(建标［2008］182号)和住房和城乡建设部强制性条文协调委员会于2012年4月发布的《工程建设标准强制性条文编写规定》(强条委［2012］2号)，城乡规划、城乡建设和房屋建筑领域工程建设标准中的强制性条文编写规定可总结如下：

(1) 工程建设国家标准和行业标准中直接涉及人民生命财产安全、人身健康、节能、节地、节水、节材、环境保护和其他公众利益，且必须严格执行的条文，应列为强制性条文，且采用黑体字标志。

(2) 地方标准可按照强制性条文的确定原则，根据当地的气候、地理、资源、经济、文化特点等，制定有针对性的强制性条文。

(3) 强制性条文应是完整的条。

(4) 强制性条文中不应引用非强制性条文的内容。

(5) 强制性条文必须编写条文说明，且必须表述作为强制性条文的理由。

(6) 强制性条文的内容表达应完整准确，文字表达应逻辑严谨、简练明确，不得模棱两可。

(7) 强制性条文应具有相对稳定性。相应标准修订时，标准中强制性条文的调整应经论证。

(8) 强制性条文之间应协调一致，不得相互抵触。

(9) 强制性条文应具有可操作性。强制性条文可以是定量的要求，也可以是定性的规定。定量或定性应准确，并应有充分的依据。

(10) 对争议较大且未取得一致意见的标准条文，不应列为强制性条文。

(11) 行业标准中的强制性条文不得与国家标准中的强制性条文相抵触。

(12) 地方标准中的强制性条文不得与国家标准、行业标准中的强制性条文相抵触。

4 强制性条文实施与监督

标准化工作的任务是制定标准、组织实施标准和对标准的实施进行监督。制定标准是标准化工作的前提，实施标准是标准化工作的目的，对标准的实施进行监督是标准化工作的手段。加强工程建设标准（尤其是强制性条文）的实施与监督，使工程建设各阶段各环节正确理解、准确执行工程建设标准（尤其是强制性条文），是工程建设标准化工作的重要任务。

《中华人民共和国标准化法》规定，强制性标准，必须执行。《建设工程质量管理条例》、《实施工程建设强制性标准监督规定》等行政法规、部门规章从不同角度对实施工程建设标准和对标准实施进行监督作了或原则、或具体的规定。

由于强制性条文依附于各本工程建设标准，强制性条文不是工程建设活动的惟一技术依据，实施强制性条文也不是保证工程质量安全的充分条件。现行强制性标准中没有列为强制性条文的内容，是非强制监督执行的内容，但是，如果因为没有执行这些技术规定而造成了工程质量安全方面的隐患或事故，同样应追究责任。也就是说，只要违反强制性条文就要追究责任并实施处罚；违反强制性标准中非强制性条文的规定，如果造成工程质量安全方面的隐患或事故才会追究责任。

4.1 相关法律、法规及规章的规定

（一）《标准化法》、《标准化法实施条例》

《标准化法》、《标准化法实施条例》对标准的实施与监督都作出了明确规定：

（1）强制性标准实施

强制性标准，必须执行。不符合强制性标准的产品，禁止生产、销售和进口。

（2）实施监督部门及职责

国务院标准化行政主管部门统一负责全国标准实施的监督。国务院有关行政主管部门分工负责本部门、本行业的标准实施的监督。省、自治区、直辖市标准化行政主管部门统一负责本行政区域内的标准实施的监督。省、自治区、直辖市人民政府有关行政主管部门分工负责本行政区域内本部门、本行业的标准实施的监督。市、县标准化行政主管部门和有关行政主管部门，按照省、自治区、直辖市人民政府规定的各自的职责，负责本行政区域内的标准实施的监督。

（二）《建筑法》

《建筑法》第三条规定：建筑活动应当确保建筑工程质量和安全，符合国家的建设工程安全标准。该法分别对建设单位、勘察单位、设计单位、施工企业和工程监理单位实施标准的责任，以及对主管部门的监管责任作了具体规定。

（1）建设单位

建设单位不得以任何理由，要求建筑设计单位或者建筑施工企业在工程设计或者施工作业中，违反法律、行政法规和建筑工程质量、安全标准，降低工程质量。建筑设计单位和建筑施工企业对建设单位违反前款规定提出的降低工程质量的要求，应当予以拒绝。

建设单位违反本法规定，要求建筑设计单位或者建筑施工企业违反建筑工程质量、安全标准，降低工程质量的，责令改正，可以处以罚款；构成犯罪的，依法追究刑事责任。

（2）勘察、设计单位

建筑工程设计应当符合按照国家规定制定的建筑安全规程和技术规范，保证工程的安全性能。

建筑工程的勘察、设计单位必须对其勘察、设计的质量负责。勘察、设计文件应当符合有关法律、行政法规的规定和建筑工程质量、安全标准、建筑工程勘察、设计技术规范以及合同的约定。设计文件选用的建筑材料、建筑构配件和设备，应当注明其规格、型号、性能等技术指标，其质量要求必须符合国家规定的标准。

建筑设计单位不按照建筑工程质量、安全标准进行设计的，责令改正，处以罚款；造成工程质量事故的，责令停业整顿，降低资质等级或者吊销资质证书，没收违法所得，并处罚款；造成损失的，承担赔偿责任；构成犯罪的，依法追究刑事责任。

（3）施工单位

建筑施工企业和作业人员在施工过程中，应当遵守有关安全生产的法律、法规和建筑行业安全规章、规程，不得违章指挥或者违章作业。建筑施工企业对工程的施工质量负责。

建筑施工企业对工程的施工质量负责。建筑施工企业必须按照工程设计图纸和施工技术标准施工，不得偷工减料。

交付竣工验收的建筑工程，必须符合规定的建筑工程质量标准，有完整的工程技术经济资料和经签署的工程保修书，并具备国家规定的其他竣工条件。

建筑施工企业在施工中偷工减料的，使用不合格的建筑材料、建筑构配件和设备的，或者有其他不按照工程设计图纸或者施工技术标准施工的行为的，责令改正，处以罚款；情节严重的，责令停业整顿，降低资质等级或者吊销资质证书；造成建筑工程质量不符合规定的质量标准的，负责返工、修理，并赔偿因此造成的损失；构成犯罪的，依法追究刑事责任。

（4）监理单位

建筑工程监理应当依照法律、行政法规及有关的技术标准、设计文件和建筑工程承包合同，对承包单位在施工质量、建设工期和建设资金使用等方面，代表建设单位实施监督。工程监理人员认为工程施工不符合工程设计要求、施工技术标准和合同约定的，有权要求建筑施工企业改正。工程监理人员发现工程设计不符合建筑工程质量标准或者合同约定的质量要求的，应当报告建设单位要求设计单位改正。

（5）主管部门

国务院建设行政主管部门对全国的建筑活动实施统一监督管理。

（三）《建设工程质量管理条例》

《建设工程质量管理条例》第三条规定，建设单位、勘察单位、设计单位、施工单位、工程监理单位依法对建设工程质量负责。《建设工程质量管理条例》对标准实施与监督的规定，是按照不同的责任主体作出的。

（1）建设单位

建设单位不得明示或者暗示设计单位或者施工单位违反工程建设强制性标准，降低建设工程质量。

违反本条例规定，建设单位有下列行为之一的，责令改正，处 20 万元以上 50 万元以下的罚款：……（三）明示或者暗示设计单位或者施工单位违反工程建设强制性标准，降低工程质量的。

（2）勘察、设计单位

勘察、设计单位必须按照工程建设强制性标准进行勘察、设计，并对其勘察、设计的质量负责。

设计单位在设计文件中选用的建筑材料、建筑构配件和设备，应当注明规格、型号、性能等技术指标，其质量要求必须符合国家规定的标准。

违反本条例规定，有下列行为之一的，责令改正，处 10 万元以上 30 万元以下的罚款：（一）勘察单位未按照工程建设强制性标准进行勘察的；……（四）设计单位未按照工程建设强制性标准进行设计的。有前款所列行为，造成重大工程质量事故的，责令停业整顿，降低资质等级；情节严重的，吊销资质证书；造成损失的，依法承担赔偿责任。

（3）施工单位

施工单位必须按照工程设计图纸和施工技术标准施工，不得擅自修改工程设计，不得偷工减料。

施工单位必须按照工程设计要求、施工技术标准和合同约定，对建筑材料、建筑构配件、设备和商品混凝土进行检验，检验应当有书面记录和专人签字；未经检验或者检验不合格的，不得使用。

违反本条例规定，施工单位在施工中偷工减料的，使用不合格的建筑材料、建筑构配件和设备的，或者有不按照工程设计图纸或者施工技术标准施工的其他行为的，责令改正，处工程合同价款 2%以上 4%以下的罚款；造成建设工程质量不符合规定的质量标准的，负责返工、修理，并赔偿因此造成的损失；情节严重的，责令停业整顿，降低资质等级或者吊销资质证书。

（4）工程监理单位

工程监理单位应当依照法律、法规以及有关技术标准、设计文件和建设工程承包合同，代表建设单位对施工质量实施监理，并对施工质量承担监理责任。

监理工程师应当按照工程监理规范的要求，采取旁站、巡视和平行检验等形式，对建设工程实施监理。

（5）主管部门

国务院建设行政主管部门和国务院铁路、交通、水利等有关部门应当加强对有关建设工程质量的法律、法规和强制性标准执行情况的监督检查。

县级以上地方人民政府建设行政主管部门和其他有关部门应当加强对有关建设工程质量的法律、法规和强制性标准执行情况的监督检查。

（四）《实施工程建设强制性标准监督规定》

《实施工程建设强制性标准监督规定》进一步完善了工程建设标准化法律规范体系，并奠定了强制性条文的法律基础。《实施工程建设强制性标准监督规定》规定，在中华人民共和国境内从事新建、扩建、改建等工程建设活动，必须执行工程建设强制性标准；本规定所称工程建设强制性标准是指直接涉及工程质量、安全、卫生及环境保护等方面的工程建设标准强制性条文。

《实施工程建设强制性标准监督规定》对工程建设强制性标准的实施监督作了全面的规定，其主要内容包括：

（1）监管部门及职责

国务院建设行政主管部门负责全国实施工程建设强制性标准的监督管理工作。国务院有关行政主管部门按照国务院的职能分工负责实施工程建设强制性标准的监督管理工作。县级以上地方人民政府建设行政主管部门负责本行政区域内实施工程建设强制性标准的监督管理工作。

（2）监督机构及职责

建设项目规划审查机关应当对工程建设规划阶段执行强制性标准的情况实施监督。施工图设计文件审查单位应当对工程建设勘察、设计阶段执行强制性标准的情况实施监督。建筑安全监督管理机构应当对工程建设施工阶段执行施工安全强制性标准的情况实施监督。工程质量监督机构应当对工程建设施工、监理、验收等阶段执行强制性标准的情况实施监督。

工程建设标准批准部门应当定期对建设项目规划审查机关、施工图设计文件审查单位、建筑安全监督管理机构、工程质量监督机构实施强制性标准的监督进行检查，对监督不力的单位和个人，给予通报批评，建议有关部门处理。工程建设标准批准部门应当对工程项目执行强制性标准情况进行监督检查。

（3）监督检查方式

工程建设强制性标准实施监督检查可以采取重点检查、抽查和专项检查的方式。

（4）监督检查内容

强制性标准监督检查的内容包括：

1）有关工程技术人员是否熟悉、掌握强制性标准；

2）工程项目的规划、勘察、设计、施工、验收等是否符合强制性标准的规定；

3）工程项目采用的材料、设备是否符合强制性标准的规定；

4）工程项目的安全、质量是否符合强制性标准的规定；

5）工程中采用的导则、指南、手册、计算机软件的内容是否符合强制性标准的规定。

4.2 强制性条文的实施

实施工程建设标准，是将工程建设标准的规定，借助宣贯培训、解释等措施，在工程建设活动全过程中贯彻执行的行为。标准实施是标准化工作的重要任务。没有标准实施这一环节，就不可能发挥标准的作用。强制性条文是随着所依附的工程建设标准的实施而得以贯彻执行的。

（一）强制性条文宣贯培训

开展标准宣贯培训工作是确保工程建设标准得到贯彻执行的重要步骤，是促进正确理解、全面贯彻、有效执行工程建设标准的重要手段。工程建设标准作为我国建设工程规划、勘察、设计、施工及质量验收的重要依据，具有很强的政策性、技术性和经济性，尤其是强制性标准（强制性条文）还在落实国家方针政策、保证工程质量安全、维护人民群众利益等方面具有引导约束作用。《实施工程建设强制性标准监督规定》规定，工程技术人员应当参加有关工程建设强制性标准的培训，并可以计入继续教育学时。只有做好工程建设标准，特别是强制性标准（强制性条文）的宣贯培训，才能使社会周知、使用者掌握、工程建设中贯彻，从而最终发挥工程建设标准，尤其是强制性标准（强制性条文）的作用。

（二）强制性条文解释

开展标准解释工作是有效实施工程建设标准的重要措施，也是组织实施标准的重要内容之一。工程建设标准解释是指具有标准解释权的部门（单位）按照解释权限和工作程序，对标准规定的依据、涵义以及适用条件等所作的书面说明。

2014年5月，住房和城乡建设部发布《工程建设标准解释管理办法》（建标［2014］65号）。该办法规定，标准解释应按照“谁批准、谁解释”的原则，做到科学、准确、公正、规范；标准解释由标准批准部门负责；对涉及强制性条文的，标准批准部门可指定有关单位出具意见，并作出标准解释。

为协助主管部门做好强制性条文的解释工作，强条委制定了《强制性条文解释工作办法》（强条委［2012］4号），其主要内容包括：

（1）强条委秘书处负责组织执行主管部门下达的强制性条文解释任务。

（2）强条委秘书处负责组织相关人员或成立专题工作组开展相关强制性条文具体技术内容的解释。

（3）对强制性条文的解释，应出具强制性条文解释函。起草强制性条文解释函时，应当深入调查研究，对主要技术内容作出具体解释，并进行论证。

（4）强制性条文解释函的解释内容应以条文规定为依据，不得扩展或延伸条文规定，并应做到措辞准确、逻辑严密，与相关强制性条文协调统一。

（5）强条委委员和秘书处成员不得以强条委或个人名义对强制性条文进行解释。

（三）强制性条文贯彻执行

强制性条文必须执行。所有工程建设活动的参与者都应当熟悉、掌握和遵守强制性条文。

强制性条文得到贯彻执行，取决于三个要素：强制性条文的权威性、公众的强制性条文意识、对执行强制性条文的监督。这三个要素相互支撑，缺一不可。强制性条文的权威性在于其制定程序符合公开透明、协商一致的基本原则，以保障国家安全、防止欺诈、保护人体健康和人身财产安全、保护动植物的生命和健康、保护环境为确定原则，由政府部门颁布，由国家强制力保证实施。使用者执行强制性条文以后，将会有明显的效果或效益，也会使得大家自觉遵守执行。公众的强制性条文意识，主要靠自觉学习，深刻理解强制性条文的目的、作用和意义，并通过宣贯培训和解释等手段，真正掌握并贯彻执行强制性条文。对执行强制性条文的监督，是指强制性条文实施监管部门和监督机构，按照有关法律、法规和规章的规定，对强制性条文执行情况进行的监督管理工作。

4.3 强制性条文实施的监督

对强制性条文的实施进行监督，是保证强制性条文得到实施或准确实施的重要手段。有效的监督可以保证强制性条文的实施，从而确保实现强制性条文的作用和效益。

随着《中华人民共和国标准化法》、《中华人民共和国标准化法实施条例》、《中华人民共和国建筑法》、《建设工程质量管理条例》和《实施工程建设强制性标准监督规定》等相关法律规范陆续出台，施工图设计文件审查制度、建设工程质量安全监督检查制度和竣工验收备案制度建立，工程建设强制性标准（强制性条文）的实施监管逐步走上法制化轨道。工程建设强制性标准（强制性条文）实施监管制度的建立和运行，为我国经济社会发展起到促安全、保质量、促环保、保节能、增效益的重要作用。

（一）施工图设计文件审查制度

施工图设计文件审查（以下简称施工图审查）是指由建设主管部门或其认定的审查机构，对勘察设计施工图是否符合国家有关法律、法规和工程建设强制性标准等内容进行的审查，要求强制执行。

《建设工程质量管理条例》和《建设工程勘察设计管理条例》规定，施工图设计文件未经审查批准的，不得使用。为配合两个《条例》的贯彻实施，2004 年，原建设部（现为住房和城乡建设部）制定并发布《房屋建筑和市政基础设施工程施工图设计文件审查管理办法》（建设部令第 134 号）。该办法对施工图审查提出了明确要求和具体规定，施工图设计文件审查制度由此建立。2013 年 4 月，新修订的《房屋建筑和市政基础设施工程施工图设计文件审查管理办法》（住房和城乡建设部令第 134 号）发布，自 2013 年 8 月 1 日起施行。

严把施工图审查关，是保证工程建设标准特别是强制性条文贯彻执行的重要手段。设立施工图审查制度，其目的是运用行政和技术并重手段，加强建设工程质量安全事前监督管理，力求使建设工程勘察设计中存在的质量安全问题在进入工程施工之前得以发现并及时纠正，从而排除各种隐患，避免建设工程质量安全事故的发生。

（二）建设工程质量安全监督检查制度

《建设工程质量管理条例》规定：国家实行建设工程质量监督管理制度。国务院建设行政主管部门对全国的建设工程质量实施统一监督管理。国务院铁路、交通、水利等有关部门按照国务院规定的职责分工，负责对全国的有关专业建设工程质量的监督管理。国务院建设行政主管部门和国务院铁路、交通、水利等有关部门应当加强对有关建设工程质量的法律、法规和强制性标准执行情况的监督检查。

《建设工程安全生产管理条例》规定：国务院建设行政主管部门对全国的建设工程安全生产实施监督管理。国务院铁路、交通、水利等有关部门按照国务院规定的职责分工，负责有关专业建设工程安全生产的监督管理。

上述两个条例规定了建设工程质量安全监督检查的部门职责、机构设置、监督检查重点、监督检查措施，建立了我国建设工程质量安全监督检查制度，为我国建设工程质量安全监督检查实现制度化、常态化奠定了基础。

近年来，住房和城乡建设部每两年开展一次“全国建设工程质量监督执法检查”，每年开展一次“全国住房城乡建设领域节能减排专项监督检查建筑节能检查”，工程建设强制性标准（强制性条文）一直是监督检查的重点内容。此外，各地方也按照国家的相关要求，建立了施工质量安全监督检查制度。各级建设行政主管部门均设立了质量安全监督机构，重点针对施工过程中是否违反工程建设强制性标准（强制性条文）情况进行监督检查，有效地促进了工程建设强制性标准（强制性条文）的实施。

（三）竣工验收备案制度

《建设工程质量管理条例》规定：建设单位应当自建设工程竣工验收合格之日起 15 日内，将建设工程竣工验收报告和规划、公安消防、环保等部门出具的认可文件或者准许使用文件报建设行政主管部门或者其他有关部门备案。建设行政主管部门或者其他有关部门发现建设单位在竣工验收过程中有违反国家有关建设工程质量管理规定行为的，责令停止使用，重新组织竣工验收。

为了加强房屋建筑和市政基础设施工程质量的管理，根据《建设工程质量管理条例》规定，住房和城乡建设部修改并于 2009 年 10 月发布《房屋建筑工程和市政基础设施工程竣工验收备案管理办法》（住房和城乡建设部令第 2 号），对工程建设竣工验收备案工作提出了明确要求，建立了房屋建筑工程和市政基础设施工程竣工验收备案管理制度。各地根据地方特点，也相继建立了较完善的工程建设竣工备案制度，并明确要求各级工程建设管理部门（机构）认真核查工程建设竣工备案资料，特别是施工图设计文件审查意见、设计变更、隐蔽工程检查记录（资料）等，对没有按规定进行审查或审查合格后又进行重大设计变更的不予备案，责令其进行整改，将工程中存在的安全隐患消灭在投入使用之前。

建设工程竣工验收制度的形成，使得项目报建——施工图审查——核发施工许可证——工程质量安全监督检查——竣工验收与备案形成闭合的工程建设（项目）管理链。以上任一环节有问题，均不能进入下一环节。在这个闭合的管理链的各个环节中，工程建设建筑强制性标准（强制性条文）的实施监督均是重点内容。

4.4 违反强制性条文的处罚

《实施工程建设强制性标准监督规定》对参与工程建设活动各方责任主体违反强制性条文的处罚，以及对建设行政主管部门和有关人员玩忽职守等行为的处罚，作了具体的规定。这些规定与《建设工程质量管理条例》是一致的。

（1）检举、控告和投诉

任何单位和个人对违反工程建设强制性标准的行为有权向建设行政主管部门或者有关部门检举、控告、投诉。

（2）建设单位

建设单位有下列行为之一的，责令改正，并处以 20 万元以上 50 万元以下的罚款：

（一）明示或者暗示施工单位使用不合格的建筑材料、建筑构配件和设备；

（二）明示或暗示设计单位或施工单位违反建设工程强制性标准，降低工程质量的。

(3) 勘察、设计单位

勘察、设计单位违反工程建设强制性标准进行勘察、设计的，责令改正，并处以10万元以上30万元以下的罚款。

有前款行为，造成工程质量事故的，责令停业整顿，降低资质等级；情节严重的，吊销资质证书；造成损失的，依法承担赔偿责任。

(4) 施工单位

施工单位违反工程建设强制性标准的，责令改正，处工程合同价款2%以上4%以下的罚款；造成建设工程质量不符合规定的质量标准的，负责返工、返修，并赔偿因此造成的损失；情节严重的，责令停业整顿，降低资质等级或者吊销资质证书。

(5) 工程监理单位

工程监理单位违反工程建设强制性标准规定，将不合格的建设工程以及建筑材料、建筑构配件和设备按照合格签字的，责令改正，处50万元以上100万元以下的罚款，降低资质等级或者吊销资质证书；有违法所得的，予以没收；造成损失的，承担连带赔偿责任。

(6) 事故责任单位和责任人

违反工程建设强制性标准造成工程质量、安全隐患或者工程事故的，按照《建设工程质量管理条例》有关规定，对事故责任单位和责任人进行处罚。

(7) 建设行政主管部门和有关人员

建设行政主管部门和有关行政主管部门工作人员，玩忽职守、滥用职权、徇私舞弊的，给予行政处分；构成犯罪的，依法追究刑事责任。

第 二 篇

建 筑 设 备

5 概述

5.1 总 体 情 况

建筑设备篇分为概述，给水和排水，燃气，供暖、通风和空调，电气共五章，涉及35项标准、227条强制性条文（表5.1）。

表5.1 建筑设备篇涉及的标准及强条数汇总表

序号	标准名称	标准编号	强条数
1	《建筑给水排水设计规范》	GB 50015－2003（2009年版）	34
2	《城镇燃气设计规范》	GB 50028－2006	15
3	《低压配电设计规范》	GB 50054－2011	6
4	《电子信息系统机房设计规范》	GB 50174－2008	5
5	《综合布线系统工程设计规范》	GB 50311－2007	1
6	《建筑中水设计规范》	GB 50336－2002	11
7	《建筑物电子信息系统防雷技术规范》	GB 50343－2012	4
8	《空调通风系统运行管理规范》	GB 50365－2005	2
9	《入侵报警系统工程设计规范》	GB 50394－2007	5
10	《建筑与小区雨水利用工程技术规范》	GB 50400－2006	4
11	《民用建筑节水设计标准》	GB 50555－2010	3
12	《民用建筑供暖通风与空气调节设计规范》	GB 50736－2012	36
13	《住宅区和住宅建筑内光纤到户通信设施工程设计规范》	GB 50846－2012	3
14	《农村民居雷电防护工程技术规范》	GB 50952－2013	2
15	《古建筑防雷技术规范》	GB 51017－2014	4
16	《民用建筑电气设计规范》	JGJ 16－2008	23
17	《通风管道技术规程》	JG J141－2004	2
18	《辐射供暖供冷技术规程》	JGJ 142－2012	6
19	《蓄冷空调工程技术规程》	JGJ 158－2008	2
20	《供热计量技术规程》	JGJ 173－2009	5
21	《多联机空调系统工程技术规程》	JGJ 174－2010	1
22	《住宅建筑电气设计规范》	JGJ 242－2011	4
23	《交通建筑电气设计规范》	JGJ 243－2011	2
24	《金融建筑电气设计规范》	JGJ 284－2012	2
25	《教育建筑电气设计规范》	JGJ 310－2013	2
26	《医疗建筑电气设计规范》	JGJ 312－2013	2

续表

序号	标准名称	标准编号	强条数
27	《低温辐射电热膜供暖系统应用技术规程》	JGJ 319－2013	4
28	《会展建筑电气设计规范》	JGJ 333－2014	1
29	《蒸发冷却制冷系统工程技术规程》	JGJ 342－2014	1
30	《变风量空调系统工程技术规程》	JGJ 343－2014	1
31	《体育建筑电气设计规范》	JGJ 354－2014	3
32	《管道直饮水系统技术规程》	CJJ 110－2006	6
33	《游泳池给水排水工程技术规程》	CJJ 122－2008	8
34	《二次供水工程技术规程》	CJJ 140－2010	6
35	《公共浴场给水排水工程技术规程》	CJJ 160－2011	5

5.2 主要内容

从建筑工程建设的勘察与设计、施工安装与验收、运行维护与管理的全生命各阶段来看，勘察设计是最为重要的一个环节，既是龙头，也是基础。此前相关调查工作反映，工程建设标准的强制性条文中，约有 2/3 针对的是勘察设计阶段。因此，本篇所列强制性条文，也主要是收录建筑设备各专业的设计规范，以及专用的技术规范和规程中的设计工作相关的强制性条文；另有个别是运行管理内容。本篇的主要内容是建筑设备的设计以及运行方面的强制性条文。

按照第一篇所述强制性条文的保障国家安全、防止欺诈、保护人体健康和人身财产安全、保护动植物的生命和健康、保护环境等 5 项确定原则（即世界贸易组织《技术性贸易壁垒协议》规定的技术法规制定目标），根据工程建设活动的实际特点及建筑设备系统为建筑使用者服务的实际功能，强制性条文的确定原则主要在于保护人体健康和人身财产安全、保护环境两大方面。例如："给水和排水"一章中多数强条内容均为水质、防回流污染、水处理等方面，以保证人体健康；"燃气"一章中多数强条内容均与保护人身安全密切相关；"采暖、通风和空调"一章中强条内容不仅涉及人体健康和室内环境质量，还涉及了环境保护和能源节约；"电气"一章中多数强条内容均为供配电、变电、防雷、接地，同样与保护人身安全直接相关。

最后，由强制性条文的具体技术规定来看，不论是定量的要求，还是定性的规定，均以明确的技术措施为主；而对于最终的功能和效果的性能化要求相对较少。因此，较好地保证了强制性条文的可操作性，不仅利于设计师及其他专业人员执行实施，也利于有关部门对其执行情况进行监督检查。

5.3 其他说明

1. 本册所收录标准以房屋建筑领域为主，城乡建设、工业建筑等其他领域标准（如

《锅炉房设计规范》GB 50041）暂不包含。

2. 由于《建筑电气工程施工质量验收规范》GB 50303 等部分标准正处于修订过程中，目前已完成强制性条文审查，本书没有纳入，待其修订完成后，本书将适时进行修订。

3. 因时间紧张、资料搜集难度较大等原因，《建筑物防雷设计规范》GB 50057－2010 等标准未能纳入本书。

6 给水和排水

6.1 水质和防污染回流措施

《建筑给水排水设计规范》GB 50015－2003（2009 年版）

3.2.5 从生活饮用水管道上直接供下列用水管道时，应在这些用水管道的下列部位设置倒流防止器：

1 从城镇给水管网的不同管段接出两路及两路以上的引入管，且与城镇给水管形成环状管网的小区或建筑物，在其引入管上；

2 从城镇生活给水管网直接抽水的水泵的吸水管上；

3 利用城镇给水管网水压且小区引入管无防倒流设施时，向商用的锅炉、热水机组、水加热器、气压水罐等有压容器或密闭容器注水的进水管上。

【技术要点说明】

本条的规定是对城镇生活饮用水管道与小区或建筑物生活饮用水管道的连接要求，条文规定的目的是防止已经进入建筑小区或建筑内的水不再回流到市政供水管道内，保证城镇生活饮用水不受回流污染。第 1 款针对两路进水的建筑物，两路进水关键在于其前提："从城镇给水管网的不同管段接出"，与小区给水管网形成环路，由于不同侧市政管段的供水压力不尽相同，市政生活饮用水从一端引入管进入小区管网又经过小区管网因压力变化防止从另一端小区或建筑物引入管窜入市政给水管网；第 2 款系针对利用市政可用水压基础上再叠压的供水系统；第 3 款针对市政供水给商用有温有压容器设备的供水系统。因此类回流均属于背压回流，故应设置倒流防止器。

【实施与检查控制】

（1）实施

① 在给水总体设计时，凡属本条文规定的第 1 款和第 2 款城镇生活饮用水管道与小区或建筑物的生活饮用水管道连接的情况下，应在小区引入管上设置倒流防止器（如果在小区引入管上叠压供水装置已带有倒流防止器时，可不在引入管上重复设置倒流防止器）。

② 从小区给水管道供给锅炉房、热交换站时，由于存在有温有压容器设备，有可能存在背回流至小区供水管网及市政供水管道内（如果建筑小区引入管上已设置了防回流设施，可不在小区内商用有温有压容器设备的进水管上重复设置）。

住宅户内使用的热水机组（含热水器、热水炉）不受本条款约束。

普通止回阀起不到防止倒流作用，目前世界上水务界已达成共识。各国都有倒流防止器的产品标准。我国也制订了国家标准和行业标准。

倒流防止器从防护等级上有两种：防护等级高的是减压型，防护等级稍次的是双止回阀型。按本条所列的回流造成危害性分析，选择双止回阀型倒流防止器已满足防护要求。对于从城镇给水管网的不同管段接出两路及两路以上引入管且与城镇给水管形成环状管网的情况下，由于城镇不同侧管段中水压不断变化且不相同，在小区引入管处产生背压几率多，如选用减压型倒流防止器，会造成频繁排水，不但浪费宝贵水资源而且容易在倒流防止器处造成积水，存在二次污染的风险。

（2）检查

① 小区给水总体引入管的数量，其中是否有从市政管网不同管段引入与小区给水管网形成回路。如有，则是否按本条规定安装倒流防止器。

② 小区供水是否利用市政水压叠压供水。采用叠压供水装置是否自带倒流防止器。如不带，则应按本条规定在引入管上安装倒流防止器。

③ 小区连接市政管道的引入管上是否已经设置倒流防止器。如未设，小区内是否有公共建筑和公共建筑内是否有商用有温有压容器设备。如有，则是否按本条在其进水管上设置倒流防止器。

3.2.5A　从小区或建筑物内生活饮用水管道系统上接至下列用水管道或设备时，应设置倒流防止器：

1　单独接出消防用水管道时，在消防用水管道的起端；

2　从生活饮用水贮水池抽水的消防水泵出水管上。

【技术要点说明】

本条规定了生活饮用水与消防用水管道的连接要求，目的是防止消防给水系统的水回流到生活饮用水给水系统。由于市政供给小区只有生活饮用水，小区消防给水系统从生活饮用水管网中接出，由于消防给水系统中的水长时间滞留而变质，因此两种不同水质的管道如要连接，则必须设置防止回流污染生活饮用水的倒流防止器。

【实施与检查控制】

（1）实施

在小区总平面图或建筑物给水系统图中应明确标注给水管道类别。

第1款中接出消防管道不含室外生活饮用水给水管道接出的室外消火栓那一段短管。第2款是针对小区生活用水与消防用水合用贮水池中抽水的消防水泵，由于倒流防止器阻力较大，水泵吸程有限，故倒流防止器应装在水泵的出水管上。

消防给水回流至生活饮用水管道系统属回流污染中等危害程度，一般采用减压型倒流防止器或低阻力倒流防止器。

（2）检查

核实图纸凡从生活饮用水管道上接出消防管道时，是否设置了倒流防止器。消防水泵从生活饮用水贮水池中抽水时，是否在消防水泵压出水管上设置了倒流防止器，倒流防止器的种类选用是否得当。

3.2.5B　生活饮用水管道系统上接至下列含有对健康有危害物质等有害有毒场所或设备时，应设置倒流防止设施：

1　贮存池（罐）、装置、设备的连接管上；

2　化工剂罐区、化工车间、实验楼（医药、病理、生化）等除按本条第1款设置外，

还应在其引入管上设置空气间隙。

【技术要点说明】

有毒有害物质是在其生产、使用或处置的任何阶段，都具有会对人、其他生物或环境带来潜在危害特性的物质。生活饮用水管道系统上接至含有对健康有危害物质等有害有毒场所或设备时，如这些物质回流污染生活饮用水其后果严重威胁人民生命安全。

因此，应采取最高等级防护措施，除了在贮存、生产过程中产生有害有毒物质的设备、装置的生活饮用水连接管上装设防回流设施外，还应在生活饮用水供给有害有毒物质的区域（贮存有害有毒液体的罐区、化学液槽生产流水线、含放射性材料加工及核反应堆、加工或制造毒性化学物的车间、化学、病理、动物试验楼、医疗机构医疗器械清洗间、尸体解剖等）设置空气间隙，实施双重设防。目的是防止区域内交叉污染，同时也要防止对区域外污染。所谓“引入管设置空气间隙”，就是市政生活饮用水先进入区域的贮水池，再经水泵加供给区域用水，贮水池中进水管口至水池溢流面边缘之间形成空气间隙，区域内形成独立的供水系统，完全杜绝了回流可能性。

【实施与检查控制】

（1）实施

建筑单体应标注车间名称、生活饮用水连接的设备名称。咨询工艺专业，了解生产、贮存的生物、化学剂名称，判别是否对人体健康造成危害，危害程度，在连接这些装置的生活饮用水管道上设置倒流防止器。在给排水总体规划图中，尽可能地将这些存在高污染风险的车间归并成一个供水区域，再实施防回流措施。

对这些回流污染高危害程度的，应采用在设备、装置上设置减压型倒流防止器，在污染区域设置空气间隙。

（2）检查

设计单体建筑给水系统图中是否标注出有害有毒物质贮存、生产的设备、装置的名称，生活饮用水管道是否与之连接供水。如连接，则是否在这些设备、装置的连接管道上设置倒流防止器。设置的倒流防止器是否是减压型。

在建筑小区总体布置图中，一般将有害有毒物质贮存仓库、生产车间、试验楼与无有害有毒的生活、生产等区域有个防护隔离带。这些有害有毒物质的区域是否形成独立的供水区域。连接区域生活饮用水供水管道上是否设置了空气间隙。

3.2.5C　从小区或建筑物内生活饮用水管道上直接接出下列用水管道时，应在这些用水管道上设置真空破坏器：

1　当游泳池、水上游乐池、按摩池、水景池、循环冷却水集水池等的充水或补水管道出口与溢流水位之间的空气间隙小于出口管径 2.5 倍时，在其充（补）水管上；

2　不含有化学药剂的绿地等喷灌系统，当喷头为地下式或自动升降式时，在其管道起端；

3　消防（软管）卷盘；

4　出口接软管的冲洗水嘴与给水管道连接处。

【技术要点说明】

在本条的 1～4 款所提到的场合中均存在负压虹吸回流的可能性，而防止负压虹吸回流的解决方法就是设真空破坏器，消除管道内真空度而使其断流。

第1款是用生活饮用水作为用水构筑物的补充水，首先考虑补水管道出口与溢流水位之间的空气间隙不小于出口管径2.5倍，只有在这个空气间隙不能满足要求时，才设置真空破坏器。

第2款是针对草坪自动喷灌系统，其设置真空破坏器的前提是喷灌不加肥料、杀虫剂等，另外喷头为地下式或升降式，也就是喷头有时会在地面以下，会被地面水浸没。如果草坪自动喷灌系统加肥料、杀虫剂等，则应采用减压型倒流防止器。如果纯粹是地上式喷水系统，则可不设防回流设施。

第3款是指从生活饮用水管道上接出自救用小口径消防软管卷盘时，由于消防时大量用水，管道内水压骤降及地面消防后积水，如水枪浸没在消防积水中，均有可能将消防排水吸入生活饮用水管道内。

第4款含义同第3款。

【实施与检查控制】

（1）实施

在设计图中注明用水构筑物的名称，说明其补水方式，如采用淹没流补水，则必须设置真空破坏器；如有空气间隙补水且补水管出口管径小于出口管径2.5倍时，则应设置真空破坏器。游泳池、水上游乐池、按摩池、水景池等池水回流，属中等污染程度；循环冷却水集水池的水回流属高污染程度，均可采用压力型真空破坏器。

喷头为地下式或自动升降式的绿地喷灌系统，一般多为高尔夫球场，生活饮用水管道与不加杀虫剂等药剂的喷灌系统连接时应采用真空破坏器，加杀虫剂等药剂的喷灌水回流属高污染程度，可采用压力型真空破坏器或减压型倒流防止器。

在菜场、垃圾房、屠宰车间、化学品槽罐车等采用的带软管冲洗水嘴，属高回流污染危害程度，应采用压力型真空破坏器或减压型倒流防止器。

（2）检查

检查设计图中是否将生活饮用水补给的用水构筑标注名称。补水采用什么方式。回流后造成什么等级污染程度。所选择的防回流设施是否恰当。

3.2.6 严禁生活饮用水管道与大便器（槽）、小便斗（槽）采用非专用冲洗阀直接连接冲洗。

【技术要点说明】

本条引用现行的国家标准《二次供水设施卫生规范》GB 17051－1997第5.2条规定："二次供水设施管道不得与大便器（槽）、小便斗直接连接，须采用冲洗水箱或用空气隔断冲洗阀。"采用普通阀门直接连接冲洗会造成便器（一般指蹲便器）得不到及时冲洗，粪便堆积，普通阀门不具有防倒流功能，造成粪水被虹吸至生活饮用水管网严重后果。

【实施与检查控制】

（1）实施

在设计说明、图例或材料表的给水配件一栏中写明冲洗水箱、延时自闭式冲洗阀或电子感应冲洗。

（2）检查

检查在设计说明、图例或材料表的给水配件一栏中是否写明冲洗水箱、延时自闭式冲洗阀或电子感应冲洗。

3.2.9 埋地式生活饮用水贮水池周围 10m 以内，不得有化粪池、污水处理构筑物、渗水井、垃圾堆放点等污染源；周围 2m 以内不得有污水管和污染物。当达不到此要求时，应采取防污染的措施。

【技术要点说明】

本条引用现行国家标准《二次供水设施卫生规范》17051－1997 第 5.5 条规定："蓄水池周围 10m 以内不得有渗水坑和堆放的垃圾等污染源。水箱周围 2m 内不应有污水管线及污染物。"条文中所列化粪池、污水处理构筑物、渗水井、垃圾堆放点、污水管和污染物等规定应与埋地式生活饮用水贮水池有一定防护距离，防止由于这些构筑物渗漏通过土壤、地下水渗透污染埋地式生活饮用水贮水池及池外周围土壤。并存在两种危险因素：①污染物通过池壁渗入生活饮用水池内；②在生活饮用水贮水池管道维修过程中被污染物污染而带入生活饮用水管道中。

【实施与检查控制】

(1) 实施

条中规定的是指埋地钢筋混凝土生活饮用水贮水池，地上式钢筋混凝土和其他材质的水池均不属此范畴。

设计图中生活饮用水贮水池选择位置时应避让这些污染源，并保持条文规定的安全距离。该距离为水池外壁与相应构筑物之平面投影净距。

(2) 检查

按设计图中比例，用比例尺量测生活饮用水贮水池位置与这些污染源是否保持条文规定的安全距离。

控制距离：①化粪池、污水处理构筑物、渗水井、垃圾堆放点等污染源与埋地钢筋混凝土生活饮用水贮水池净距为≥10m。

②污水管和污染物与埋地钢筋混凝土生活饮用水贮水池净距为≥2m。

3.2.10 建筑物内的生活饮用水水池（箱）体，应采用独立结构形式，不得利用建筑物的本体结构作为水池（箱）的壁板、底板及顶盖。

生活饮用水水池（箱）与其他用水水池（箱）并列设置时，应有各自独立的分隔墙。

【技术要点说明】

由于建筑物的本体结构是按房屋结构配置钢筋，本体结构允许产生微裂缝，如生活饮用水水池（箱）体利用建筑物的本体结构作为水池（箱）的壁板、底板及顶盖，将会造成：①含余氯的生活饮用水通过微裂缝渗透至建筑物本体结构，腐蚀钢筋混凝土，对房屋结构安全造成危害，②在地下水位较高的地区，地下水通过微裂缝污染生活饮用水。故条文明确要求生活饮用水水池（箱）体结构与建筑本体结构完全脱开。

生活饮用水池（箱）体不论什么材质均应与其他用水水池（箱）不共用分隔墙，避免非生活饮用水水质污染生活饮用水水质。

【实施与检查控制】

(1) 实施

有的钢筋混凝土水箱设置在电梯机房上，与结构专业沟通，应按水工结构计算及配筋。设置在地下室的水池，无论从设置空间还是施工，宜采用组装式水箱为妥。

生活饮用水水池(箱)与其他用水水池(箱)并列设置时，应设计成各自独立池(箱)体。

(2) 检查

核查在给排水设计施工图上是否标注生活饮用水水池（箱）的位置。

核查在设计说明中是否交代生活饮用水水池（箱）的材质，进而检查是否是独立池（箱）体。

3.9.12 游泳池和水上游乐池的池水必须进行消毒杀菌处理。

【技术要点说明】

消毒杀菌是游泳池水处理中极重要的步骤。涉及安全卫生，防止传染疾病。游泳池和水上游乐池池水因人类体育、休闲活动，且循环使用，水中细菌会不断增加，必须进行消毒杀菌处理，以减少水中细菌数量，使水质符合卫生要求。

【实施与检查控制】

(1) 实施

在设计游泳池和水上游乐池时，为节约用水，一般池水循环使用，故应设计一套水质净化处理系统：过滤、加药和消毒，必要时还应加热。其中消毒必不可少。

(2) 检查

核查游泳池和水上游乐池的循环水水质净化处理系统是否设置消毒装置。

3.9.14 使用瓶装氯气消毒时，氯气必须采用负压自动投加方式，严禁将氯直接注入游泳池水中的投加方式。加氯间应设置防毒、防火和防爆装置，并应符合国家现行有关标准的规定。

【技术要点说明】

游泳池和水上游乐池的循环水水质净化处理系统中消毒是很重要的环节。消毒方法有化学的物理的：臭氧、紫外线和氯及氯的化合物，有时两种方法结合使用。本条仅对使用氯气作为消毒剂的使用做出规定。氯气是很有效的消毒剂。在我国，大型游泳池以往都采用氯气消毒，虽然保证了消毒效果，但氯气是有毒气体，在处理、贮存和使用的过程中必须注意安全问题。

氯气投加系统只有处于真空（即负压）状态下，才能保证氯气不会向外泄露，保证人员的安全。其工艺流程为：氯瓶（带电子秤）——过滤器——自动切换器——减压阀——真空调节器——加氯机——水射器——加氯点。从氯瓶出来的氯气经过滤器去除杂质后，以有压状态进入真空调节器。真空调节器将来自氯瓶的有压氯气（液态氯）转变为负压状态，在水射器中氯气与压力水混合，形成溶液再投加入到水中。

加氯间应设置防毒、防火和防爆装置，主要针对①氯气泄漏，应设置氯气泄漏报警器、氯气泄漏吸收装置。②在电解食盐溶液制备次氯酸钠的消毒剂时会产生氢气，聚积氢气一旦遇明火会发生燃爆，故加氯间应设排气装置，电器开关采用防爆型。还应按现行《氯气安全规程》GB 11984 配置抢修器材和防护物件。

【实施与检查控制】

(1) 实施

当游泳池和水上游乐池的循环水消毒采用液氯时，其消毒工艺应采用负压自动投加方式，选用真空加氯机成套设备。在加氯间设计中向建筑、暖通和电气专业提出自然通风或机械通风防爆、防腐蚀等技术条件。

（2）检查

检查游泳池和水上游乐池设计工程的循环水消毒采用何种消毒方法和消毒剂，当采用液氯消毒时，检查工程设备器材表中，是否采用真空加氯机，是否配备泄氯报警装置，加氯间通风采用何种形式。

3.9.18A　家庭游泳池等小型游泳池当采用生活饮用水直接补（充）水时，补充水管应采取有效的防止回流污染的措施。

【技术要点说明】

家庭游泳池等小型游泳池一般不设置平（均）衡水箱及补水水箱，通常采用生活饮用水用给水栓接胶管直接往池中补（充）水的方式。为防止污染城市自来水，规定直接用生活饮用水做补（充）水时要设倒流防止器等防止回流污染的措施。

【实施与检查控制】

（1）实施

在家庭游泳池补（充）水的给水栓前应设置倒流防止器或采用带有真空破坏器的水嘴。

（2）检查

核查在别墅工程设计中，是否有家庭游泳池。如有，则其补（充）水的水栓、水嘴是否设置防倒流防的措施。

《建筑与小区雨水利用工程技术规范》GB 50400－2006

7.3.3　当采用生活饮用水补水时，应采取防止生活饮用水被污染的措施，并符合下列规定：

1　清水池（箱）内的自来水补水管出水口应高于清水池（箱）内溢流水位，其间距不得小于2.5倍补水管管径，严禁采用淹没式浮球阀补水；

2　向蓄水池（箱）补水时，补水管口应设在池外。

【技术要点说明】

生活饮用水管道向雨水供水系统补水时，因不能和雨水管道连接，故只能向雨水池（箱）内补水。当向雨水池（箱）补水时，存在多种被污染的可能性，如：雨水在虹吸作用下从补水口倒流入补水管道；补水口被浸没，污染物沿补水管道扩散；水池内环境差，污染补水口从而污染补水管道内的水质。本条规定是为了避免这些污染的发生。

溢流水位是指溢流管喇叭口的沿口面。当溢流管口从水池（箱）的侧壁水平引出时，溢流水位应从管口的内顶计。当补水管的管口从水池（箱）的侧壁引入时，补水口与溢流水位的间距应从补水口的内底计。淹没式浮球阀补水违反空气隔断要求，严格禁止。

向雨水蓄水池补水的补水管口应设在池外，池外补水口也应设空气隔断，且隔断间距满足第1款的规定。雨水蓄水池的补水口设在池内存在污染危险，污染因素之一是池水水质较差，会污染补水口；污染因素之二是雨水入流量随机变化，不可控制，有充满水池的可能。

【实施与检查】

（1）实施

设计图纸中应画出雨水清水池（箱）、补水管、雨水进水管、溢流管。当补水为生活饮用水时，应标注空气隔断间距尺寸以及补水管的管径、雨水进水管的管径、溢流管的管径，画出溢流水位线。雨水蓄水池的生活补水管口应在池外，且标注空气隔断距离尺寸。

工程安装中应核实图纸设计符合本条要求。当不符合时，应要求设计人员进行修改并且按本条文要求安装。

（2）检查

应审核设计图中和检查工程中的雨水清水池（箱）、雨水蓄水池。清水池应有补水管，无清水池时蓄水池应有补水管；补水管口应有空气隔断，且隔断间距符合要求；清水池（箱）应有溢流管，且溢流管的管径应比雨水进水管的管径大一号。雨水蓄水池的补水口应在池外。

7.3.9 供水管道上不得装设取水龙头，并应采取下列防止误接、误用、误饮的措施：

1 供水管外壁应按设计规定涂色或标识；

2 当设有取水口时，应设锁具或专门开启工具；

3 水池（箱）、阀门、水表、给水栓、取水口均应有明显的“雨水”标识。

【技术要点说明】

雨水回用系统在使用过程中存在误接、误用、误饮的危险。误接往往发生在住宅装修过程、埋地管道维修过程，所以雨水管道外壁必须涂色或标识，以便防止雨水管道误认为生活饮用水管道并与之连接。“雨水”标识虽然能防止识别且能看到文字的人误饮误用。但无光线时，以及儿童、盲人、文盲人群无法辨认，所以应在取水口上设锁具或专门开启工具。

【实施与检查】

（1）实施

在设计中应在施工图纸设计说明中规定管道外壁的涂色和标识，管道系统图及平面图中雨水管道上的取水口（比如冲洗车库地面取水口）应表示出带锁或专门开启工具。施工安装中应对条文逐条执行。

（2）检查

应审核施工设计图纸中的设计说明和雨水回用系统的系统图、平面图，图纸中应有雨水管道的涂色或标识说明。雨水管道上的取水口应采用图例或文字表明设锁具或专门开启工具。工程检查中应按条文要求逐项检查。

《建筑中水设计规范》GB 50336－2002

5.4.7 中水管道上不得装设取水龙头。当装有取水接口时，必须采取严格的防止误饮、误用的措施。

【技术要点说明】

为保证中水或其他非饮用水的使用安全，防止中水的误饮、误用而提出的使用要求。

中水管道上不得装设取水龙头，指的是在人员出入较多的公共场所安装易开式水龙头。当根据使用要求需要装设取水接口（或短管）时，如在处理站内安装的供工作人员使用的取水龙头，在其他地方安装浇洒道路、冲车、绿化等用途的取水接口等，应采取严格的技术管理措施，措施包括：明显标示不得饮用（必要时采用中、英文共同标示），安装供专人使用的带锁龙头等。

【实施与检查控制】

（1）实施

设计时应注意，在公共场所禁止安装无防护措施的易开式水龙头，当需要设置取水接口时，应在设计图中注明采取的防护措施。

（2）检查

检查中水管道系统图和设计说明。

8.1.3 中水池（箱）内的自来水补水管应采取自来水防污染措施，补水管出水口应高于中水贮存池（箱）内溢流水位，其间距不得小于 2.5 倍管径。严禁采用淹没式浮球阀补水。

【技术要点说明】

防止中水对生活给水系统造成回流污染的技术措施。防止回流污染是建筑给排水设计的重点内容，它是防止病菌传播，保障人民身体健康的重大问题，因回流污染而造成饮水卫生事故或引发传染病的事件，在国内外均有报道，因此对于防止回流污染，设计人员应引起高度重视。

【实施与检查控制】

（1）实施

为满足此条文的要求，同时尽可能达到保证中水贮存池（箱）的储存容积，设计时可将中水贮存池（箱）的补水管设置在顶部；或采用在中水贮存池（箱）的顶部另设小补水箱的做法，将补水管设在小补水箱内，小补水箱与中水贮存池（箱）之间采用连通管连接，补水控制水位由设在中水贮存池（箱）的水位信号控制。补水管出水口必须高于溢流水位，且间距不得小于补水管 2.5 倍管径。

（2）检查

检查中水管道设计图纸和设计说明。

8.1.6 中水管道应采取下列防止误接、误用、误饮的措施：

1 中水管道外壁应按有关标准的规定涂色和标志；

2 水池（箱）、阀门、水表及给水栓、取水口均应有明显的“中水”标志；

3 公共场所及绿化的中水取水口应设带锁装置；

4 工程验收时应逐段进行检查，防止误接。

【技术要点说明】

防止中水误接、误用、误饮，保证中水安全使用的技术措施，是安全防护措施的主要内容，设计时必须给予高度的重视。

条文中的第 3 款，主要考虑防止不识字人群（如儿童）的误用。

【实施与检查控制】

（1）实施

条文中的第 1 款关于中水管道外壁颜色和标志，由于我国目前对于给排水管道的外壁尚未作出统一的涂色和标志要求，中水管道外壁的颜色采用浅绿色是多年来已约定成俗的。当中水管道采用外壁为金属的管材时，其外壁的颜色应涂浅绿色；当采用外壁为塑料的管材时，应采用浅绿色的管道，并应在其外壁模印或打印明显耐久的“中水”标志，避免与其他管道混淆。目前建筑采用的管材种类较多，设计中应注意此条款的规定。对于第 2、3、4 款，设计时可在图上标明，或采用设计说明进行要求。

（2）检查

检查设计图纸的标注或设计说明，是否根据中水工程具体条件，按照本条要求进行设计或予以明确。对于第 4 款检查单位应重点检查施工验收记录。

《管道直饮水系统技术规程》CJJ 110－2006

3.0.1 管道直饮水系统用户端的水质必须符合国家现行标准《饮用净水水质标准》CJ 94 的规定。

【技术要点说明】

《饮用净水水质标准》CJ 94－2005 系在国家城镇建设标准《城市供水水质标准》CJ/T 206－2005 和国家标准《生活饮用水卫生标准》GB 5749－2006 的基础上，并根据中国城镇供水协会“城市供水行业 2000 年技术进步发展规划”提出的一类水质要求达到的规划水质目标制定的。

在 CJ 94－2005 标准中规定的 38 项指标，对下列项目作相应调整和明确：

（1）根据饮用净水对观感与口感更高的要求调整：浑浊度：0.5NTU；色度为 5 度；总硬度 300mg/L；铁 0.2mg/L；锰 0.05mg/L；硫酸盐 100mg/L；氯化物 100mg/L；硝酸盐 10mg/L；溶解性总固体 500mg/L。

（2）根据近年来各国水质标准与研究的发展，砷的致癌作用已被肯定，世界卫生组织（WHO）已将砷的允许差改为 0.01mg/L，因此将砷定为 0.01 mg/L。铅是一种有害无益的元素，而且没有阈值，应越少越好，因此将铅定为 0.01mg/L。

（3）将现有生活饮用水水质中几个有机物的项目作为饮用净水水质项目，但提出了更高的要求，调整后的指标为：阴离子合成洗涤剂 0.2mg/L；氯仿 0.03mg/L；四氯化碳 0.002mg/L。

（4）关于高锰酸钾消耗量（CODMn）。高锰酸钾消耗量是代表有机物的一个综合性指标，2000 年规划中其指标值为 5mg/L。但地面水环境质量标准二类水体（集中式生活饮用水水源地一级保护区）的高锰酸钾指数（即 CODMn）$<$ 4mg/L。考虑到活性炭净水器能将 CODMn 降低 25%，则通过净水器的 CODMn$\leqslant$3mg/L。饮用净水水源应属地面水环境质量二类水体中较优的水源，通过一定的净水工艺，CODMn 理应得到降低，因此将饮用净水的有机物综合指标高锰酸钾消耗量定为 2mg/L。

（5）关于 pH 值的修改。生活饮用水的 pH 值为 6.5～8.5。水的 pH 值对居民饮用没有直接影响，之所以规定一个低限与高限，主要是防止供水系统管网的腐蚀、结垢与加氯（在碱性时）杀菌效率降低。美国 1976 年生活供水（保障使用）的基准为 5～9，日本 1993 年水质标准的 pH 下限为 5.8，我国饮用水天然矿泉水标准中没有将 pH 值列入水质项目。

从饮水净化技术来看，膜技术中反渗透最能有效地去除盐和有机物。但反渗透技术出水 pH 值一般较低，因此将饮用净水 pH 值定为 6.0～8.5。

（6）细菌总数提高为 50cfu/mL。

《饮用净水水质标准》CJ 94－2005 的颁布和实施有利于居民健康与管道直饮水工程的正常发展。本条款强调在龙头处的水质要求，而不仅是处理设备出水管道处的水质。

【实施与检查控制】

（1）实施

设计中为达到龙头处的出水符合《饮用净水水质标准》CJ 94－2005 的要求，应采取的措施有：①管道直饮水系统必须独立设置；②设置供、回水管网为同程式的循环管道；③从立管接出至用户用水点的不循环支管长度不大于 3m；④循环回水管道的回流水经再净化或消毒；⑤系统必须进行日常的供水水质检验；⑥净水站制定规章和管理制度，并严格执行等。

（2）检查

核实设计图纸，落实管道直饮水系统是否独立设置；供、回水管网是否为同程式的循环管道；从立管接出至用户用水点的不循环支管长度是否不大于 3m；循环回水管道的回流水是否经再净化或消毒。运行时从最远处的龙头取水，送到卫生部门检测，核实水质检测报告。

8.0.1 管道直饮水系统应进行日常供水水质检验。水质检验项目及频率应符合表 8.0.1 的规定。

表 8.0.1 水质检验项目及频率

检验频率	日检	周检	年检	备注
检验项目	色 浑浊度 臭和味 肉眼可见物 pH 值 耗氧量（未采用纳滤、反渗透技术） 余氯 臭氧（适用于臭氧消毒） 二氧化氯（适用于二氧化氯消毒）	细菌总数 总大肠菌群 粪大肠菌群 耗氧量（采用纳滤、反渗透技术）	《饮用净水水质标准》全部项目	必要时另增加检验项目

【技术要点说明】

为保证供水质量和安全，供水单位应对供水进行日常水质检验。检验项目和频率是以能保证供水水质和供水安全为出发，并考虑所需费用。

在管道直饮水供水可能发生的问题有以下几类：①细菌滋长，为了防止微生物生长，在供水系统中需持续添加消毒剂；②在理化指标中，用色、浑浊度、臭和味、肉眼可见物、pH、耗氧量（未采用纳滤、反渗透技术）、余氯、二氧化氯（适用于二氧化氯消毒），电导率（纯水）能够反映总体水质状况，检验操作比较简易，又可以用在线仪表；③在每周一次的检验项目中，设有细菌总数、总大肠菌群、粪大肠菌群、耗氧量（采用纳滤、反渗透技术），用以分别说明肠道致病菌和有机污染总量；④每年检验一次全分析是必要的，用以说明供水的全面情况；⑤如果企业标准所设的检验项目和频率大于本规程所规定的可按企业标准执行，但不应少于本规程所规定检验项目及频率要求。

【实施与检查控制】

（1）实施

管道直饮水系统在投入运行后，应按照日检、周检及年检的要求项目对水质进行检测。

（2）检查

将用户端龙头处的水样送卫生防疫部门，按照日检、周检及年检的要求项目检测，检查水质分析报告。

8.0.3　以下四种情况之一，应按国家现行标准《饮用净水水质标准》CJ 94 的全部项目进行检验：

1　新建、改建、扩建管道直饮水工程；

2　原水水质发生变化；

3　改变水处理工艺；

4　停产 30d 后重新恢复生产。

【技术要点说明】

当供水水质发生重大变化时应对供水进行全面检验。可能造成水质发生重大变化的原因有：供水原水发生变化，水处理工艺改变，供水系统进行改扩建工程，停产多日后重新启用以及发生其他重大事故，遇到上述情况时应对供水水质作全面检验。

【实施与检查控制】

（1）实施

在管道直饮水系统发生改建或扩建时，系统投入运行后应按《饮用净水水质标准》CJ 94－2005 的全部项目进行检验；若原水水质发生变化、水处理工艺改变或系统停止运行 30d 后重新进行生产后，也应按《饮用净水水质标准》CJ 94－2005 的全部项目进行检验。

（2）检查

将用户端龙头处的水样送卫生防疫部门，按照《饮用净水水质标准》CJ 94－2005 的全部项目进行检验，检查水质分析报告。

11.2.1　管道直饮水系统试压合格后应对整个系统进行清洗和消毒。

【技术要点说明】

为保证水质、使用安全，强调直饮水管道系统在交付使用前必须经冲洗后，应采用消毒液对管网灌洗消毒。采用的消毒液应安全卫生，易于冲洗干净。一般采用含量不低于 20mg/L 氯离子浓度的清洁水浸泡 24h 后再次冲洗。

【实施与检查控制】

（1）实施

直饮水管道系统在安装完成后，应进行系统试压试验。合格后，采用含量不低于20mg/L氯离子浓度的清洁水浸泡24h后，对整个管道系统进行清洗，以系统的最大设计流量或不小于1.5m/s的流速进行冲洗，直到出水口的水色和透明度与进水目测一致为合格。

（2）检查

施工验收时，检查验收记录表。

《游泳池给水排水工程技术规程》CJJ 122－2008

3.2.1 池水的水质应符合国家现行行业标准《游泳池水质标准》CJ 244的规定。

【技术要点说明】

游泳池的主体是水。它是为游泳运动员在水中进行竞赛、训练用的场所，更是为广大群众学习游泳、戏水、游乐、健身的场所。人们的这些活动均在水中进行，而且人体和水是紧密接触的，水质的好坏关系到如下三个方面：

1）游泳池是公共活动场所，保证池水不传播疾病，化学药品的残留不会对游泳、戏水、健身者产生危害。

2）清澈洁净和恰当温度的池水是进行国际国内游泳竞赛满足水下摄像和向社会转播有高清晰度画面以及游泳者舒适度的要求，他是观察游泳者在水中游泳姿态和判别是否有溺水嫌疑动作所必须的条件，也是观众观看游泳及水中运动和为其提供优美环境的必要条件。

3）建设及运营成本。人们在池水中活动时，人体分泌物（汗液、皮屑、唾液等）、毛发脱落、化妆品残余和泳衣颜色、纤维脱落等而不断的污染了水质。所以要对池水进行循环净化和消毒处理，以保持池水的清洁、透明和卫生。这些设备的配置程度和运行中的能源消耗量，对建设成本产生影响。

《游泳池水质标准》CJJ 122是综合了以上三个方面的要求而制定的标准，所以将本条作为强制性条文。

【实施与检查控制】

（1）实施

在设计游泳池的过程中，应正确地理解《游泳池水质标准》CJJ 122，该标准是指人们在游泳过程中，游泳池池内的水质标准。为满足此要求，就要对被污染的池水进行连续不断的循环净化处理，而净化处理后的水质要求高于该标准的要求，只有这样处理后的高标准水质与池内尚未被净化的那部分水进行交换混合，使其满足《游泳池水质标准》CJJ 122的要求。

（2）检查

应仔细审查设计图纸中游泳池水的循环净化处理工艺流程及设备配置，并以此检查下列技术参数：

① 相应水过滤设备的过滤速度、池水循环周期、池水设计温度是否符合本规范相应条文规定。

② 循环水泵、池水加热设备的容量是否与第①项要求相匹配。

③ 根据赛时与赛后负荷校核前两项要求能否满足要求，并按其中最大负荷作为设计根据。

6.1.1 游泳池的循环水净化处理系统中必须设有池水消毒工艺。

【技术要点说明】

游泳池是供人们在水中进行游泳、健身、戏水的公共场所，池水与人身的各部位均直接接触，游泳者入池前未认真地进行泳前淋浴，而人体表面所携带的尘埃、皮屑、皮肤分泌汗液、毛发脱落和游泳者在泳池内吐的痰液甚至尿液等，以及空气中的尘埃、池岸污染物被带入池内水中，所有这些污物都带有细菌，甚至病毒，如不予以杀灭，则池水会变成疾病传播的媒介。因此，池水消毒是保护游泳者健康，防治传染疾病的必须手段。

【实施与检查控制】

（1）实施

池水消毒工艺与所选用的消毒剂种类、杀菌功能、杀菌持续性、副作用及泳池的使用对象不同而不同。不管是气体杀菌剂（如臭氧、二氧化氯等）、液体杀菌剂（如液氯、次氯酸钠等）、固体杀菌剂（如氯片、漂粉精、氰尿酸盐等）、射线杀菌剂（如紫外线），其工艺流程及设备配置均不相同。因此，设计中应注意如下几点：

① 各种消毒剂（紫外线除外）均应采取湿式投加，即将消毒剂利用专用的设备或装置配置成一定浓度的消毒液，再通过专用设备自动连续独立地投加到池水循环水系统的水中，使其充分的与循环水混合，并能根据池水水质变化随时调整消毒液的投加量。

② 不同的消毒剂或药剂不能混用一个投加系统，以防发生安全事故。

③ 不允许将消毒剂不经过投加系统而直接投加到池水中的投加方式。

④ 臭氧和紫外线消毒剂无持续消毒功能。采用此种消毒剂时，还应辅以长效消毒剂的消毒工艺。

（2）检查

① 首先审校设计所选用的消毒剂类型和品质，以及该消毒剂是否符合卫生监督部门的认可。

② 其次审校所选用消毒剂转化为消毒液时所配套的相应的设备或装置是否规范方便使用及投加要求：a）消毒剂溶液的浓度及使用周期；b）投加设备或装置的配置容量能否满足要求；c）投加监测系统及仪表的配置精度及控制的可靠性；d）消毒剂对环境影响能否满足安全（如耐腐、防腐等）及环保（通风、紧急事故处理等）和本规程中相关条文规定。

6.2.2 臭氧应采用负压方式投加在过滤器之后或之前的循环水管道上。

【技术要点说明】

臭氧在化学上是由三个氧原子（O_3）组成，在常温条件下为淡蓝色气体，有臭味，密度为1.658。体积密度为1.71。稳定性差，在常温下可自行分解为氧，在1%水溶液时的衰减期为16min。臭氧是一种强氧化剂，具有非常强的广谱杀菌功能，它能杀灭氯所不能杀灭的病毒和孢囊（如隐孢子虫、贾地鞭毛虫）；它还具有除铁、除锰、除嗅、脱色和通过氧化将水中一些微小的杂物凝聚成较大颗粒的凝聚作用，以及在水中具有高溶解度，并能分解水中尿素，增加水的溶解氧，抑制藻类生长，提高水的透明度和改变水的pH值等功能。故被广泛用于游泳池水的消毒。但臭氧无持续消毒功能。臭氧是通过在干燥空气中无声放电产生的，所以臭氧是现场制备的，其发生器房间环境温度、湿度、通风要特别注意。

由上述臭氧特性可知，臭氧是一种有毒气体，如果发生泄漏，臭氧在空气中的浓度超过0.25mg/L时，对人会产生强烈的刺激，造成呼吸困难；臭氧在空气中的浓度达到25%时，遇热会产生爆炸。因此，在游泳池采用臭氧消毒时一定要采用负压制备臭氧的设备和负压输送臭氧的装置，以防臭氧泄漏。

【实施与检查控制】

（1）实施

① 在设计中，游泳池水采用臭氧消毒时，臭氧消毒工艺是组合在游泳池水循环净化处理工艺流程之内。臭氧的投加是要通过独立的加压水泵，将循环净化后的水再次加压送到文丘里水射器，使臭氧负压进入水射器与被消毒水混合，将臭氧从气相转变为液相，以便臭氧在后续的在线混合器再度与水充分混合后再进入臭氧与水进行反应的反应罐，达到氧化水中的有机物和消毒杀菌之目的。

② 臭氧消毒工艺应包含如下设备及相关配套设备：臭氧发生器、加压水泵、臭氧负压投加装置（水射器）、在线混合器、臭氧—水反应器（罐）以及相应的连接管道、控制仪表和相应的阀门等。

（2）检查

① 审查游泳池水循环净化处理工艺流程图样中所选的臭氧发生器是否为负压制备臭氧，加压水泵容量与投加臭氧的水射器参数是否匹配，并核对工艺流程中的控制和检测仪表是否齐全。

② 根据本规程第6.2节相关条文规定，审核相关配套设备、装置的容量和材质等是否满足规范规定要求的技术参数。

③ 审查加压水泵与臭氧注射器（文丘里水射器）的管道有无防止水倒流装置和观察臭氧注射器工况的仪表，水射器的材质应不低于S31603不锈钢材质要求。

6.3.5 采用氯气消毒时，必须采用负压自动投加到游泳池循环进水管道中的方式，严禁将氯直接注入游泳池水中的投加方式。

【技术要点说明】

氯气（液氯）是一种黄色气体，具有很强的刺激性、腐蚀性和毒性。在常温条件下比空气重2.5倍，并容易与其他物质发生化合反应而产生有害的物质。在用于游泳池水消毒时会产生刺激人眼睛和呼吸道的氯胺，以及产生致畸、致癌、致突变的三卤甲烷（THM_3）

氯气是有效和经济的消毒剂，适用于泳池水及其他水的灭菌消毒。由于氯气的比重比空气重，为安全起见，消毒设备及氯气的储存需要放在地面层。

氯气在使用过程中，一旦发生泄漏，则会产生严重的安全事故。所以，用于游泳池水消毒时，应采用自动负压的方式将氯气投加到游泳池循环水给水管道内，以防止氯气向外泄漏。

【实施与检查控制】

（1）实施

① 游泳池采用氯气作为消毒剂时，应取得当地安全主管部门的批准。

② 氯气的投加应采用自动加氯机负压进行投加，只有这样使系统处于负压状态下，才能保证氯气不会向外泄漏，并具有一旦失去负压条件而能立即开启故障保险切断氯气供应。

③ 氯气的投加与储存的房间应相互独立，并相互毗邻。且房间应有良好的通风和急救装置。

④ 条文中规定的严禁将氯气直接注入游泳池中的投加方式中，除氯气之外，还包括氯制品。将氯及氯制品直接注入或倒入游泳池水中会使氯气及氯制品有机会与大气接触而向空气中扩散，会给池岸上的游泳者和管理人员造成安全伤害；同时，直接倒入池中造成池水中氯含量聚集，会给游泳者造成将大量含氯的水吸入体内的危害；

⑤ 选用氯气或氯制品消毒时，应注意它们对池水 pH 值的影响。

（2）检查

审查安全主管部门同意在游泳池采用氯气消毒的批准文件。

审查设计图所示加氯机房和氯气储存库房的设置情况能否满足下列要求：a）独立的房间及外开门；b）固定的观察窗；c）机房外部急救设施的配置。

审查设计图所选加氯机是否为自动真空加氯机，以及房间内是否配备有氯气泄漏检测仪、报警装置及泄漏氯的吸收设施和位置、参数设置和控制系统。

《民用建筑节水设计标准》GB 50555－2010

4.1.5 景观用水水源不得采用市政自来水和地下井水。

【技术要点说明】

我国水资源严重匮乏，人均水资源是世界平均水平的1/4，目前全国年缺水量约为400亿 m^3，用水形势相当严峻，为贯彻“节水”政策及避免不切实际地大量采用自来水补水或利用地下水的人工水景的不良行为，规定“景观用水水源不得采用市政自来水和地下井水”，应利用中水（优先利用市政中水）、雨水收集回用等措施，解决人工景观用水水源和补水等问题。景观用水包括人造水景的湖、水湾、瀑布及喷泉等，但属体育活动的游泳池及用于与人体接触的满足儿童戏水目的瀑布、喷泉等不属此列。

【实施与检查控制】

（1）实施

设计单位在设计时，给水排水专业工程师应与建筑师及景观设计师一同协商，根据工程的水资源情况，进行合理的水资源规划，根据中水、雨水的用途与用量，进行水量平衡，最终决定水景的规模。

（2）检查

审核设计图纸，检查设置的水景的补水是否采用自来水或地下水。同时还应检查设计单位的水量平衡计算，以杜绝设置的水景水体的补水大于非传统水源能够补充的量。

5.1.2 民用建筑采用非传统水源时，处理出水必须保障用水终端的日常供水水质安全可靠，严禁对人体健康和室内卫生环境产生负面影响。

【技术要点说明】

民用建筑采用非传统水源时，处理出水的水质应按不同的用途，满足不同的国家现行水质标准。采用中水时，如用于冲厕、道路清扫、消防、城市绿化、车辆冲洗、建筑施工等杂用，其水质应符合国家标准《城市污水再生利用　城市杂用水水质标准》GB/T 18920的规定；用于景观环境用水，其水质应符合国家标准《城市污水再生利用　景观环境用水水质标准》GB/T 18921 的规定。雨水回用于上述用途时，应符合国家标准《建筑与小区雨水利用工程技术规范》GB 50400 的相关要求。严禁中水、雨水进入生活饮用水给水系统。采用非传统水源中水、雨水时，应有严格的防止误饮、误用的措施。中水处理必须设有消毒设施。公共场所及绿化的中水取水口应设带锁装置等。

【实施与检查控制】

(1) 实施

设计时，应按照非传统水源的用途，确定水质标准，以确定的水质标准来决定水处理应采取的处理工艺，并在运行后，定期将处理后的出水送到有检测资质的单位检测。中水或雨水采用生活饮用水补水时，应采取防止生活饮用水被污染的措施：① 清水池（箱）内的自来水补水管出水口应高于清水池（箱）内溢流水位，其间距不得小于 2.5 倍补水管管径，严禁采用淹没式浮球阀补水；②向蓄水池（箱）补水时，补水管口应设在池外。中水或雨水的供水管道上不得装设取水龙头，并应采取防止误接、误用、误饮的措施：①供水管外壁应按设计规定涂色或标识；②当设有取水口时，应设锁具或专门开启工具；③水池（箱）、阀门、水表、给水栓、取水口均应有明显的“中水”或“雨水”标识。

(2) 检查

核实设计图纸是否有中水或雨水供水管道与给水管道直接连接，特别应落实中水或雨水的供水管道是否存在设置倒流防止器后与给水管道连接的情况。设计说明中是否有“中水”或“雨水”管道防止误接、误用、误饮的措施及防止生活饮用水被污染的措施。运行时应检查水质检测报告。

《二次供水工程技术规程》CJJ 140－2010

4.0.1　二次供水的水质应符合现行国家标准《生活饮用水卫生标准》GB 5749 的规定。

【技术要点说明】

二次供水的水质直接关系到人民群众的身体健康和人身安全，因此二次供水水质必须符合现行的国家标准《生活饮用水卫生标准》GB 5749 的规定，且增加二次供水设施后不能改变城镇供水管网及二次供水管网的水质。

【实施与检查控制】

(1) 实施

二次供水设施的水质检测项目至少包括：色度、浑浊度、臭和味、肉眼可见物、pH、总大肠菌群、菌落总数、余氯；检测频率为每半年至少一次，有条件的地区可适当加密检测频次；检测结果应符合《生活饮用水卫生标准》GB 5749 的规定。

(2) 检查

通过对二次供水水质定期检测和不定期抽检，质量技术监督部门资质认定的水质检测机构能够出具水质检测报告、判定二次供水水质合格为符合本强条规定的依据。

10.1.11 调试后必须对供水设备、管道进行冲洗和消毒。

【技术要点说明】

建设部第156号令《城市供水水质管理规定》明确："用于城镇供水的新设备、新管网，应当严格进行冲洗、消毒，经质量技术监督部门资质认定的水质检测机构检验合格后，方可投入使用"。二次供水作为城镇供水的重要组成部分，理应遵守此项规定。

【实施与检查控制】

（1）实施

冲洗前对系统内易损部件应进行保护或临时拆除，冲洗流速不应小于1.5m/s。消毒时，应根据二次供水设施类型和材质选择相应的消毒剂，可采用20mg/L～30mg/L的游离氯消毒液浸泡24h。还需注意掌握各类化学消毒剂的一般特点、适用范围和注意事项，冲洗消毒还应包括整个二次供水管网。

（2）检查

通过对冲洗、消毒后系统出水水质的检测，质量技术监督部门资质认定的水质检测机构能够出具水质检测报告、判定二次供水水质合格为符合本强条规定的依据。

11.3.6 水池（箱）的清洗消毒应符合下列规定：

1 水池（箱）必须定期清洗消毒，每半年不得少于一次；

2 应根据水池（箱）的材质选择相应的消毒剂，不得采用单纯依靠投放消毒剂的清洗消毒方式；

3 水池（箱）清洗消毒后应对水质进行检测，检测结果应符合现行国家标准《生活饮用水卫生标准》GB 5749的规定；

4 水池（箱）清洗消毒后的水质检测项目至少应包括：色度、浑浊度、臭和味、肉眼可见物、pH、总大肠菌群、菌落总数、余氯。

【技术要点说明】

本条文规定的第1款是因为水池（箱）内壁易产生细菌或致病性微生物，会对水质造成二次污染，所以必须进行清洗消毒。根据《城市供水水质管理规定》（建设部令第156号）对水池（箱）的清洗消毒每半年不得少于一次并对水质进行检测；第2款是因为采用只投放消毒剂的消毒方式，会使水池（箱）的清洗消毒不彻底，容易造成水质的二次污染，清洗消毒的具体操作应按本规程中第10.1.12条规定执行；第4款提出的水质检测项目，主要是针对二次供水储存输送过程中易发生变化的常规项目，根据各地的需要也可适当增加检测项目。

【实施与检查控制】

（1）实施

二次供水设施管理单位应做好清洗消毒、水质检测的记录工作。二次供水设施管理单位应当负责或委托专业清洗消毒单位至少每半年对二次供水设施进行清洗消毒，不具备相应水质检测能力的，应当委托经质量技术监督部门资质认定的水质检测机构进行清洗消毒后的现场取水检测。二次供水设施清洗消毒使用的杀菌剂、消毒剂等应符合国家生活饮用水的卫生要求。

（2）检查

首先检查此次清洗消毒距离上次清洗消毒时间上应不超过半年，其次查看清洗消毒记录上所选用的消毒剂等应符合国家饮用水卫生要求，通过水池（箱）出水口水质的检测，质量技术监督部门资质认定的水质检测机构能够出具水质检测报告、判定二次供水水质合格为符合本强条规定的依据。

《公共浴场给水排水工程技术规程》CJJ 160－2011

6.2.3 公共热水浴池充水和补水的进水口必须位于浴池水面以下，其充水和补水管道上应采用有效防污染措施。

【技术要点说明】

（1）公共热水浴池的水温一般为35℃～40℃之间，是军团菌滋生的最佳温度，此温度又高于室内的空气温度。如果从浴池设计水面以上进行充水和补水，此时补水与水面这段空隙的水流因水温与气温的温差产生水雾，这就使得循环水中的军团菌传播到室内空气中，造成环境污染，从而对洗淋者带来健康伤害。

（2）进水口设在浴池设计水面以下，可以满足浴池内不含死水区。

（3）为了防止补充水不被污染，补水管应设置防倒流污染补充水质的装置。

【实施与检查控制】

（1）实施

在设计公共浴池的给水排水设计中应将循环水系统与新鲜水的补水管道分开设置。同时要从浴池的构造上选用符合要求的给水口和溢水口位置要求的成品浴池。如为土建型浴池，给水排水专业向土建专业提供配合资料时，应符合本说明中“技术要点”的要求。

（2）检查

① 仔细审查设计图纸中公共浴池的构造详图中所留给水口，回水口及溢流水口的位置是否符合条文规定。

② 审查给水排水系统的设计是否将循环水系统与补水系统分开设计。

7.1.1 公共浴池循环水净化处理工艺流程中必须配套设置池水消毒工艺。

【技术要点说明】

公共浴池的水温一般为35℃～40℃之间，是各种细菌、微生物及军团菌等最适宜滋生繁殖的温度。入浴者一般都半裸体浸泡在浴池内水中长达（15～20）min，人们称之为泡温泉。如果池内还设备按摩喷头，则喷头连续不断地喷射较高水压的水柱对人体不同部位进行冲击，促使入浴者的皮屑、油脂、汗液等不断分泌，给池水造成污染。为了防止入浴者交叉感染和遏制军团菌的滋生，故必须对循环水进行杀菌消毒，防止某些病菌的传播，确保入浴者的健康不受危害。

【实施与检查控制】

（1）实施

① 对于热水浴池，因为是自来水并将其温度提高，消毒方式选用比较广泛。氯制品消毒剂、臭氧消毒剂、紫外线消毒剂等都可选用。

② 对于温泉水浴池，因其温泉水所含微量矿物质、化学元素不同，选用消毒剂就要

按温泉水水质确定，不能因消毒剂选用不当而破坏温泉水水质而使温泉水失去保健水疗作用，以及产生不良后果，如：

a）对含铁、锰的温泉水用氯制品消毒剂会产生沉淀；

b）对含氨的温泉水用氯制品消毒会产生化合性氯，给室内空气带来刺激味；

c）对酸性温泉水用氯制品消毒会产生氯气，给入浴者带来危害；

d）臭氧消毒剂虽杀菌功能强，但它会与水中某些化学元素产生化学反应而破坏了温泉的水质；

e）紫外线消毒剂虽不破坏温泉水质，但其无持续消毒功能；

f）铜、银离子消毒剂虽不破坏温泉水质，但成本较高。

③ 因此温泉水的消毒剂选用一定要与温泉水质相兼容。

（2）检查

审查温泉水的水质化验报，根据温泉水特点选用相应的消毒剂。

审查不同消毒剂的投加量是否符合本规程相关条文的规定。

7.1.5 公共浴池严禁采用液态氯和液态溴对池水进行消毒。

【技术要点说明】

（1）氯气虽然具有较高的消毒效果，但对环境及操作技术要求很高，如果管理不完善造成氯气泄漏，会带来安全隐患。对于人员密集、停留时间较长的公共浴池等水疗场所不应采用，以确保入浴者生命及财产安全。

（2）液态溴是一种毒性和腐蚀性极强的化学物质，使用要求很高，稍有不慎将会出现危险，而且危险难以处理，故不应采用，以确保水疗场所安全。

【实施与检查控制】

（1）实施

在设计中对公共浴池的池水消毒不允许采用氯气和液态溴两种消毒剂。

（2）检查

审查设计说明及公共浴池池水消毒工艺是否有这两种消毒剂。

6.2 管道布置

《建筑给水排水设计规范》GB 50015－2003（2009版）

3.2.3 城镇给水管道严禁与自备水源的供水管道直接连接。

【技术要点说明】

所谓“自备水源”，即设计工程基地内设有一套从水源（非城镇供水管网，可以是地表水或地下水）取水，经水质处理后供基地内生活、生产和消防用水的供水系统。

城市给水管道（即城市自来水管道）严禁与用户的自备水源的供水管道直接连接，目的是防止自备水源回流污染城市供水系统，这是国际上通用的规定。

【实施与检查控制】

（1）实施

当业主需要将城市给水作为自备水源的备用水或补充水时，供水管网设计时，将城市给水管道的水放入自备水源的贮水（或调节）池，经自备系统加压后使用。放水口与水池溢流水位之间必须有有效的空气间隙。

（2）检查

审核设计图纸中城市给水管道与自备水源的供水管道是否直接连接或用倒流防止器连接。采用城市给水管道的水放入自备水源的贮水（或调节）池时，其放水口与水池溢流水位之间空气间隙是否符合相关规定。

本规定与自备水源水质是否符合或优于城市给水水质无关。

3.2.3A 中水、回用雨水等非生活饮用水管道严禁与生活饮用水管道连接。

【技术要点说明】

本条规定目的为保障生活饮用水卫生安全，防止中水、回用雨水等非生活饮用水回流污染生活饮用水。

【实施与检查控制】

（1）实施

设计中存在非传统水源系统时，非传统水源系统管道应与生活饮用水管分开设置，并以色标予以区别，并于管外壁注明“中水”或“雨水”字样。

设计中如用生活饮用水作为中水、回用雨水补充水时，不应用管道连接，应补入中水、回用雨水贮存池内，且应有本规范有关条文规定的空气间隙。

（2）检查

审核施工图中生活饮用水管道是否直接与中水、回用雨水的供水管道直接连接或者用倒流防器连接。生活饮用水补入中水、回用雨水贮存池内时其放水口与中水、回用雨水贮存水池的溢流水位之间空气间隙是否符合相关规定。

3.2.4 生活饮用水不得因管道产生虹吸、背压回流而受污染。

【技术要点说明】

造成生活饮用水管内回流的原因具体可分为虹吸回流和背压回流两种情况。虹吸回流是由于供水系统供水端压力降低或产生负压（真空或部分真空）而引起的回流。例如，由于附近管网救火、爆管、修理造成的供水中断。背压回流是由于供水系统的下游压力变化，用水端的水压高于供水端的水压，出现大于上游压力而引起的回流，可能出现在热水或压力供水等系统中。例如，锅炉的供水压力低于锅炉的运行压力时，锅炉内的水会回流入供水管道。因为回流现象的产生而造成生活饮用水系统的水质恶化，称之为回流污染，也称倒流污染。

【实施与检查控制】

（1）实施

在工程设计时，首先判断生活饮用水系统是否存在回流的可能性：

① 有回流的特征；

② 任何情况下不会产生回流；

③ 卫生器具、设备本身设置防回流装置。

只有在①的情况下才应采取防回流措施。

其次判别回流的性质是虹吸回流还是背压回流。防止回流污染产生的技术措施一般可采用空气隔断、倒流防止器、真空破坏器等措施和装置。

（2）检查

设计生活饮用水系统存在回流的判断是否正确？如生活饮用水系统是存在回流特征，所采取的防回流的措施是否得当。

3.2.4A 卫生器具和用水设备、构筑物等的生活饮用水管配水件出水口应符合下列规定：

1 出水口不得被任何液体或杂质所淹没；

2 出水口高出承接用水容器溢流边缘的最小空气间隙，不得小于出水口直径的2.5倍。

【技术要点说明】

本条文明确对于卫生器具或用水设备、构筑物的防止回流污染要求。已经从配水口流出的并经洗涤过的污废水，不得因生活饮用水水管产生负压而被吸回生活饮用水管道，使生活饮用水水质受到严重污染，这种事故是必须严格防止的。本规定在国外 Plumbing Code 中均有规定。

用水设备、构作物系指民用或工业用水洗涤池，产品漂洗池、冷却塔集水池、游泳池、水景池等。

【实施与检查控制】

（1）实施

应采用符合国家标准的卫生器具。一些用水设备、构筑物除注明支管管径标高外，还应注明出水口标高和用水设备、构筑物溢流边缘标高，使其最小空气间隙，不小于出水口直径的2.5倍。

（2）检查

检查用水设备给水出水口标高和用水设备、构筑物溢流边缘标高之间形成的空气间隙是否不小于出水口直径的2.5倍（为便于操作，出水口直径可视为供水支管公称直径）。

3.2.4C 从生活饮用水管网向消防、中水和雨水回用等其他用水的贮水池（箱）补水时，其进水管口最低点高出溢流边缘的空气间隙不应小于150mm。

【技术要点说明】

本条文明确了消防水、中水和雨水回用水池（箱）补水时的防止回流污染要求。贮存消防、中水和雨水回用水池（箱）内贮水的水质与本规范第3.2.4A条中“卫生器具和用水设备”内的“液体”或“杂质、泡沫”是有区别的，但水质也低于生活饮用水水池（箱）中的水质，同时消防水池、中水和雨水回用水池（箱）补水管的管径较大，因此进水管口的最低点高出溢流边缘的空气间隙高度控制在不小于150mm。

【实施与检查控制】

（1）实施

如按本规范第3.2.4A条第2款计算出所需最小空隙大于150mm时，生活饮用水向贮存消防、中水和雨水回用水池（箱）内补水时，应根据水池（箱）的溢流边缘标高确定补水管口标高，使其空气间隙高度控制在不小于150mm。

（2）检查

施工图中是否标注了生活饮用水补水管口标高，是否标注了水池（箱）内溢流边缘标高。如已标注，其空气间隙高度是否控制在不小于150mm。

3.2.14　在非饮用水管道上接出水嘴或取水短管时，应采取防止误饮误用的措施。

【技术要点说明】

条文规定的目的是为了防止误饮误用，在国内外相关法规中都有此规定。一般做法是挂牌，牌上写上"非饮用水"、"此水不能喝"等字样。

【实施与检查控制】

（1）实施

在工程设计项目中除有生活饮用水系统外如还有非生活饮用水系统，如生产用水系统、冷却水循环水系统、中水供应系统、雨水利用系统、消防用水系统，在这些非生活饮用水系统的管道上接出水嘴或取水短管一般用于杂用水，如浇洒绿化、冲洗地面等用途，而非饮用。因此，在设计说明中应有所交代。

（2）检查

核查在设计项目中是否有非生活饮用水供水系统。在这个系统中管道上是否装有水嘴和短管。在设计说明中是否交代防止误饮误用的措施。

3.5.8　室内给水管道不得布置在遇水会引起燃烧、爆炸的原料、产品和设备的上面。

【技术要点说明】

本条规定室内给水管道敷设的位置不能由于管道的漏水或结露产生的凝结水造成对安全的严重隐患，产生对财物的重大损害。

遇水燃烧物质系指凡是能与水发生剧烈反应放出可燃气体，同时放出大量热量，使可燃气体温度猛升到自燃点，从而引起燃烧爆炸的物质，都称为遇水燃烧物质。遇水燃烧物质按遇水或受潮后发生反应的强烈程度及其危害的大小，划分为两个级别：

一级遇水燃烧物质：与水或酸反应时速度快，能放出大量的易燃气体，热量大，极易引起自燃或爆炸。如锂、钠、钾、铷、锶、铯、钡等金属及其氢化物等。

二级遇水燃烧物质：与水或酸反应时的速度比较缓慢，放出的热量也比较少，产生的可燃气体，一般需要有水源接触，才能发生燃烧或爆炸。如金属钙、氢化铝、硼氢化钾、锌粉等。

在实际生产、储存与使用中，将遇水燃烧物质都归为甲类火灾危险品。

在储存危险品的仓库设计中，应杜绝将给水管道（含消防给水管道）布置在上述危险品堆放区域的上方。

【实施与检查控制】

（1）实施

在设计化工厂、库房、实验室之类工程时，应注明贮存、生产、使用遇水会引起燃烧、爆炸的原料、产品和设备的名称、特性。通过对工艺专业咨询了解这些高危物资在车间、库房和实验楼中具体位置，以便在给水管道布置时避让。

（2）检查

设计图中是否标注出遇水会引起燃烧、爆炸的原料、产品和设备的名称、布置位置，给水管道（含消防管道）布置是否避让。

4.3.3A 排水管道不得穿越卧室。

【技术要点说明】

卧室是供居住者睡眠、休息的空间，卫生、安静要求最高，不少工程建筑师盲目追求建筑立面平面的新意，却忽视给排水管道布置的合理性，导致排水管道无法避让而穿越卧室，排水噪声扰民，投诉案件不少。排水管道（含污水管、废水管、雨水管）不得穿越卧室任何部位，包括卧室内壁柜。

【实施与检查控制】

（1）实施

在建筑设计方案阶段，给排水专业就应介入，积极协调，杜绝排水管道穿越卧室。

（2）检查

核查设计图纸中的排水管道是否穿越卧室任何部位。

4.3.4 排水管道不得穿越生活饮用水池部位的上方。

【技术要点说明】

在室内的生活饮用水池一般设置在地下室、技术夹层，楼层部位排水管道一般通过技术夹层转换或通过地下室后排至室外。如排水管道穿越水池上方（平面投影区域内）时，可能由于排水管道渗漏对生活饮用水的污染。不得穿越在水池上方的排水管指的是器具排水管道悬吊管等。

【实施与检查控制】

（1）实施

设计图中排水管和生活饮用水池平面布置应错开、避让。

（2）检查

检查设计施工图，排水管道是否穿越生活饮用水池上方。

4.3.5 室内排水管道不得布置在遇水会引起燃烧、爆炸的原料、产品和设备的上面。

【技术要点说明】

遇水燃烧物质系指凡是能与水发生剧烈反应放出可燃气体，同时放出大量热量，使可燃气体温度猛升到自燃点，从而引起燃烧爆炸的物质，都称为遇水燃烧物质。遇水燃烧物质按遇水或受潮后发生反应的强烈程度及其危害的大小，划分为两个级别。

一级遇水燃烧物质：与水或酸反应时速度快，能放出大量的易燃气体，热量大，极易引起自燃或爆炸。如锂、钠、钾、铷、锶、铯、钡等金属及其氢化物等。

二级遇水燃烧物质：与水或酸反应时的速度比较缓慢，放出的热量也比较少，产生的可燃气体，一般需要有水源接触，才能发生燃烧或爆炸。如金属钙、氢化铝、硼氢化钾、锌粉等。

在实际生产、储存与使用中，将遇水燃烧物质都归为甲类火灾危险品。

在储存危险品的仓库设计中，应杜绝将排水管道（含雨水管道）布置在上述危险品堆放区域的上方。

【实施与检查控制】

（1）实施

在化学品库房和科研实验室设计时，首先调研贮存使用的化学品的名称、性能。如有遇水爆燃性质的化学物品，在排水管道布置时应避让。

（2）检查

检查设计施工图，排水管道是否穿越遇水爆燃性质的化学物品上方。

4.3.6 排水横管不得布置在食堂、饮食业厨房的主副食操作、烹调和备餐的上方。当受条件限制不能避免时，应采取防护措施。

【技术要点说明】

由于排水横管可能渗漏，和受厨房湿热空气影响，管外表易结露滴水，会造成污染食品的安全卫生事故。

【实施与检查控制】

（1）实施

在方案设计阶段就应该避免卫生间布置在厨房间的主副食操作、烹调和备餐的上方。当建筑设计不能避免时，排水横支管设计成同层排水。改建的建筑设计，应在排水支管下方设防水隔离板或排水槽。

（2）检查

检查设计图纸在食堂、饮食业厨房的主副食操作、烹调和备餐的上方是否有排水横支管、排水横干管穿越。如有穿越是否采取了隔离措施。

4.3.6A 厨房间和卫生间的排水立管应分别设置。

【技术要点说明】

本条引用现行国家标准《住宅建筑规范》GB 50368 的第 8.2.7 条。

【实施与检查控制】

（1）实施

厨房卫生间排水立管各自独立布置。

（2）检查

核查设计图纸中厨房卫生间排水是否分开设置立管。

4.3.13 下列构筑物和设备的排水管不得与污废水管道系统直接连接，应采取间接排水的方式：

1 生活饮用水贮水箱（池）的泄水管和溢流管；

2 开水器、热水器排水；

3 医疗灭菌消毒设备的排水；

4 蒸发式冷却器、空调设备冷凝水的排水；

5 贮存食品或饮料的冷藏库房的地面排水和冷风机溶霜水盘的排水。

【技术要点说明】

本条参阅美国、日本规范并结合我国国情的要求对采取间接排水的设备或容器作了规定。所谓间接排水，即卫生设备或容器排出管与排水管道不直接连接，在卫生器具或容器与排水管道系统间另设存水弯隔气，而且还有一段空气间隔。这样在存水弯水封可能被破坏的情况下，也不会使卫生设备或容器与排水管道连通，而使污浊气体进入设备或容器。采取这类安全卫生措施，主要针对贮存饮用水、饮料和食品等卫生要求高的设备或容器的排水。空调机冷凝水排水虽排至雨水系统，但雨水系统也存在有害气体和臭气，空调冷凝排水管道直接与雨水检查井连接，造成臭气窜入卧室，污染室内空气的工程事例不少。

【实施与检查控制】

（1）实施

贮存饮用水、饮料和食品等卫生要求高的设备或容器的排水，采用间接排水。

（2）检查

检查设计图中①生活饮用水贮水箱（池）的泄水管和溢流管；②开水器、热水器排水；③医疗灭菌消毒设备的排水；④蒸发式冷却器、空调设备冷凝水的排水；⑤贮存食品或饮料的冷藏库房的地面排水和冷风机溶霜水盘的排水等卫生要求高的设备或容器的排水，是否采用了间接排水。

4.3.19 室内排水沟与室外排水管道连接处，应设水封装置。

【技术要点说明】

室内排水沟与室外排水管道连接，往往忽视隔绝室外管道中有害有毒气体通过明沟窜入室内，污染室内环境卫生。有效的方法，就是设置水封井或存水弯。

【实施与检查控制】

（1）实施

在室内排水沟与室外排水管道连接处设水封装置。

（2）检查

检查设计图中排水沟的排水出口，如与排水管道相连接，有否带存水弯地漏、水封井或由管件组合的存水弯及其水封深度是否大于等于50mm。

4.5.9 带水封的地漏水封深度不得小于50mm。

【技术要点说明】

本条规定了地漏的水封深度，是根据国外规范条文制定的。50mm水封深度是确定重力流排水系统的通气管管径和排水管管径的基础参数，是最小深度。

【实施与检查控制】

（1）实施

在设计施工图总说明中明确地漏应符合现行国家标准《地漏》GB/T 27710和《地漏》CJ/T 186的要求。不带水封的直通式地漏下应设存水弯，存水弯的水封深度大于等于50mm。

（2）检查

核查在设计施工图总说明中是否标明地漏的水封深度不得小于50mm。

4.5.10A 严禁采用钟罩（扣碗）式地漏。

【技术要点说明】

美国规范早已将钟罩式地漏划为禁用之列，钟罩式地漏存在水力条件差、易淤积堵塞等弊端，为清通淤积泥沙垃圾，钟罩（扣碗）丢失而造成无水封，下水道有害气体直接窜入室内，污染环境，损害健康，此类现象十分普遍，应予禁用。

【实施与检查控制】

（1）实施

在设计施工材料表或说明中明确不采用钟罩式地漏。

（2）检查

核查在设计施工图总说明、给排水设备表中，是否明确不采用钟罩式地漏。

5.4.20 膨胀管上严禁装设阀门。

【技术要点说明】

膨胀管上严禁设置阀门是确保热水供应系统的安全措施。由于热水锅炉或水加热器在加热过程中，密度降低，体积膨胀。水又具有不可压缩的特征，开式热水供应系统中（热水锅炉或水加热器的冷水是由高位水箱供给）热水锅炉或水加热器必须设置膨胀管，将体积膨胀的水释放，否则会发生将加热器、管道胀裂的事故。膨胀管上装设阀门，很难保证加热器运行中阀门一直处于常开状态。

【实施与检查控制】

（1）实施

开式热水供应系统中水加热器应设置膨胀管，膨胀管上不装置任何阀门。即使有多台热水锅炉或水加热器时，为便于运行和维修亦应分别设置膨胀管，不得共用。

（2）检查

核查设计图中开式热水供应系统中水加热器是否设置膨胀管。多台热水锅炉或水加热器是否共用膨胀管，膨胀管上是否装了阀门。

《建筑与小区雨水利用工程技术规范》GB 50400－2006

1.0.6 严禁回用雨水进入生活饮用水给水系统。

【技术要点说明】

雨水利用系统作为项目配套设施进入建筑小区和室内，安全性措施十分重要。回用雨水执行的水质标准是杂用水、景观用水等标准，属非饮用水。因此严禁回用雨水进入生活饮用水系统。

要求采用生活饮用水水质标准供水补水的系统都属于生活饮用水系统。游泳池、与人体密切接触的水景、戏水等设施都要求采用生活饮用水补水。因此不可采用回用雨水补水。

建筑与小区中的回用雨水还存在着意外进入生活饮用水系统的风险，因此需要采取严格措施防范。

【实施与检查】

（1）实施

设计与施工中应严格遵守本规范第7.3.1、7.3.3、7.3.9等条款的规定，并在雨水回用管道埋地敷设时保持和生活饮用水管道的安全距离。两种管道交叉时雨水回用管道应敷设在生活饮用水管道下方。

（2）检查

设计审核及施工检查中按本规范第7.3.1、7.3.3、7.3.9等条逐条审查。此外，还要检查室、内外回用雨水埋地管和生活饮用水埋地管道之间留有安全距离，两种埋地管道交叉时雨水回用管道应尽量位于生活饮用水管道的下方。

7.3.1 雨水供水管道应与生活饮用水管道分开设置。

【技术要点说明】

此条规定是落实总则中“严禁回用雨水进入生活饮用水给水系统”要求的具体措施之一。

管道分开设置指两类管道系统从水源到用水点都是独立的，之间没有任何形式的连接，包括通过倒流防止器等连接。雨水的来源是不稳定的，因此雨水供水系统都设补充水。当采用生活饮用水补水时，补水管道出口和雨水的水面之间应有空气隔断。

【实施与检查】

（1）实施

在设计及施工安装中，雨水清水池、雨水供水泵和雨水供水管道系统应和生活饮用水管道完全分开。生活饮用水作为补水时，补水管道包括城镇给水管的来水补水管道不得向雨水供水管道中补水。有的工程为了简化系统或利用生活饮用水补水管道的水压、节省雨水供水泵的运行电耗，通过倒流防止器使两类管道连接在一起，这是严格禁止的。

（2）检查

应审核设计图中和检查工程中雨水供水管道系统的补水管接入点，当补水为生活饮用水时，补水点应在雨水池（箱）；审核和检查雨水管道上连接的其他类管道不得是生活饮用水管道；当雨水作为补水向其他管道系统补水时，譬如水消防灭火系统、循环冷却水系统、景观水系统，绿地浇洒系统等，也要同样审核和检查雨水管没有通过被补水的系统连接到生活饮用水管道。工程安装过程往往出现两种管道连通的事故，虽然在连通管上设置常闭阀门、止回阀、倒流防止器，但仍属于两种管道没有分开，存在安全隐患。

《建筑中水设计规范》GB 50336－2002

5.4.1 中水供水系统必须独立设置。

【技术要点说明】

本条强调了中水系统的独立性，首先为防止对生活供水系统的污染，中水供水系统不能以任何形式与自来水系统连接，设置止回阀、倒流防止器等连接也是不允许的；同时强调中水系统的独立性功能，中水系统一经建立，就应保障其使用功能，不能总是依靠自来水补给。自来水的补给只能是应急的，有计量的，并应有确保不污染自来水的措施。

【实施与检查控制】

（1）实施

在进行中水工程设计时，中水供水泵加压泵、供水管网必须是独立设置，不能与生活给水系统共用。

（2）检查

检查单位查看中水工程施工图，重点检查中水加压泵、中水管道是否独立设置，是否与生活饮用水给水管道直接连接。

8.1.1 中水管道严禁与生活饮用水给水管道连接。

【技术要点说明】

中水的应用，其首要问题是卫生安全问题，防止对生活供水系统造成污染。本规范第5.4.1条和第8.1.1条一是强调了中水供水系统的独立性，中水系统一经建立，就应保障其使用功能，生活给水系统只能是应急补给，并应有确保不污染生活给水系统的措施。二是严禁中水供水系统以任何形式与生活饮用水给水管道进行直接连接，包括采用止回阀、倒流防止器等措施的连接。另外，当饮用水管道单独设置时，中水管道亦不得与其他生活给水管道进行直接连接。

【实施与检查控制】

（1）实施

在进行中水工程设计时，设计人员应当注意，当中水进入建筑物内部用于冲厕等用途时，中水供水管道应是完全独立的供水系统；当中水用于室外绿化等用途时，中水供水管道亦应是独立的供水系统。无论是室内还是室外，严禁中水管道与生活饮用水给水管道以任何形式进行直接连接。

（2）检查

检查中水管道系统图，重点检查中水管道是否与生活饮用水给水管道直接连接。

《管道直饮水系统技术规程》CJJ 110－2006

5.0.1 管道直饮水系统必须独立设置。

【技术要点说明】

为了卫生安全和防止污染，本条强调管道直饮水系统应单独设置，不得与市政或建筑供水系统直接相连。

【实施与检查控制】

（1）实施

设计时，应设置单独的直饮水管道系统，不利用已有的给水管道，且管道直饮水系统不得与生活给水管道系统连接。

（2）检查

核实设计图纸，检查是否设置独立的管道直饮水系统。

10.4.2 塑料管严禁明火烘弯。

【技术要点说明】

在管道直饮水系统中采用的塑料给水管道，因塑料管道本身的特性所决定，在明火烘烤的情况下，管道会遇到严重的损坏，改变了塑料管道的性能，不能在给水系统中使用，故作出严格的规定。

【实施与检查控制】

（1）实施

设计交底时，应明确提出塑料管在需要转弯处，采用管件连接，严禁明火烘弯的要求。管道直饮水系统中若采用塑料给水管道，应按照不同塑料管道的要求，采用热熔连接、电热熔连接或专用胶粘剂连接的方式。在管道需要转弯处，采用管件连接。

（2）检查

在系统验收时，检查执行的情况，在管道需要转弯处，检查是否采用管件连接，对采用明火烘弯的部位要返工。

《游泳池给水排水工程技术规程》CJJ 122－2008

13.6.4 各种承压管道系统和设备，均应做水压试验；非承压管道系统和设备应做灌水试验。

【技术要点说明】

该条的规定是对施工安装单位的要求。

承压管道系统和设备做水压试验，非承压管道系统和设备做灌水试验，是给水排水工程安装完成后检验工程质量很重要的一道必须进行的工序和工作。

对于隐藏在游泳池底垫层内的管道应在水压试验和灌水试验合格后，对管道进行定位固定、防腐处理（金属管道有此要求）等工序完整后，方可进行隐蔽工序。确保管道不受损伤和变形。该项试验为中间分部分项验收，只有此项验收合格后，方可进行下一道工序的施工安装。

【实施与检查控制】

（1）实施

给水设备试验是指成品压力容器和贮水器，该项试压一般由生产供应商按相关规定进行，并出具水压试验合格证，施工单位不再进行二次水压或灌水试验。管道的水压及灌水试验应分部或分段进行强度试验。

管道系统施工质量验收一般需按下列要求进行：a）施工单位自行验收；b）施工单位会同业主监理单位验收；c）系统竣工验收。

不同阶段、进程的验收均按本规程附录A的要求填写相应的试验表格。

（2）检查

审核工程分部或分段的合理性。

审核各分部或分段工程验收记录表内的参数是否符合本规程第13.6条相关条文的规定。

《民用建筑节水设计标准》GB 50555－2010

4.2.1 设有市政或小区给水、中水供水管网的建筑，生活给水系统应充分利用城镇供水管网的水压直接供水。

【技术要点说明】

为节约能源，减少居民生活饮用水水质污染，建筑物底部的楼层应充分利用市政或小区给水管网的水压直接供水。设有市政中水供水管网的建筑，也应充分利用市政供水管网的水压，节能节水。

【实施与检查控制】

（1）实施

设计单位在决定系统时，应首先明确建筑物处的市政管网的最低水压，若利用小区已有的给水管网，应落实小区的给水管网的最低压力。以最低水压来确定建筑物能够直接采用市政给水管网的水压供水的楼层数。设有市政中水供水管网的建筑也应按上述原则确定中水系统的供水方式。

（2）检查

审核设计图纸的设计说明与系统图，根据设计说明中给出的市政供水水压，核算能够采用市政水压直接供水的楼层数。

《二次供水工程技术规程》CJJ 140－2010

3.0.2 二次供水不得影响城镇供水管网正常供水。

【技术要点说明】

城镇供水安全涉及全社会的公众利益、社会稳定与城镇安全，作为城镇供水局部组成部分的二次供水不能影响城镇整体供水管网的运行安全。由于二次供水系统选择不合理、设备质量不合格、工程施工质量不符合要求、验收不严格、运行管理不善等情况都可能对城镇供水管网水质、水量和水压造成影响。因此，涉及二次供水工程建设与管理的各个环节必须严格执行国家有关法规与技术标准的规定，以确保城镇整体供水安全。

【实施与检查控制】

（1）实施

在系统设计中，二次供水系统的设计应与城镇供水管网的供水能力相匹配，应避免在城镇供水管网压力不稳定、压力过低、波动过大等区域采用叠压供水方式，当采用叠压供水方式时，应当具备对压力、流量、防倒流污染的控制能力。对于二次供水设施、设备的选择，严禁使用国家明令淘汰或不符合卫生要求的产品，设备应有水压、液位、电压、频率等实时检测仪表。在设施维护、运行管理方面，采用叠压供水的用户变更用水性质时，应经供水企业同意；不得在城镇供水管线上压、埋、围、占，且定期进行二次供水设施（设备）安全检查。

（2）检查

应审核设计图纸的城镇供水管网能否满足二次供水系统的设计流量，能否满足当地规定可采用叠压供水方式区域的最低供水压力标准；应检查二次供水设施中的涉水产品是否具有卫生许可，管道、管件、设备的材质与设计要求是否一致；采用叠压供水方式时，设备应当具备对吸水口压力、出水口压力、总出水干管流量等处的可靠控制功能，并重点检查防回流污染设施的安全性。在日常管理方面，应将是否有二次供水及其附属设施定期安全检查记录为符合本强条规定的依据。

6.4.4 严禁二次供水管道与非饮用水管道连接。

【技术要点说明】

本条文规定是为了确保二次供水水质安全，防止水质污染。二次供水管道的连接不仅要符合本条的要求，尚应符合现行的国家标准《建筑给水排水设计规范》GB 50015 的相关规定。

【实施与检查控制】

（1）实施

中水、回用雨水等非饮用水，如需生活饮用水作为补充，也不应用管道连接（即使装倒流防止器也不允许），应引入中水、回用雨水补水贮存池内，且应符合《建筑给水排水设计规范》GB 50015 规定的空气间隙。

（2）检查

在设计审核中，检查二次供水管道是否独立设置，是否为其他用途的非饮用水提供补充，是否补水时采用符合标准规定的空气隔断等安全措施。

6.3 设备与水处理

《建筑给水排水设计规范》GB 50015－2003（2009版）

3.9.9 水上游乐池滑道润滑水系统的循环水泵，必须设置备用泵。

【技术要点说明】

为滑道表面供水的目的是起到润滑作用，避免下滑游客因无水而擦伤皮肤发生安全事故，故循环水泵必须设置备用泵，保证滑道运行期间均有水润滑。

【实施与检查控制】

（1）实施

在设计水上游乐池滑道时，利用水上游乐池的池水作为滑道润滑水，循环使用。由专业公司通过计算，求得滑道润滑水的流量以及提升润滑水所需扬程，然后选择循环泵，并备用一台，备用泵与工作泵型号一致。要求工作泵与备用泵交替运行，如工作泵发生故障，备用泵应能紧急启动，保证滑道不断水。

（2）检查

核查专业公司提供的水上游乐池滑道润滑水循环水泵是否有设置备用泵。备用泵是否与工作泵型号一致。

3.9.20A 游泳池和水上游乐池的进水口、池底回水口和泄水口的格栅孔隙的大小，应防止卡入游泳者手指、脚趾。泄水口的数量应满足不会产生负压造成对人体的伤害。

【技术要点说明】

条文是关于进水口、回水口和泄水口的要求。它们对保证池水的有效循环和水净化处理效果十分重要。规定格栅空隙的宽度是考虑防止游泳者手指、脚趾被卡入造成伤害；控制回（泄）水口流速，避免产生负压造成吸住游泳者，特别是儿童幼儿四肢而发生溺水身亡事故。

【实施与检查控制】

（1）实施

进水口、回水口的设置应符合下列规定：

①进水口格栅孔隙的宽度不应大于8mm；

②每座游泳池的回水口数量不应少于2个；

③回水口应采用坑槽形式，坑槽顶面应设格栅盖板开口孔隙的宽度不应大于8mm，且孔隙水流速度不应大于0.2m/s。

（2）检查

核查游泳池和水上游乐池工程设计中的如下内容：

①在设计施工图说明中有否对进水口、回水口的孔隙宽度要求；

②对孔隙流速是否有计算书；

③控制数据为：

格栅孔隙的宽度不应大于 8mm，

池底进水口流速不得大于 0.2m/s。

3.9.24 比赛用跳水池必须设置水面制波和喷水装置。

【技术要点说明】

跳水池的水表面利用人工方法制造一定高度的水波浪，是为了防止跳水池的水表面产生眩光，使跳水运动员从跳台（板）起跳后在空中完成各种动作的过程中，能准确地识别水面位置，从而保证空中动作的完成和不发生被水击伤或摔伤等现象。

【实施与检查控制】

（1）实施

在设计比赛和训练用跳水池的工程，必须设计一套制波装置。

①如采用空气制波时，要有压缩空气供给系统。要明确喷气量、喷气孔孔径、喷气嘴平面布置图、喷气管管径、喷气管材质。

②如采用涌泉法制波时，要有独立的水泵加压供水系统，根据产生湧泉的流量、供水管道的管径，可以计算加压水泵的流量、扬程。

③在设置空气制波或涌泉制波的同时，还应设置喷水法制波，要有独立的水泵加压供水系统，根据喷水口直径及在喷水口压力不小于 0.1MPa，计算加压水泵的流量、扬程。

（2）检查

核查比赛和训练用跳水池的工程设计图，除了池水循环水处理系统外是否设计了一套制波系统。

4.2.6 当构造内无存水弯的卫生器具与生活污水管道或其他可能产生有害气体的排水管道连接时，必须在排水口以下设存水弯。存水弯的水封深度不得小于 50mm。严禁采用活动机械密封替代水封。

【技术要点说明】

本规定是建筑给排水设计安全卫生的重要保证，必须严格执行。

从目前的排水管道运行状况证明，存水弯、水封盒、水封井等的水封装置能有效地隔断排水管道内的有害有毒气体窜入室内，从而保证室内环境卫生，保障人民身心健康，防止中毒窒息事故发生。

存水弯水封必须保证一定深度，考虑到水封蒸发损失、自虹吸损失以及管道内气压波动等因素，国外规范均规定卫生器具存水弯水封深度为 50mm～100mm。

水封深度不得小于 50mm 的规定是依据国际上对污水-废水-通气的重力排水管道系统（DWV）排水时内压波动不至于把存水弯水封破坏的要求。在工程中发现以活动的机械密封替代水封，这是十分危险的做法，一是活动的机械寿命问题，二是排水中杂物卡堵问题，保证不了“可靠密封”，为此以活动的机械密封替代水封的做法应予禁止。

【实施与检查控制】

（1）实施

①选择符合现行的国家标准《卫生陶瓷》GB 6952 的卫生器具。

②由管配件组合而成的存水弯及成品内形成水封深度不得小于50mm。

（2）检查

核查无水封蹲便器下是否设置了存水弯；洗脸盆、浴盆、淋浴盘、洗涤池、直通式地漏下是否设置了存水弯（如排废水的卫生器具排入存有水封的多通道地漏时，可认为已隔断排水管道内的有害有毒气体）。

4.8.4 化粪池距离地下水取水构筑物不得小于30m。

【技术要点说明】

本条系根据原国家标准《生活饮用水卫生标准》GB 5749—85的规定“以地下水为水源时，水井周围30m的范围内，不得设置渗水厕所、渗水坑、粪坑、垃圾堆和废渣堆等污染源”。以地下水为水源的一般是远离城市的厂矿企业、农村、村镇，不在城市生活饮用水管网供水范围，且渗水厕所、渗水坑、粪坑、垃圾堆和废渣堆等普遍存在。化粪池一般采用砖或混凝土模块砌筑，水泥砂浆抹面，防渗性差，对于地下水取水构筑物而言亦属于污染源。

【实施与检查控制】

（1）实施

在地下水取水构筑物选址时，应调查附近化粪池、渗水厕所、渗水坑、粪坑、垃圾堆和废渣堆等污染源，并在设计施工图上标出，避让这些污染源；在确定化粪池方位时应当与地下水取水井保持一定距离，不小于30m。

（2）检查

核查设计施工图中是否将地下水取水构筑物、化粪池及其他污染源在基地总平面图中标注出，其间距离是否大于等于30m。

4.8.8 医院污水必须进行消毒处理。

【技术要点说明】

医院（包括传染病医院、综合医院、专科医院、疗养病院）和医疗卫生研究机构等带有病原体（病毒、细菌、螺旋体和原虫等）污染了污水，如不经过消毒处理，会污染水源，传染疾病，危害很大。为了保护人民身体健康，医院污水必须进行消毒处理后才能排放。

【实施与检查控制】

（1）实施

在设计医院、医疗卫生研究机构工程项目时，应调研是否带有病原体（病毒、细菌、螺旋体和原虫等）污水，如有，则应根据其污水量、排出点及污水最终排放条件设计一套污水处理工艺方案，方案中应包括消毒前预处理、消毒处理，必要时还进行消毒后处理。

（2）检查

检查医院、医疗卫生研究机构工程设计项目时，了解该项目的概况，设置科室或研究项目，其中污水中是否带有病原体（病毒、细菌、螺旋体和原虫等）是否设计或委托设计了污水消毒处理设施或装置。

5.4.5 燃气热水器、电热水器必须带有保证使用安全的装置。严禁在浴室内安装直接排气式燃气热水器等在使用空间内积聚有害气体的加热设备。

【技术要点说明】

本条特别强调采用燃气热水器和电热水器的安全问题。电热水器一般应有接地保护、防干烧、防超温、防超压等安全装置。燃气热水器一般有熄火安全装置、过热保护、防干烧等等安全装置。现在市场上的热水器有烟道式热水器、强排式热水器和平衡式热水器，而直排式燃气热水器属于早期热水器产品，早在1999年10月1日起就禁止生产了，2000年5月1日起禁止销售。但尽管如此，仍有部分住宅、工矿企业局部淋浴间依旧在使用直排式热水器。其结构和使用条件存在一定的局限性，使用时产生的废气直接排放在室内，所消耗的氧气也取自于室内，如果通风不畅，极易发生一氧化碳中毒。国内发生过多起燃气热水器CO、CO_2中毒致人身亡的事故，因此针对其安全问题应给予特别关注和严格要求。

【实施与检查控制】

（1）实施

选用这些局部加热设备时一定要按其产品标准，相关的安全技术通则，安装及验收规程等中的有关要求进行设计。

（2）检查

核查局部热水供应系统设计中选用的燃气热水器和电热水器中，在图纸中注明应选用是否符合国家标准或行业标准要求，具有安全使用的装置。

《建筑中水设计规范》GB 50336－2002

1.0.5　缺水城市和缺水地区适合建设中水设施的工程项目，应按照当地有关规定配套建设中水设施。中水设施必须与主体工程同时设计，同时施工，同时使用。

【技术要点说明】

提出建设中水设施的基本原则，强调要结合各地区的不同特点和当地政府部门的有关规定建设中水设施，并与主体工程“三同时”。将污水处理后进行回用，是保护环境、节约用水、开发水资源的一项具体措施。中水设施必须与主体工程同时设计、同时施工、同时使用的“三同时”要求，是国家有关环境工程建设的成功经验，也是国家对城市节水的具体要求。故将本条文作为强制性条文提出。

【实施与检查控制】

（1）实施

在缺水城市和缺水地区，当政府有关部门颁布有建设中水设施的规定和要求时，对于符合建设中水设施要求的工程项目，设计时设计人员应根据规定向建设单位和相关专业人员提出要求，并应与该工程项目同时设计。结合工程进度，中水设施应与主体工程同时施工、同时使用。

（2）检查

对于符合建设中水设施要求的工程项目，施工图审查机构在对相关的设计文件进行审查时，应检查是否设计有中水设施。结合工程进度，政府有关部门应对中水设施的施工和使用情况进行检查。

1.0.10　中水工程设计必须采取确保使用、维修的安全措施，严禁中水进入生活饮用水给

水系统。

【技术要点说明】

对中水工程的使用和维修的安全问题提出要求，并对中水使用的安全问题提出要求。中水作为建筑配套设施进入建筑或建筑小区内，安全性十分重要：①中水设施使用和维修的安全，特别是埋地式或地下式设施的使用和维修；②中水用水安全，因中水是非饮用水，必须严格限制其使用范围，设计中采取严格的安全防护措施，确保使用安全，严禁中水管道与生活饮用水管道以任何方式的直接连接，避免发生误接、误用。

【实施与检查控制】

(1) 实施

对于埋地式或设于地下的中水设施，设计中应将设施使用和维修的安全性放在首位，应同其他专业的设计人员密切合作，按相关规范和条文的规定，采取人员疏散、通风换气等技术措施，以免发生人员中毒等事故。严禁中水管道与生活饮用水管道直接连接，而使中水进入生活饮用水给水系统，避免发生误接、误用。

(2) 检查

检查中水设施设置的人员疏散、通风换气等措施是否符合相关规范和条文的要求。检查中水管道系统的设计图纸。

3.1.6　综合医院污水作为中水水源时，必须经过消毒处理，产出的中水仅可用于独立的不与人直接接触的系统。

【技术要点说明】

中水用水安全要求。由于综合医院的用水量很大，其排放的污水被稀释，污水中的有机物浓度低于一般的生活污水，而在一些缺水城市，由于中水的用量较大，急需拓宽中水的水源，故本条文将综合医院的污水列作中水水源。但由于医院污水中可能含有病原体，作为中水水源时，应将安全因素放在首位，故对其前期处理和处理后的中水用途分别作了要求和严格限定。

【实施与检查控制】

(1) 实施

设计中应注意，综合医院的污水作为中水水源时，一般在医院的污水处理站出水端取水，并确认已经过消毒处理，产出的中水不得与人体直接接触，如作为不与人直接接触的绿化用水（滴灌）等。冲厕、洗车等用途有可能与人体直接接触，不应作为其出水用途。

(2) 检查

综合医院的污水作为中水水源时，检查单位检查进入中水处理站的原水已经过消毒处理，产出的中水不应作为冲厕、洗车等用途。

3.1.7　传染病医院、结核病医院污水和放射性废水，不得作为中水水源。

【技术要点说明】

传染病和结核病医院的污水中含有多种传染病菌、病毒等有害物，虽然医院中设有消毒设施，但不可能保证任何时候都绝对安全性，如果在运行管理上稍有疏忽便会造成严重危害，而放射性废水对人体造成伤害的危险程度更大。考虑到安全因素，因此规定这几种污水和废水不得作为中水水源。

【实施与检查控制】

(1) 实施

设计中严禁将传染病医院、结核病医院污水和放射性废水作为中水水源。含有放射性污水应进行特殊的处理（一般是经过衰变处置）后，再根据相关标准的规定，接入市政排水管道或医院污水处理站。

(2) 检查

检查相关设计图纸和设计说明。

6.2.18 中水处理必须设有消毒设施。

【技术要点说明】

中水用水安全要求。中水是由各种排水经处理后，达到规定的水质标准，并在一定范围内使用的非饮用水，中水的卫生指标是保障中水安全使用的重要指标，而消毒则是保障中水卫生指标的重要环节，因此，中水处理必须设有消毒设施，并作为强制性要求。

【实施与检查控制】

(1) 实施

在进行中水工程设计时，处理单元中必须设置消毒设施。

(2) 检查

查看中水工程设计图纸，是否设有消毒设施或消毒设备。

《游泳池给水排水工程技术规程》CJJ 122－2008

4.10.2 池底回水口的设置应符合下列规定：

1 回水口数量应满足循环水流量的要求，每座游泳池的回水口数量不应少于2个；

2 回水口的位置应使各给水口水流均匀一致；

3 回水口应采用坑槽形式，坑槽顶面应设格栅盖板并与游泳池底表面相平；格栅盖板、盖座与坑槽之间应固定牢靠，紧固件应设有防止伤害游泳者的措施；

4 回水口格栅盖板开口孔隙的宽度不应大于8mm，且孔隙的水流速度不应大于0.2m/s。

【技术要点说明】

(1) 回水口的过流量满足池水循环流量的要求是保证池水过滤效果的基本要求，如过流量小于循环水流量虽然提高水过滤器的洁净度，但由于水量小了，则保证不了净化后的水与池内未净化的水相混合后的池水在规定的循环周期内达到池水对浊度的要求，如过流量大，则会增加水过滤器的负荷，造成出水浊度达不到设计要求，这也会使池内水质受到不利影响。

如果只在池内设一个回水口，一旦其中一个回水口出现被遮挡或被杂物堵塞，这就会产生如下后果：

①回水口过流量减小甚至断流，造成池水不能及时得到过滤，影响池水质；

②回水口流量减小，因循环水泵的抽吸，在回水口处产生负压吸附式的涡流、旋流会对游泳者造成安全事故，特别是儿童池及幼儿池发生儿童、幼儿被吸住不能动，甚至肠道被吸出的事故时有发生。基于上述2种后果，故要求每座游泳池应设置2个或2个以上回

水口。

(2) 回水口的位置要保证与相应给水口的进水水流到达回水口的水流流量、流程相一致。目的是防止水流产生短流，造成水流不均匀和出现涡流、旋流死水区，致使该部分的水得不到及时净化处理及交换而使水质不断恶化。

(3) 回水格栅盖板、盖座与池底结构固定牢固，防止盖板移位及表面紧固件松动突出池底表面，会给游泳者造成擦伤的游泳危害。

(4) 回水口盖板开口孔隙不大于8mm是指成人泳池，对儿童泳池和幼儿泳池其盖板开孔孔隙宜再小一些，如不大于6mm。其目的是为防止游泳者的脚趾被卡住而造成伤害。

关于盖板开孔孔隙过流流速0.2m/s的规定是为了保证水流平缓，防止负压抽吸现象发生而造成安全事故，是保证游泳者安全的有效措施。

【实施与检查控制】

(1) 实施

①在游泳池设计中应严格执行规范规定，但应注意这种要求是针对顺流式和混合式水循环方式而提出的要求，对于逆流式池水循环方式仅供参考。

②顺流式和混合式池水循环方式，池底回水口与池底泄水口应该合用，故其位置应设在游泳池底最低标高处。这就要求设计人应根据布水口（给水口）的布置位置和本条文的规定合理的确定回水口的位置、规格、数量，并以此作为设计配合资料要求，提供给土建专业。

③设计应特别注意的问题是，回水口在我国目前尚无国家产品标准和行业产品标准。市场上的此类产品均为各生产企业的标准。因此，在选用时应以开孔孔隙过水水流速度0.2m/s和每个回水口格珊盖板的开孔面积不超过回水口平面面积的30%～50%选择。

(2) 检查

①根据设计图纸所示游泳池的平面尺寸、剖面形式和尺寸，校对游泳池给水口与回水口的规格、数量和位置能否满足规范条文的规定。

②校对所选回水口的平面尺寸，开孔面积是不能超过回水口面积的50%，开孔孔隙宽度不应大于本强条的规定。

③根据设计图布置的回水口数量、规格，用循环水流量校对开孔孔隙的水流过流速度不应超过本强条的规定。

《游泳池给水排水工程技术规程》CJJ 122－2008

9.1.1 跳水池必须设置水面空气制波和喷水制波装置。

【技术要点说明】

为使跳水运动员和爱好者从跳台或跳板向池水下跳时，能准确清晰地识别出水面位置，以便有效控制空中造型动作的节奏，并完美的予以完成，不使其过早完成空中造型动作或尚未完成空中造型动作而过早落入跳水池而要求设置的装置，这是根据国际游泳联合会的规定而要求设置的。

利用向跳水池内喷水或从池底充气的方式破坏池水表面的张力，在池水表面制造出连续不断并具有一定高度的破坏池水表面眩光的波纹式水浪。保证跳水运动员及爱好者不会因空中造型动作失误，不能正确入水而造成被水击伤或摔伤的伤害。

【实施与检查控制】

（1）实施

①跳水池水面水波应满足下列要求：a）表面应为均匀的小波浪，不得出现翻滚的大浪；b）水波浪高一般不超过40mm；c）水纹波浪应分布范围广，池内波浪均匀。

②正式比赛和训练用跳水池，以池水面上喷水制浪与池底喷气制浪应同时设置同时使用。

③池底喷气制波的气体质量应符合本规程第9.1.3条规定的无色、无味、不含杂质、无油污且洁净的压缩空气。

（2）检查

①审查设计图纸：水面制波喷水嘴应设在跳台及跳板下方的立柱上或跳台、跳板一侧的池岸上。

②审查设计图纸所选用无油润滑压缩空气机的容量，气压能否满足本规程第9.2.2条的规定。

③审查设计图纸所示气体制波喷嘴的位置是否满足本规程第9.2.2条的规定，且喷嘴出气口表面应与池底表面相齐平，以防对运动员造成伤害。

14.2.2 当发现池水中有大量血、呕吐物或腹泻排泄物及致病菌时，应按下列规定进行处理：

1 撤离游泳者，关闭游泳池；

2 收集呕吐物或排泄物；

3 采用10mg/L的氯消毒剂对池水进行冲击处理；

4 对池壁、池底、池岸、回水口（槽）、溢水口（槽）、平（均）衡水池等相关设施应进行消毒、刷洗和清洁；

5 投加混凝剂对池水过滤6个循环周期后，应对过滤器进行反冲洗，反冲洗水应排入排水管道；

6 检测池水中pH值和余氯值，并应使其稳定在规定范围内；

7 对配套的洗净设施、更衣间、淋浴间和卫生间等部位的墙面、地面和相关设施应进行消毒、刷洗和清洁；

8 本条第1款至第7款处理完成后，应经疾病预防控制中心、卫生监督部门确认合格，并同意重新开放时，方可正式重新开放使用。

【技术要点说明】

该条是对游泳池经营者提出的要求。

腹泻排泄物中会带有隐孢子虫和贾地鞭毛虫，这两个虫子在水中极容易引起疾病传染，特别是在儿童池及幼儿池中会有出现。血液中的病菌病毒如乙肝病毒和艾滋病病毒会造成快速传播。

及时立即清除这些污物是保证游泳者健康的基本要求。

【实施与检查控制】

（1）实施

游泳者的血、呕吐物及腹泻排泄物等，池水水质检测仪是在仪表中无法显示出来的，所以游泳池开放使用过程中，游泳池的经营者应设专人对泳池水的水质变化和池岸的清洁卫生进行经常性的巡视。

如果游泳池经营这人在巡视过程中发现前款所述污染出现，首先应立即向当地卫生监督部门、泳池主管部门报告，然后按本条文对如何实施和消除隐患做出 7 款很具体的规定。经营者应按条文规定逐款落实，就不会造成健康危害。

（2）检查

经营者按本条前 7 款全部落实完成后，先进行自我检查。

经营者自我检查合格后，应向当地疾病控制中心、卫生监督部门申请复检。

复检合格并获得卫生监督部门允许重新开放许可后，游泳池方可重新开放对外经营。

《二次供水工程技术规程》CJJ 140－2010

3.0.8 二次供水设施中的涉水产品应符合现行国家标准《生活饮用水输配水设备及防护材料的安全性评价标准》GB/T 17219 的规定。

【技术要点说明】

凡是涉及与生活饮用水接触的输配水设备、配件、水质处理剂（器）、防护涂料和胶粘剂等设备、材料都统称为涉水产品。涉水产品的卫生质量直接关系到二次供水的水质安全、人民群众的生命安全和人身健康，因此，所有涉水产品均应符合现行国家卫生标准的规定。

【实施与检查控制】

（1）实施

二次供水设施中的涉水产品应按《生活饮用水输配水设备及防护材料的安全性评价标准》GB/T 17219 的规定，进行浸泡、毒理学等有关方面的试验，规定检验项目的检测结果必须符合该标准之规定。

（2）检查

二次供水设施中的水池（箱）、消毒设备、管道管件、压力水容器、消毒药剂等涉水产品在投入使用前，应有省级以上卫生许可证明、产品合格证及相关资质机构出具的检测报告为符合本强条规定的依据。

《公共浴场给水排水工程技术规程》CJJ 160－2011

6.2.12 当公用浴池设有触摸开关时，应符合下列规定：

1 应具有明确的标示标志；

2 应具有延时设定功能；

3 应使用 12V 电压；

4 防护等级应为 IP68。

【技术要点说明】

公共浴池的入浴者一般均为半裸体浸没在浴池内的热水或温泉水中，并与池水、池体紧密接触，较高档次的浴池其循环水流所制造气泡太小及按摩喷头的水压冲击力入浴者可根据自身需要进行自行调节。故在池体上边缘设有电动的触摸感应器。而入浴者进行调节时，手臂均带有水滴，为防止电机入浴者的安安全事故发生，而此类事故在以往的实践中时有发生。为此，条文对触摸感应器的电气设备作出了较为具体的规定。

【实施与检查控制】

（1）实施

触摸感应器一般设在独立的单人或双人按摩浴池中。如温泉酒店的房间内及公共浴场的豪华单间内，较大型的温泉浴池及热水浴池是不设此装置的。

（2）检查

对设有触摸感应器的浴池的设计图纸进行仔细审查，按条文规定对设备器材表进行对照是否均按规程条件要求注明。

13.5.1 公共浴池水质检测余氯时，应使用二乙基对苯二胺（DPD）试剂，不得使用二氨基二甲基联苯（OTO）试剂。

【技术要点说明】

（1）本条是针对公共浴池经营管理单位提出的要求。

（2）二氨基二甲基联苯（OTO）是一种化学试剂，该试剂是一种致癌物，对人体健康具有潜在的危害。

【实施与检查控制】

（1）实施

经营管理单位负责化学药品、试剂采购人员不允许采购此种试剂。

（2）检查

经营单位的水质检验人员收货时要仔细对试剂的成分进行核对，是否符合条文规定。

7 燃气

7.1 用户燃气管道

《城镇燃气设计规范》GB 50028－2006

10.2.1 用户室内燃气管道的最高压力不应大于表 10.2.1 的规定。

表 10.2.1 用户室内燃气管道的最高压力（表压 MPa）

燃气用户		最高压力
工业用户	独立、单层建筑	0.8
	其他	0.4
商业用户		0.4
居民用户（中压进户）		0.2
居民用户（低压进户）		<0.01

注：1 液化石油气管道的最高压力不应大于 0.14MPa；
2 管道井内的燃气管道的最高压力不应大于 0.2MPa；
3 室内燃气管道压力大于 0.8MPa 的特殊用户设计应按有关专业规范执行。

【技术要点说明】

管道压力是管道设计的重要技术参数，在满足用户供气要求的前提下，燃气管道压力越低越安全。

管道压力直接影响管道的泄漏量 Q（m^3/Nm^3），当压力 $P<0.1$MPa（表压），其泄漏量 Q 与 $\sqrt{P}$ 成正比；当压力 $P\geq 0.2$MPa（绝压），其泄漏量 Q 与 P 成正比。

为确保管道的输气能力和减少管道泄漏量，并根据国内外燃气用户的管道压力，确定了不同用户室内燃气管道最高压力，该压力与城镇燃气管道设计压力分级一致。

工业用户耗气量大，可能使用中压或次高压用气设备；对独立和单层建筑，从安全考虑，对周围影响较小，故燃气管道最高设计压力为 0.8MPa，其他建筑内燃气管道最高设计压力为 0.4MPa。

商业用户耗气量大，可能使用中压用气设备，故室内燃气管道最高设计压力为 0.4MPa。

居民用户耗气量较小，使用低压用气设备，故室内燃气管道最高设计压力，中压进户为 0.2MPa，低压进户为小于 0.01MPa。

液化石油气密度大于空气，爆炸下限低，故其室内燃气管道最高设计压力为 0.14MPa。

管道井通风较差，故其室内燃气管道最高设计压力为0.2MPa。

【实施与检查控制】

（1）实施

在室内燃气管道的设计中，居民、商业用户室内燃气管道系统宜采用低压供气方式。在满足燃具和用气设备供气压力的前提下，燃气管道的设计压力尽量低。居民用户燃气管道的设计压力不应大于0.2MPa。

燃气供应方式应根据用户所需燃气压力和用量，结合市政管网供气条件，经经济技术比较后确定。

工业用户燃气管道的设计压力不应大于0.8MPa，大于0.8MPa的特殊用户工程设计应按有关专业规范规定执行。

室内燃气管道供气压力应根据供气条件，室内允许设计压力，燃具额定压力和额定热负荷等因素，采用区域调压站、楼栋调压箱或用户调压器等调压设施确定。

（2）检查

审查设计文件，根据用户类型，检查室内燃气管道设计压力不大于规范规定的为符合本强制性条文的规定。

【示例】

燃气供应方式：

（1）用户所需燃气压力为低压

采用低压管网直接供气方式或中压管网经调压后供气方式。

（2）用户所需燃气压力为中压

采用中压管网直接供气方式或中高压管网经调压后中压供气方式。

（3）用户所需燃气压力为中低压

采用中低压管网直接供气方式或中高压管网经分别调压后，以不同压力供气的方式。

（4）高层建筑燃气供气压力

根据建筑高度和气源种类可采用中压供气，分户调压供气方式；也可采用竖向分区低压供气方式。

10.2.7 室内燃气管道选用铝塑复合管时应符合下列规定：

3 铝塑复合管安装时必须对铝塑复合管材进行防机械损伤、防紫外线（UV）伤害及防热保护，并应符合下列规定：

1）环境温度不应高于60℃；

2）工作压力应小于10kPa；

3）在户内的计量装置（燃气表）后安装。

【技术要点说明】

铝塑复合管为具有金属和非金属双重特性的柔性管材，铝塑复合管使用的聚乙烯（PE）耐腐蚀性能好，但易老化，防火性能差。根据铝塑复合管管材特性和近20年的使用经验，为确保使用安全，本条为强制性规定。

【实施与检查控制】

（1）实施

铝塑复合管应设置在无外力冲击，无阳光照射和无热辐射的三无场所，有上述情况时应采取可行的保护措施，如：设置套管和隔热板等。

铝塑复合管应设在环境温不高于 60℃，工作压力小于 10kPa 的户内表后安装使用。

（2）检查

检查铝塑复合管设置场所是否属于上述三无场所，其安装部位的环境温度、管道压力和户内表后安装等是否符合规范要求，当使用条件符合规范规定的为符合本强条的规定。

【示例】

铝塑复合管安装方式：

室内表后安装。

用户燃气表在室内，铝塑复合管由燃气表至燃具前阀门沿墙敷设，灶前管与燃气灶具的水平净距不得小于 0.5m，且严禁在灶具正前方。

10.2.14　燃气引入管敷设位置应符合下列规定：

1　燃气引入管不得敷设在卧室、卫生间、易燃或易爆品的仓库、有腐蚀性介质的房间、发电间、配电间、变电室、不使用燃气的空调机房、通风机房、计算机房、电缆沟、暖气沟、烟道和进风道、垃圾道等地方。

【技术要点说明】

燃气引入管为靠近建筑的室外燃气管道（楼前管或配气管）与用户室内燃气进口管总阀门（当无总阀门时，指距室内地面 1.0m 高度处）之间的管道。含外墙敷设的燃气管道。

为保证用气安全和便于维修管理，凡是容易引起事故的场所和检修人员不便进入的房间和处所都不得敷设燃气引入管。

燃气引入管不得设置部位的理由：

（1）卧室，为居民睡眠和休息场所，燃气泄漏会直接影响人身安全。

（2）卫生间，环境潮湿，通风不良，管材和管件易腐蚀。

（3）易燃或易爆品仓库，为危险场所，燃气泄漏可引发双重事故。

（4）有腐蚀性介质的房间，管材和管件易腐蚀。

（5）发电间、配电间、变电室、不使用燃气的空调机房、通风机房和计算机房，这些场所的电气设备产生的电火花，如果有燃气泄漏，极易发生事故。

（6）电缆沟、暖气沟、烟道、进风道和垃圾道，这些部位如有泄漏的燃气易聚积和流动，从而引起中毒、着火和爆炸事故。另外，烟道有明火，电缆沟有电火花，更容易引发事故；进风道供应新鲜空气，不允许有燃气泄漏。

【实施与检查控制】

（1）实施

在设计中，燃气引入管应设在厨房、楼梯间或走廊等便于检修的非居住房间内；应严格避开上述危险部位。

（2）检查

对燃气引入管进行检查，其设置的位置应符合本强条的规定。

【示例】

住宅燃气引入管敷设位置：

(1) 由厨房、外走廊和阳台等非居住房间引入。

(2) 当住宅建筑的敞开楼梯间内确需设置燃气管道和燃气计量表时，应采用金属管和设置切断气源的阀门。

10.2.21 地下室、半地下室、设备层和地上密闭房间敷设燃气管道时，应符合下列要求：

2 应有良好的通风设施，房间换气次数不得小于3次/h；并应有独立的事故机械通风设施，其换气次数不应小于6次/h。

3 应有固定的防爆照明设备。

4 应采用非燃烧体实体墙与电话间、变配电室、修理间、储藏室、卧室、休息室隔开。

【技术要点说明】

地下室、半地下室、设备层和地上密闭房间因无外窗或外窗较小，故自然通风差，泄漏后的燃气容易产生着火爆炸和中毒事故。

(1) 危险环境通风设施良好的评价指标

①易燃物质工作状态下可能出现的最高浓度不应超过爆炸下限的10%，事故状态下可能出现的最高浓度不得超过爆炸下限的20%。

②有毒物质工作状态下可能出现的最高浓度不应超过环境空气中的允许浓度，如CO含量不应超过15mg/m^3 (12ppm)；事故状态下，CO含量不应超过0.02%(体积分数)。

③房间内有燃烧设备时，工作状态下，室内不应缺氧($O_2 \geqslant 18\%$)，CO含量不应超过15mg/m^3 (12ppm)；事故状态下，室内CO含量不应大于0.02%(体积分数)，CO_2含量不应大于2.5%(体积分数)。

④达到规定的通风换气次数，厨房为3～4次/h，燃气调压站2～3次/h，事故状态下为12次/h。

⑤独立的事故机械通风，所设置的排风装置应是独立的系统，以免泄漏的燃气窜入其他房间。

(2) 固定的防爆照明设备。

因通风不良，可能出现爆炸环境，故要求设固定的防爆照明设备。

(3) 对可能产生明火部位用非燃烧体实体墙隔开。

因通风不良，可能出现爆炸环境，故对可能产生明火的电话间和变配电室等房间用非燃烧体实体墙与燃气管道设置部位隔开。

【实施与检查控制】

(1) 实施

①通风

在设计中，应首先确定通风方式，当自然通风的风量无法满足通风量要求时，应选择机械通风。

自然通风的风量应根据外墙洞口（含门窗缝隙）通风面积、缝隙渗透流速、流量系数等技术参数，通过相应公式计算确定。

机械通风可采用强制送风（室内正压），强制排风（室内负压）和强制送排风（室内外压力平衡）等方式。

事故机械排风装置应是独立的系统。

②照明

可能出现危险环境的部位应设置防爆照明灯，其非防爆开关应设置在室外防风雨的部位。

③隔墙

可能产生火花的房间应采用非燃烧体实体墙与危险区域隔开。

（2）检查

①审核管道敷设处自然通风时的通风口面积，机械通风时通风设备的风量和风压。事故机械排风装置应是独立的系统。

②审核照明设备防爆性能及开关位置。

③审核明火部位与危险区域的分隔情况。

【示例】

通风系统防火、防爆技术措施：

（1）送排风系统应采用防爆型的通风设备，可采用有色金属制造的风机叶片和防爆电动机。

（2）当送风机设置在单独隔开的通风机房内，且送风干管上设置了止回阀时，可采用普通型的通风设备。

（3）排风系统应设置导除静电的接地装置。

（4）排风管应采用金属管道，并应直接通到室外的安全处，不应暗设。

10.2.23 敷设在地下室、半地下室、设备层和地上密闭房间以及竖井、住宅汽车库（不使用燃气，并能设置钢套管的除外）的燃气管道应符合下列要求：

1 管材、管件及阀门、阀件的公称压力应按提高一个压力等级进行设计；

2 管道应采用钢号为10、20的无缝钢管或具有同等及同等以上性能的其他金属管材；

3 除阀门、仪表等部位和采用加厚管的低压管道外，均应焊接和法兰连接；应尽量减少焊缝数量，钢管道的固定焊口应进行100%射线照相检验，活动焊口应进行10%射线照相检验，其质量不得低于现行国家标准《现场设备、工业管道焊接工程施工及验收规范》GB 50236－98中的Ⅲ级；其他金属管材的焊接质量应符合相关标准的规定。

【技术要点说明】

地下室、半地下室、设备层和地上密闭房间以及竖井、住宅汽车库（不使用燃气，并能设置钢套管的除外）属于通风不良燃气易聚积部位，为防止燃气泄漏，对管道及设备选型和施工提出更高要求。

可能产生火花的房间应采用非燃烧体实墙与危险区域隔开。

（1）管道及设备的强度性能和严密性能是重要质量指标，出厂前和使用前必须进行1.5倍设计压力的强度试验和1.0倍设计压的严密性试验。设计压力提高一个等级，即对管道及设备的质量提高了要求，以减少燃气泄漏并提高使用年限，增强了管道及设备的可靠性和安全性。

（2）管道提高一个压力等级后，应采用中压、次高压管道普遍采用的钢号为10或20的无缝钢管。

（3）阀门及仪表等部位不可避免要采用螺纹连接，为保证钢管螺纹部位的有效壁厚不低于2mm，故低压管道可采用有缝的加厚钢管、钢或铜合金管件，其他部位均应采用焊接和法兰连接。

（4）钢管的固定焊口因焊接时操作困难，容易出现质量问题，故应进行100%射线照相检验。

【实施与检查控制】

（1）实施

①选择壁厚不低于3mm的钢号为10或20的无缝钢管，并采用焊接或法兰连接。

②低压管道的阀门和仪表连接处可选用壁厚不低于3.5mm的有缝加厚管。

③应按要求对焊接连接的燃气管道的焊缝进行探伤检验。

④应按要求对燃气管道进行强度和严密性检验。

（2）检查

①管材、管件、阀门和仪表等压力级制应符合提高一个压力等级的规定。低压提高到0.1MPa，中压B提高到0.4MPa，中压A提高到0.6MPa。

②管材和管件的材质应符合规定。

③管道焊接、法兰连接和螺纹连接应符合规定。

④管道焊接探伤检验应符合规定。

【示例】

燃气管道防泄露技术措施：

（1）设计压力应小于10kPa。

（2）采用无缝钢管和钢制管件，焊接连接；管材和管件壁厚不应小于3mm；螺纹连接（仅限仪表和阀门处），管材和管件壁厚不应小于3.5mm。

（3）焊缝等级和质量应符合现行国家标准《工业金属管道工程施工质量验收规范》GB 50184规定。

（4）不应采用铸铁管材和管件。

10.2.24　燃气水平干管和立管不得穿过易燃易爆品仓库、配电间、变电室、电缆沟、烟道、进风道和电梯井等。

【技术要点说明】

水平干管为从引入管或立管引出，水平敷设向多户供应燃气的总管；立管为从引入管或水平管引出，垂直敷设向多户供应燃气的总管；高层住宅分区供气时，可形成主立管和支立管。

电梯井是建筑物内电梯运送人员和物品的通道，该通道内人员密集、通风较差，电梯运行过程中可能会出现火花，如燃气泄漏会出现事故。

易燃易爆品仓库、配电间、变电间、电缆沟、烟道和通风道等场所不应设置水平干管和立管的原因同本规范第2.2.14条。

【实施与检查控制】

(1) 实施

①水平干管

燃气水平干管可敷设在有外窗的外走廊，有外窗的敞开式楼梯间，有对外的门窗或窗井的设备层或管道层；能安全操作、检修方便、通风良好、无电气设备和空调回风管的吊顶内，以及外墙或屋面上。

②立管

燃气立管可敷设在厨房，阳台并靠近实体墙的角落里，多层建筑的燃气立管可敷设在有外窗的敞开式楼梯间内（应采用无缝钢管或加厚型镀锌钢管）或符合要求（通风、防火、防爆等）的管道井内；燃气立管不应敷设在卧室、起居室和卫生间内。

高层建筑的燃气立管应有承受自重和热伸缩推力的固定支架和活动支架，并应考虑工作环境温度下的极限变形，当自然补偿不能满足要求时，应设置补偿器。

高层建筑燃气立管应有燃气附加压力的调节措施，立管支架间距应符合要求。

(2) 检查

检查水平干管和立管敷设位置，应符合强制性条文的规定。

【示例】

燃气水平干管和立管敷设：

管道敷设避开上述部位，当无法避开时，应采用下列技术措施，并应进行技术论证。

(1) 设置钢套管。

(2) 设置燃气泄漏报警切断装置。

10.2.26　燃气立管不得敷设在卧室或卫生间内。立管穿过通风不良的吊顶时应设在套管内。

【技术要点说明】

卧室为供人员睡眠和休息的空间，燃气泄漏会引发人身伤亡事故；卫生间环境潮湿，管材和管件易腐蚀；卫生间空间小，检修不便；故上述房间不应敷设燃气立管。

通风不良的吊顶指无外窗或外窗面积不够的吊顶，为防止燃气泄漏在吊顶内，故燃气立管穿过吊顶时应设在套管内。

【实施与检查控制】

(1) 实施

燃气立管不应敷设在卧室、卫生间和通风不良的吊顶内，燃气立管应敷设在有自然通风和自然采光的厨房或与厨房相连的阳台内，且应明装设置，不得设置在通风排气竖井内。

(2) 检查

检查燃气立管敷设位置，应符合强制性条文的规定。

【示例】

燃气设备装置：

(1) 卧室内不应设置燃气设备和燃气管道。

(2) 卫生间内可设置密闭式燃气热水器，不应设置燃气采暖热水炉。

7.2 燃 气 计 量

《城镇燃气设计规范》GB 50028－2006

10.3.2 用户燃气表的安装位置，应符合下列要求：

2 严禁安装在下列场所：

1）卧室、卫生间及更衣室内；

2）有电源、电器开关及其他电器设备的管道井内，或有可能滞留泄漏燃气的隐蔽场所；

3）环境温度高于45℃的地方；

4）经常潮湿的地方；

5）堆放易燃易爆、易腐蚀或有放射性物质等危险的地方；

6）有变、配电等电器设备的地方；

7）有明显振动影响的地方；

8）高层建筑中的避难层及安全疏散楼梯间内。

【技术要点说明】

（1）用户燃气表严禁安装在下列场所的原因：

①卧室为人员睡眠和休息场所，卫生间为环境潮湿、对燃气表易腐蚀的场所，更衣室为人员集中场所。

②有电源、电器开关及其他电器设备的管道井，通风差，泄漏后的燃气易滞留，且可能出现电火花；隐蔽场所通风差，且泄漏燃气易滞留。

③环境温度高于45℃时，燃气表计量精度差。

④经常潮湿的地方燃气表部件易腐蚀。

⑤易燃易爆、易腐蚀性或有放射性物质等危险场所，不应再增大易燃、易爆的危险性。

⑥有变配电等电器设备的场所可能出现电火花。

⑦有明显振动的场所影响燃气表气密性和计量精度。

⑧高层建筑中的避难层及安全疏散楼梯间为人员避难和逃生场所，不应设置燃气表。

（2）燃气表对环境温度及介质温度的适应性

①环境温度和介质温度

现行国家标准《膜式燃气表》GB 6968－2011规定：

燃气表的最小工作温度范围为－10℃～＋40℃，且适应工作介质温度变化范围不小于40K，最小贮存温度范围为－20℃～＋60℃。工作介质温度范围不应超出环境温度范围。

制造商应明确工作介质温度范围及环境温度范围。

制造商可规定更宽的环境温度范围，从－10℃～－25℃或－40℃～40℃、55℃或70℃，或更宽的使用温度范围。燃气表的使用环境应符合产品所明示的温度范围的相应要求。

如果制造商声明燃气表能耐高环境温度，则燃气表应符合高环境温度试验要求，并应有相应的标记。

②基准温度

现行国家标准《膜式燃气表》GB 6968－2011 规定：

基准条件，即进行气体体积换算的规定条件（即基准气体温度 20℃，基准气体压力 101.325kPa）。

③计量精度

不同环境温度（介质温度）下燃气表计量体积换算至基准条件（20℃，101.325kPa），下的计量精度见下表。

不同环境温度下燃气表的计量精度

项目	温度 t（℃）								
	－40	－20	－10	±0	＋20	＋40	＋45	＋50	＋60
状态校正系数 K_1 $K_1+\frac{293}{273+t}$	1.258	1.158	1.114	1.073	0.000	0.936	0.921	0.907	0.880
读数精度 K_2 $K_2=1-K_1$，(%)	－25.8	－15.8	－11.4	－7.3	±0.0	＋6.4	＋7.9	＋9.3	＋12.0

从表中可看出如下结果：

a）环境温度－10℃～＋40℃时，燃气表的计量精度为－11.4%～＋6.4%。

b）环境温度为－10℃～＋45℃时，燃气表的计量精度为－11.4%～＋7.9%。

c）环境温度为 0℃～40℃时，燃气表的计量精度为－7.3%～＋6.4%。

④温度限制

湿燃气时，燃气表的环境温度下限应大于 0℃，使用液化石油气时应高于露点 5℃。

【实施与检查控制】

（1）实施

在设计中，燃气表的设置场所应符合强条的规定。将燃气表安装在不燃或难燃结构的室内通风良好的便于查表检修的地方，也可安装在室外具有防火结构的表箱内。

安装场所的环境温度应在燃气表适应范围内，安装室外时还应充分考虑燃气介质水露点和烃露点的影响，以及计量精度的影响。

（2）检查

审查燃气表安装场所，并应符合强条的规定。

【示例】

住宅燃气表安装位置：

（1）厨房或封闭阳台内。

（2）户门外或室外集中表箱内。

7.3 用 气 设 备

《城镇燃气设计规范》GB 50028－2006

10.4.2 居民生活用气设备严禁设置在卧室内。

【技术要点说明】

卧室为供居住者睡眠和休息的空间，如有燃气泄漏极易造成燃气中毒和爆炸事故。

【实施与检查控制】

（1）实施

燃气空调器和采暖器等用气设备应设置至卧室之外的非居住空间（厨房、阳台和设备间等）。

（2）检查

应审核燃气采暖器和空调器等用气设备安装场所与卧室和起居室门窗口的净距及毗邻情况。泄漏的燃气和燃烧后的烟气不得进入卧室。

【示例】

不应使用的燃具：

临时性或季节性使用的移动式燃气采暖器、火锅灶和便携式丁烷气灶（卡式炉）等燃具不应在卧室内使用。

10.4.4 家用燃气灶的设置应符合下列要求：

4 放置燃气灶的灶台应采用不燃烧材料，当采用难燃材料时，应加防火隔热板。

【技术要点说明】

（1）不燃烧体

用不燃材料做成构件。不燃烧材料系指在空气中受到火烧或高温作用时不起火、不燃烧、不碳化的材料。如混凝土、砖、瓦、石棉板、钢、铝、铜、玻璃、砂浆及灰泥等。

（2）难燃烧体

用难燃材料做成的构件或用可燃材料做成而用不燃烧材料做保护层的构件。难燃材料系指在空气中受到火烧或高温作用时难起火、难燃烧、难碳化，当火源移走后燃烧或微燃烧立即停止的材料。如沥青混凝土，经过防火处理的木材，用有机物填充的混凝土，水泥刨花板，石膏板、难燃纤维板、难燃塑料板等。

（3）燃烧体

用可燃材料做成的建筑物构件。可燃材料系指在空气中受到火烧或高温作用时立即起火或微燃，且火源移走后仍继续燃烧或微烧的材料。如木材等。

【实施与检查控制】

（1）实施

灶台应采用不燃烧体或经过隔热处理的难燃烧体组成。

灶具与相邻的墙面应采用不燃材料，当采用可燃或难材料时，应设防火隔热板。

灶具上方、侧方、后方和前方的防火间距应符合现行行业标准《家用燃气燃器具安装及验收规程》CJJ 12 的有关规定。

（2）检查

审核灶具灶台及周围墙面的材料及防火隔热板的设置，审核灶具与相邻各方的防火间距。

【示例】

灶台及周围部位防火：

灶具安装应充分考虑灶台、灶具辐射热对胶管等材料的影响。

10.5.3 商业用气设备设置在地下室、半地下室（液化石油气除外）或地上密闭房间内时，应符合下列要求：

1 燃气引入管应设手动快速切断阀和紧急自动切断阀；停电时紧急自动切断阀必须处于关闭状态；

3 用气房间应设置燃气浓度检测报警器，并由管理室集中监视和控制；

5 应设置独立的机械送排风系统；通风量应满足下列要求：

1）正常工作时，换气次数不应小于 6 次/h；事故通风时，换气次数不应小于 12 次/h；不工作时换气次数不应小于 3 次/h；

2）当燃烧所需的空气由室内吸取时，应满足燃烧所需的空气量；

3）应满足排除房间热力设备散失的多余热量所需的空气量。

【技术要点说明】

地下室、半地下室和地上密闭房间因通风不良，故作了特殊技术规定。

液化石油气比空气重，泄漏在地下室和半地下室后不易扩散，遇明火容易引发事故。

（1）燃气引入管切断系统包括手动切断装置、紧急自动切断系统、防火中心遥控紧急切断系统；紧急自动切断阀应设置在建筑物旁，宜设置在室外，停电时仍可进行切断。

（2）燃气泄漏报警系统应集中散理，在引入管进入建筑物内部近旁、燃具近旁（包括地上、地下）、燃气切断阀室和燃气表室处（通风不良时）等处应设置可燃气体探测器。燃气泄漏报警系统应符合现行行业标准《城镇燃气报警控制系统技术规程》CJJ/T146 的有关规定。

（3）地下室、半地下室和地上密闭房间因自然通风达不到要求和防止泄漏燃气进入其他房间，故应设置独立的机械送排风系统。独立的机械送排风系统应符合现行国家标准《民用建筑供暖通风与空气调节设计规范》GB 50736 的规定。

确定正常通风的通风量为房间容积的 6 次换气量，事故通风量为正常通风量的 2 倍，不工作时的通风量为正常通风量的 1/2。

【实施与检查控制】

（1）实施

①燃气手动切断装置应在室内外便于操作的地点分别设置。

②传感器位置应根据放散物（燃气和烟气）的位置及密度确定。

③机房的送风量应为排风量与燃烧所需空气量之和。

（2）检查

①检查手动和自动切断装置的设置位置。

②检查探测燃气和烟气等的传感器及系统设置。

③检查机械通风系统的送排风系统设置及风量。

【示例】

地下室适应范围

(1) 地下一层：燃气锅炉、燃气烹饪设备等。

(2) 地下二层：常（负）压燃气锅炉、燃气烹饪设备等。

10.5.7　商业用户中燃气锅炉和燃气直燃型吸收式冷（温）水机组的安全技术措施应符合下列要求：

1　燃烧器应是具有多种安全保护自动控制功能的机电一体化的燃具；

2　应有可靠的排烟设施和通风设施；

3　应设置火灾自动报警系统和自动灭火系统；

4　设置在地下室、半地下室或地上密闭房间时应符合本规范第10.5.3条和10.2.21条的规定。

【技术要点说明】

(1) 燃烧器应具有多种安全保护自动控制功能的机电一体化的燃具。

①应设置点火程序控制和熄火保护装置。

②应设置下列电气联锁装置：

——引风机故障时，自动切断鼓风机和燃气供应。

——鼓风机故障时，自动切断燃气供应。

——燃气压力低于规定值时，自动切断燃气供应。

——室内空气中可燃气气体和不完全燃烧CO浓度高于规定值时，自动切断燃气供应和开启事故排风扇。

③现国家标准《锅炉房设计规范》GB 50041等标准规定的其他安全控制装置。

(2) 应有可靠的排烟设施和通风设施。

①机械排烟或自然排烟

锅炉的鼓风机，引风机及烟道和烟囱的设计应符合现行国家标准《锅炉房设计规范》GB 50041的有关规定。

②机械通风或自然通风

燃气锅炉房应选用防爆型的事故排风机。当设置机械通风设施时，该机械通风设施应设置导除静电的接地装置。通风量应满足换气次数和助燃空气的需要。

——正常工作通风量不少于6次/h；

——事故通风量不少于12次/h；

——不工作时通风量不少于3次/h。

(3) 应设置火灾自动报警系统和自动灭火系统。

系统设置应符合现行国家标准《锅炉房设计规范》GB 50041和《高层民用建筑设计防火规范》GB 50045等的有关规定。

(4) 地下室、半地下室和地上密闭房间设置条件：

①设置手动切断阀和紧急自动切断阀。

②设置燃气泄漏报警器和集中监控。

③设置独立的防爆型机械送排风系统。

④设置固定的防爆照明设备。

⑤采用非燃烧体实体墙与电话间、变配电室、修理间、储藏室、卧室、休息室等隔开。

【实施与检查控制】

(1) 实施

①火焰控制：炉膛前后吹扫、点火、再点火、熄火保护等。

②加热控制：温度、压力、燃烧过程、空燃比等。

③排烟通风控制：风机与燃具连锁、风机与报警器连锁等。

④环境安全控制：燃气、烟气、火灾报警和切断装置连锁等。

(2) 检查

检查上述控制装置工作性能。

【示例】

GB 50041 规定的其他安全控制装置：

(1) 蒸汽锅炉：给水自动调节装置，极限低水位保护装置，蒸汽超压保护装置等。

(2) 热水锅炉：压力降低热水汽化、水温升高超过规定值，或水泵突然停止运行的自动切断燃气供应和停止鼓风机、引风机运行的保护装置。

(3) 热水系统：自动补水装置、自动排气装置、加压膨胀水箱的水位和压力自动调节装置。

(4) 热交换站：加热介质的流量自动调节装置。

(5) 其他安全控制装置。

7.4 燃 烧 烟 气

《城镇燃气设计规范》GB 50028－2006

10.7.1 燃气燃烧所产生的烟气必须排出室外。设有直排式燃具的室内容积热负荷指标超过 207W/m³ 时，必须设置有效的排气装置将烟气排至室外。

注：有直通洞口（哑口）的毗邻房间的容积也可一并作为室内容积计算。

【技术要点说明】

(1) 燃具按给排气方式分类

①敞开式（A 型）

②半密闭式（B 型）

③密闭式（C 型）

(2) 小型直排式（A 型）燃具排烟

小型直排式燃具一般指室内容积热负荷指标小于或等于 207W/m³ 时的家用燃具。住宅厨房容积一般为 10m³ 左右，其容积热负荷指标应小于等于 207W。家用燃具的额定热负荷与室内容积的比值均大于此值，故应设烟气导出装置。

【实施与检查控制】

(1) 实施

①敞开式（A型）

灶具的烟气导出装置可采用换气扇或吸油烟机，给排气条件应符合现行行业标准《家用燃气燃烧器具安装及验收规程》CJJ 12的规定。

②半密闭式（B型）和密闭式（C型）

热水器等燃具的烟气导出装置应采用独立或共用烟道，给排气条件应符现行行业标准《家用燃气燃烧器具安装及验收规程》CJJ 12的规定。

(2) 检查

①检查灶具给排气条件，灶具家采用吸油烟机与竖直共用排气道和水平独立排气道排烟。

②检查热水器和采暖热水炉给排气技术条件，热水器和采暖（热）水炉应采用竖直独立或共用烟道排烟。

③燃具烟气通过外墙水平排放时，其排烟风帽应设在充分敞开（1字形外墙）的烟气易扩散部位；不得设在凹形、天井形等烟气不易扩散的部位。

④燃具烟气通过建筑外墙水平排放时，排烟风帽距外墙门窗洞口和居住房间窗口的距离应符合现行行业标准《家用燃气燃烧器具安装及验收规程》CJJ/ 12的规定。

【示例】

排烟方式：

(1) 敞开式（A型）

采用换气扇、吸油烟机等烟气导出装置。

(2) 半密闭式（B型）

采用竖直烟道和水平烟道排烟。

(3) 密闭式（C型）

采用竖直或水平给排气烟道排烟。

10.7.3　浴室用燃气热水器的给排气口应直接通向室外，其排气系统与浴室必须有防止烟气泄漏的措施。

【技术要点说明】

(1) 有外墙的浴室可安装密闭式燃气热水器（C型），不得安装其他类型燃气热水器。

(2) 燃气热水器给排气风帽设置部位应符合要求，不得有烟气回流至室内环境中。

(3) 给排气系统安装应符合现行行业标准《家用燃气燃烧器具安装及验收规程》CJJ 12的有关规定。

【实施与检查控制】

(1) 实施

选用密闭式燃气热水器，当燃具给排气管需要延长时，应选用密闭强制给排气式燃具。

(2) 检查

按现行行业标准《家用燃气燃烧器具安装及验收规程》CJJ 12 的规定，检查燃具及给排系统的安装。

【示例】

技术措施：

（1）卫生间和浴室内不得设置燃气采暖热水炉。

（2）燃具给排气口不得设置在封闭阳台。

10.7.6 水平烟道的设置应符合下列要求：

1 水平烟道不得通过卧室。

【技术要点说明】

（1）水平烟道不得通过卧室，其目的为防止烟气泄漏产生的烟气中毒事故。

（2）为减小烟道阻力，水平烟道长度应进行控制。

【实施与检查控制】

（1）实施

根据燃具设置部位和烟道走向确定水平烟道的敷设。

（2）检查

检查水平烟道敷设部位，应符合强制性条文的规定。

【示例】

技术措施：

（1）燃具设置在竖直烟道附近，通过竖直烟道排烟。

（2）燃具设置在外墙附近，通过水平烟道排烟（自然排气式除外）。

8 供暖、通风和空调

8.1 一 般 规 定

《民用建筑供暖通风与空气调节设计规范》GB 50736－2012

3.0.6 设计最小新风量应符合下列规定：

1 公共建筑主要房间每人所需最小新风量应符合表 3.0.6-1 规定。

表 3.0.6-1 公共建筑主要房间每人所需最小新风量［m^3/（h·人）］

建筑房间类型	新风量
办公室	30
客房	30
大堂、四季厅	10

【技术要点说明】

表 3.0.6-1 中所列办公室、大堂、四季厅，应包括各建筑类型中的办公室、大堂、四季厅。表中未作出规定的其他公共建筑人员所需最小新风量，可按照国家现行卫生标准中的容许浓度进行计算确定，并应满足国家现行相关标准的要求。

【实施与检查控制】

（1）实施

在设计中，应按照表中规定的最低值进行建筑新风、风管、风机、新风系统等相关计算并设计。

（2）检查

应审核设计图纸中的新风量计算中的新风量取值，以及以此为基础的风机、新风系统等相关计算与设计。

8.11.14 锅炉房及换热机房，应设置供热量控制装置。

【技术要点说明】

本条文对锅炉房及换热机房的节能控制提出了明确的要求。供热量控制装置的主要目的是对供热系统进行总体调节，使供水水温或流量等参数在保持室内温度的前提下，随室外空气温度的变化随时进行调整，始终保持锅炉房或换热机房的供热量与建筑物的需热量基本一致，实现按需供热；达到最佳的运行效率和最稳定的供热质量。

气候补偿器是供暖热源常用的供热量控制装置，设置气候补偿器后，还可以通过在时间控制器上设定不同时间段的不同室温，节省供热量；合理地匹配供水流量和供水温度，节省水泵电耗，保证散热器恒温阀等调节设备正常工作；还能够控制一次水回水温度，防止回水温度过低减少锅炉寿命。

由于不同企业生产的气候补偿器的功能和控制方法不完全相同，但必须具有能根据室外空气温度变化自动改变用户侧供（回）水温度、对热媒进行质调节的基本功能。

行业标准《供热计量技术规程》JGJ 173－2009 强制性条文第 4.2.1 条与本条内容类似。

【实施与检查控制】

（1）实施

在锅炉房及换热机房的供热系统室内设计部分，应设有供热量控制装置，如气候补偿器。

（2）检查

检查锅炉房及换热机房的供热系统室内设计部分，是否设有供热量控制装置，如气候补偿器。

9.1.5 锅炉房、换热机房和制冷机房的能量计量应符合下列规定：

1 应计量燃料的消耗量；

2 应计量耗电量；

3 应计量集中供热系统的供热量；

4 应计量补水量。

【技术要点说明】

能源资源的消耗量均应计量。此外，在冷、热源进行耗电量计量有助于分析能耗构成，寻找节能途径，选择和采取节能措施。循环水泵耗电量不仅是冷热源系统能耗的一部分，而且也反映出输送系统的用能效率，对于额定功率较大的设备宜单独设置电计量。

即将发布的新版国家标准《公共建筑节能设计标准》GB 50019 强制性条文第 4.5.2 条与本条内容类似。

【实施与检查控制】

（1）实施

在锅炉房、换热机房和制冷机房能源系统的设计中，应设计有燃料的消耗量、耗电量、集中供热系统的供热量、补水量等能量计量装置。

（2）检查

检查在锅炉房、换热机房和制冷机房能源系统的设计中，是否设计有燃料的消耗量、耗电量、集中供热系统的供热量、补水量等能量计量装置。

8.2 供　　暖

《民用建筑供暖通风与空气调节设计规范》GB 50736－2012

5.2.1 集中供暖系统的施工图设计，必须对每个房间进行热负荷计算。

【技术要点说明】

集中供暖的建筑，供暖热负荷的正确计算对供暖设备选择、管道计算以及节能运行都起到关键作用，特设置此条，且与现行《严寒和寒冷地区居住建筑节能设计标准》JGJ 26和《公共建筑节能设计标准》GB 50189 保持一致。

在实际工程中，供暖系统有时是按照“分区域”来设置的，在一个供暖区域中可能存在多个房间，如果按照区域来计算，对于每个房间的热负荷仍然没有明确的数据。为了防止设计人员对“区域”的误解，这里强调的是对每一个房间进行计算而不是按照供暖区域来计算。

行业标准《严寒和寒冷地区居住建筑节能设计标准》JGJ 26－2010 强制性条文第5.1.1条，以及即将发布的新版国家标准《公共建筑节能设计标准》GB 50019 强制性条文第4.1.1条与本条内容类似。

【实施与检查控制】

（1）实施

设计中，对每一个房间进行热负荷计算而不是按照供暖区域来计算。

（2）检查

检查供暖系统热负荷计算相关证明材料。

5.3.5 管道有冻结危险的场所，散热器的供暖立管或支管应单独设置。

【技术要点说明】

对于管道有冻结危险的场所，不应将其散热器同邻室连接，立管或支管应独立设置，以防散热器冻裂后影响邻室的供暖效果。

【实施与检查控制】

（1）实施

设计中，管道有冻结危险的场所，如楼梯间，其供暖立管或支管应独立设置，不应将其散热器同邻室连接。

（2）检查

检查设计中是否有以上情况出现。

5.3.10 幼儿园、老年人和特殊功能要求的建筑的散热器必须暗装或加防护罩。

【技术要点说明】

规定本条的目的，是为了保护儿童、老年人、特殊人群的安全健康，避免烫伤和碰伤。

【实施与检查控制】

（1）实施

设计图纸中，应对幼儿园、老年人和特殊功能要求的建筑的散热器的要求进行技术说明。

（2）检查

检查在此类建筑的设计图纸中，是否对以上情况进行了特别说明。

5.4.3 热水地面辐射供暖系统地面构造，应符合下列规定：

1 直接与室外空气接触的楼板、与不供暖房间相邻的地板为供暖地面时，必须设置绝热层；

【技术要点说明】

为减少供暖地面的热损失，直接与室外空气接触的楼板、与不供暖房间相邻的地板，必须设置绝热层。与土壤接触的底层，应设置绝热层；当地面荷载特别大时，与土壤接触的底层的绝热层有可能承载能力不够，考虑到土壤热阻相对楼板较大，散热量较小，可根据具体情况酌情处理。

行业标准《辐射供暖供冷技术规程》JGJ 142－2012 强制性条文第 3.2.2 条与本条内容类似。

【实施与检查控制】

(1) 实施

设计时，应对热水地面辐射供暖系统中直接与室外空气接触的楼板、与不供暖房间相邻的地板的地面构造进行单独设计，确保有绝热层。

(2) 检查

检查热水地面辐射供暖系统中直接与室外空气接触的楼板、与不供暖房间相邻的地板的地面构造中是否有绝热层。

5.4.6 热水地面辐射供暖塑料加热管的材质和壁厚的选择，应根据工程的耐久年限、管材的性能以及系统的运行水温、工作压力等条件确定。

【技术要点说明】

塑料管材的力学特性与钢管等金属管材有较大区别。钢管的使用寿命主要取决于腐蚀速度，使用温度对其影响不大。而塑料管材的使用寿命主要取决于不同使用温度和压力对管材的累计破坏作用。在不同的工作压力下，热作用使管壁承受环应力的能力逐渐下降，即发生管材的“蠕变”，以致不能满足使用压力要求而破坏。壁厚计算方法可参照现行国家有关塑料管的标准执行。

【实施与检查控制】

(1) 实施

设计人员应根据现行国家有关塑料管的标准，结合程的耐久年限、管材的性能以及系统的运行水温、工作压力对热水地面辐射供暖塑料加热管的材质和壁厚进行计算并选择。

(2) 检查

检查器热水地面辐射供暖塑料加热管的材质和壁厚计算书及相关材料。

5.5.1 除符合下列条件之一外，不得采用电加热供暖：

1 供电政策支持；

2 无集中供暖和燃气源，用煤或油等燃料的使用受到环保或消防严格限制的建筑；

3 以供冷为主，供暖负荷较小且无法利用热泵提供热源的建筑；

4 采用蓄热式电散热器、发热电缆在夜间低谷电进行蓄热，且不在用电高峰和平段时间启用的建筑；

5 由可再生能源发电设备供电，且其发电量能够满足自身电加热量需求的建筑。

【技术要点说明】

合理利用能源、节约能源、提高能源利用率是我国的基本国策。直接将燃煤发电生产出的高品位电能转换为低品位的热能进行供暖，能源利用效率低，是不合适的。由于我国地域广阔、不同地区能源资源差距较大，能源形式与种类也有很大不同，考虑到各地区的具体情况，在只有符合本条所指的特殊情况时方可采用。

即将发布的新版国家标准《公共建筑节能设计标准》GB 50019 强制性条文第 4.2.2 条、行业标准《严寒和寒冷地区居住建筑节能设计标准》JGJ 26－2010 强制性条文第 5.1.6 条、《夏热冬冷地区居住建筑节能设计标准》JGJ 134－2010 强制性条文第 6.0.3 条与本条内容类似。

【实施与检查控制】

（1）实施

在供暖系统方案选择及设计时，除符合条文相关条件之一外，不得采用电加热供暖。设计人员应对当地供电政策、能源供给情况、可再生能源等情况进行调查，对建筑物冷热负荷进行初步估算后，确定建筑供暖系统形式。

（2）检查

检查人员应在对当地供电政策、能源供给情况、可再生能源等情况进行了解，检查建筑物冷热负荷估算结果后，判断建筑物是否可采用电加热供暖这种系统形式。

5.5.5　根据不同的使用条件，电供暖系统应设置不同类型的温控装置。

【技术要点说明】

从节能角度考虑，要求不同电供暖系统应设置相应的温控装置。

【实施与检查控制】

（1）实施

设计时，对应不同使用条件的电供暖系统，设置不同类型的温控装置。

（2）检查

检查建筑物根据使用区划下的电供暖系统划分，并检查其温控装置是否设置。

5.5.8　安装于距地面高度 180cm 以下的电供暖元器件，必须采取接地及剩余电流保护措施。

【技术要点说明】

对电供暖装置的接地及漏电保护要求引自《民用建筑电气设计规范》JGJ 16。安装于地面及距地面高度 180cm 以下的电供暖元件，存在误操作（如装修破坏、水浸等）导致的漏、触电事故的可能性，因此必须可靠接地并配置漏电保护装置。

【实施与检查控制】

（1）实施

设计时，需将安装于距地面高度 180cm 以下的电供暖元器件设有接地及剩余电流保护措施。

（2）检查

图纸审查时，检查安装于距地面高度 180cm 以下的电供暖元器件是否设有接地及剩余电流保护措施。

5.6.1　采用燃气红外线辐射供暖时，必须采取相应的防火和通风换气等安全措施，并符合国家现行有关燃气、防火规范的要求。

【技术要点说明】

燃气红外线辐射供暖通常有炽热的表面，因此设置燃气红外线辐射供暖时，必须采取相应的防火和通风换气等安全措施。

燃烧器工作时，需对其供应一定比例的空气量，并放散二氧化碳和水蒸气等燃烧产物，当燃烧不完全时，还会生成一氧化碳。为保证燃烧所需的足够空气，避免水蒸气在围护结构内表面上凝结，必须具有一定的通风换气量。采用燃气红外线辐射供暖应符合国家现行有关燃气、防火规范的要求，以保证安全。相关规范包括《城镇燃气设计规范》GB 50028、《建筑设计防火规范》GB 50016、《高层民用建筑设计防火规范》GB 50045。

【实施与检查控制】

（1）实施

燃气红外线辐射供暖系统设计时，需配套设计或说明相关的防火系统、通风换气系统的设置。

（2）检查

图纸审查时，检查燃气红外线辐射供暖系统设计，是否配套设计或说明了相关的防火系统、通风换气系统的设置。

5.6.6 由室内供应空气的空间应能保证燃烧器所需要的空气量。当燃烧器所需要的空气量超过该空间 0.5 次/h 的换气次数时，应由室外供应空气。

【技术要点说明】

燃气红外线辐射供暖系统的燃烧器工作时，需对其供应一定比例的空气量。当燃烧器每小时所需的空气量超过该房间 0.5 次/h 换气时，应由室外供应空气，以避免房间内缺氧和燃烧器供应空气量不足而产生故障。

【实施与检查控制】

（1）实施

设计人员应对燃烧器所需要的空气量和房间换气量进行比较计算，如果燃烧器燃烧器所需要的空气量超过该空间 0.5 次/h 的换气次数时，则应设置室外空气供应系统。

（2）检查

检查其计算说明及室外空气供应系统是否设置，设置能否满足燃烧器所需的空气量。

5.7.3 户式燃气炉应采用全封闭式燃烧、平衡式强制排烟型。

【技术要点说明】

户式燃气炉使用出现过安全问题，采用全封闭式燃烧和平衡式强制排烟的系统是确保安全运行的条件。

户式燃气炉包括户式壁挂燃气炉和户式落地燃气炉两类。

【实施与检查控制】

（1）实施

采用户式燃气炉进行供暖，设计图中应对户式燃气炉的性能要求进行说明。

（2）检查

检查图纸中对于户式燃气炉性能的要求说明。

5.9.5 当供暖管道利用自然补偿不能满足要求时，应设置补偿器。

【技术要点说明】

供暖系统的管道由于热媒温度变化而引起热膨胀，不但要考虑干管的热膨胀，也要考虑立管的热膨胀，这个问题必须重视。在可能的情况下，利用管道的自然弯曲补偿是简单易行的，如果自然补偿不能满足要求，则应根据不同情况通过计算选型设置补偿器。对供暖管道进行热补偿与固定，一般应符合下列要求：

(1) 水平干管或总立管固定支架的布置，要保证分支干管接点处的最大位移量不大于40mm；连接散热器的立管，要保证管道分支接点由管道伸缩引起的最大位移量不大于20mm；无分支管接点的管段，间距要保证伸缩量不大于补偿器或自然补偿所能吸收的最大补偿率；

(2) 计算管道膨胀量时，管道的安装温度应按冬季环境温度考虑，一般可取0℃～5℃；

(3) 供暖系统供回水管道应充分利用自然补偿的可能性；当利用管道的自然补偿不能满足要求时，应设置补偿器。采用自然补偿时，常用的有L形或Z形两种形式；采用补偿器时，要优先采用方形补偿器；

(4) 确定固定点的位置时，要考虑安装固定支架（与建筑物连接）的可行性；

(5) 垂直双管系统及跨越管与立管同轴的单管系统的散热器立管，当连接散热器立管的长度小于20m时，可在立管中间设固定卡；长度大于20m时，应采取补偿措施；

(6) 采用套筒补偿器或波纹管补偿器时，需设置导向支架；当管径大于等于*DN*50时，应进行固定支架的推力计算，验算支架的强度；

(7) 户内长度大于10m的供回水立管与水平干管相连接时，以及供回水支管与立管相连接处，应设置2～3个过渡弯头或弯管，避免采用“T”形直接连接。

【实施与检查控制】

(1) 实施

在进行供暖系统设计时，应考虑干管、立管的热膨胀，首先应利用管道的自然弯曲补偿，如果自然补偿不能满足要求，则应根据不同情况通过计算选型设置补偿器。

(2) 检查

应检查供暖系统干管、立管热膨胀情况计算，及是否根据计算结果设置了补偿器。

5.10.1 集中供暖的新建建筑和既有建筑节能改造必须设置热量计量装置，并具备室温调控功能。用于热量结算的热量计量装置必须采用热量表。

【技术要点说明】

根据《中华人民共和国节约能源法》的规定，新建建筑和既有建筑的节能改造应当按照规定安装热计量装置。计量的目的是促进用户自主节能，室温调控是节能的必要手段。

供热企业和终端用户间的热量结算，应以热量表作为结算依据。用于结算的热量表应符合相关国家产品标准，且计量检定证书应在检定的有效期内。

【实施与检查控制】

(1) 实施

新建建筑和既有建筑的节能改造应当按照规定安装热计量装置。

(2) 检查

检查新建建筑和既有建筑节能改造的集中供暖系统是否安装热计量装置。

《辐射供暖供冷技术规程》JGJ 142-2012

3.2.2 直接与室外空气接触的楼板或与不供暖供冷房间相邻的地板作为供暖供冷辐射地面时，必须设置绝热层。

【技术要点说明】

为减少辐射地面的热损失，直接与室外空气接触的楼板、与不供暖房间相邻的地板，必须设置绝热层。

本条内容与国家标准《民用建筑供暖通风与空气调节设计规范》GB 50736-2012 强制性条文第5.4.3（1）条部分等效。

【实施与检查控制】

（1）实施

在进行供暖供冷辐射地面设计时，直接与室外空气接触的楼板、与不供暖房间相邻的地板，需要设置绝热层。

（2）检查

检查在上述情况下，是否设置绝热层。

3.8.1 新建住宅热水辐射供暖系统应设置分户热计量和室温调控装置。

【技术要点说明】

采用热水辐射供暖系统的住宅，应设分户热计量装置，并应符合《供热计量技术规程》JGJ 173 的规定。现有的辐射供暖工程出现了大量过热的现象，既不舒适又浪费了能源；为避免出现过热，需要温度调控装置进行调节，以满足使用要求。因此本规程要求设置室内温度调控装置。对于不能采用室温传感器时，如大堂中部等，可采用自动地面温度优先控制。

【实施与检查控制】

（1）实施

在进行新建住宅热水辐射供暖系统设计时，应设置分户热计量和室温调控装置。

（2）检查

检查新建住宅热水辐射供暖系统中是否设置了分户热计量和室温调控装置。

3.9.3 加热电缆辐射供暖系统应做等电位连接，且等电位连接线应与配电系统的地线连接。

【技术要点说明】

用于辐射供暖的加热电缆系统必须做到等电位连接，且等电位连接线应与配电系统的PE 线连接，才能保障加热电缆辐射供暖运行的安全性。

【实施与检查控制】

（1）实施

用于辐射供暖的加热电缆系统需等电位连接，且等电位连接线应与配电系统的 PE 线连接。

（2）检查

检查用于辐射供暖的加热电缆系统是否做到等电位连接。

4.5.1 辐射供暖用加热电缆产品必须有接地屏蔽层。

【技术要点说明】

屏蔽接地是为了保证人身安全，防止人体触电和受到较强的电磁辐射。

【实施与检查控制】

（1）实施

产品需要设计有接地屏蔽层。

（2）检查

检查产品说明。

5.5.7 加热电缆的热线部分严禁进入冷线预留管。

【技术要点说明】

目的是防止热线在套管内发热，影响寿命和安全性能。

【实施与检查控制】

（1）实施

施工单位在敷设加热电缆前应进行检查。

（2）检查

施工单位在敷设加热电缆前应进行检查。

6.1.1 辐射供暖供冷系统未经调试，严禁运行使用。

【技术要点说明】

为了避免对系统造成损坏，在未经调试与试运行过程之前，应严格限制随意启动运行。

【实施与检查控制】

（1）实施

施工单位在验收前需对系统进行调试。

（2）检查

检查系统调试报告。

《供热计量技术规程》JGJ 173－2009

3.0.1 集中供热的新建建筑和既有建筑的节能改造必须安装热量计算装置。

【技术要点说明】

根据《中华人民共和国节约能源法》的规定，新建建筑和既有建筑的节能改造应当按照规定安装用热计量装置。目前很多项目只是预留了计量表的安装位置，没有真正具备热计量的条件，本条强调必须安装热量计量仪表，以推动热计量工作实现。

本条内容与国家标准《民用建筑供暖通风与空气调节设计规范》GB 50736－2012 强制性条文第 5.10.1 条部分等效。

【实施与检查控制】

（1）实施

集中供热的新建建筑和既有建筑的节能改造设计时，需设计有热计量装置。

（2）检查

检查集中供热的新建建筑和既有建筑的节能改造设计图纸中，是否设有热量计量装置并对其进行了技术要求。

3.0.2 集中供热系统的热量结算点必须安装热量表。

【技术要点说明】

供热企业和终端用户间的热量结算，应以热量表作为结算依据。

【实施与检查控制】

（1）实施

在设计图纸中，热量结算点需设计有热量表。

（2）检查

检查设计图纸中，热量结算点是否设计有热量表。

4.2.1 热源或热力站必须安装供热量自动控制装置。

【技术要点说明】

供热量自动控制装置能够根据负荷变化自动调节供水温度和流量，实现优化运行和按需供热。热源处应设置供热量自动控制装置，通过锅炉系统热特性识别和工况优化程序，根据当前的室外温度和前几天的运行参数等，预测该时段的最佳工况，实现对系统用户侧的运行指导和调节。

本条内容与国家标准《民用建筑供暖通风与空气调节设计规范》GB 50736－2012 强制性条文第 8.11.14 条部分等效。

【实施与检查控制】

（1）实施

在热源、热力站的设计中，需设计有热量自动控制装置。

（2）检查

检查在热源、热力站的设计中，是否设计有热量自动控制装置。

5.2.1 集中供热工程设计必须进行水力平衡计算，工程竣工验收必须进行水力平衡检测。

【技术要点说明】

近年来实验验证，供热系统能耗浪费主要原因还是水力失调。水力平衡有利于提高管网输送效率，降低系统能耗，满足住户室温要求。

【实施与检查控制】

（1）实施

设计人员需进行水力平衡计算，检测验收人员需水力平衡检测。

（2）检查

检查水力平衡计算书和检测报告。

7.2.1 新建和改扩建的居住建筑或以散热器为主的公共建筑的室内供暖系统应安装自动温度控制阀进行室温调控。

【技术要点说明】

供热体制改革以“多用热，多交费”为原则，实现供暖用热的商品化、货币化。因此，用户能够根据自身的用热需求，利用供暖系统中的调节阀主动调节室温、有效控制室温是实施供热计量收费的重要前提条件。

【实施与检查控制】

（1）实施

在新建和改扩建的居住建筑或以散热器为主的公共建筑的室内供暖系统设计中，应设有自动温度控制阀。

（2）检查

检查在新建和改扩建的居住建筑或以散热器为主的公共建筑的室内供暖系统设计中，是否设有自动温度控制阀。

《低温辐射电热膜供暖系统应用技术规程》JGJ 319－2013

3.2.3 电热膜电磁辐射量应小于100μT。

【技术要点说明】

为了保证人身安全，防止人体受到较强的电磁辐射。根据ICNIRP国际非电离放射线防护委员会规定，电辐射采暖相关产品的电磁辐射量应限定为100μT以下。

【实施与检查控制】

（1）实施

电热膜产品型式试验或出厂检验必须符合电磁辐射标准要求，施工过程中间检验阶段使用电磁辐射检测仪表检测，若超过规定必须采取措施解决，否则不能转下一工序施工。

（2）检查

使用电磁辐射检测仪表检测电热膜的电磁辐射量。

4.4.3 当电热膜布置在与土壤相邻的地面时，必须设绝热层，绝热层下部必须设置防潮层。

【技术要点说明】

土壤中水分进入到绝热层内，将破坏绝热层绝热效果。因此，设计时必须在土壤和绝热层中间加设防潮层，保护绝热层，保证电热膜地面供暖达到设计要求。

【实施与检查控制】

（1）实施

绝热层施工前地面铺设0.05mm厚高密度聚乙烯塑料薄膜作为防潮层。

（2）检查

观察检查是否按要求设置绝热层、防潮层。

4.8.5 电热膜配电线路应采用剩余电流动作保护器，并应自动切断故障电源，剩余动作电流值不应大于30mA。

【技术要点说明】

采用剩余电流动作保护是实现间接接触防护的有效措施之一，以确保系统能自动切断故障回路的供电电源。在每个分支配电回路设置保护是必要的，既实现了各分支配电回路的保护功能，又保证了供电的可靠性和连续性。

【实施与检查控制】

（1）实施

在配电箱每个分支配电回路设置剩余电流动作保护器或带剩余电流保护的低压断路器，剩余动作电流值不应超过30mA。

(2) 检查

检查系统设计说明和配电系统图。

以是否合理选择电气器件并完整标注技术参数为判定依据。

8.3 通　风

《民用建筑供暖通风与空气调节设计规范》GB 50736－2012

6.1.6 凡属下列情况之一时，应单独设置排风系统：

1 两种或两种以上的有害物质混合后能引起燃烧或爆炸时；

2 混合后能形成毒害更大或腐蚀性的混合物、化合物时；

3 混合后易使蒸汽凝结并聚积粉尘时；

4 散发剧毒物质的房间和设备；

5 建筑物内设有储存易燃易爆物质的单独房间或有防火防爆要求的单独房间；

6 有防疫的卫生要求时。

【技术要点说明】

(1) 防止不同种类和性质的有害物质混合后引起燃烧或爆炸事故。

(2) 避免形成毒性更大的混合物或化合物，对人体造成的危害或腐蚀设备及管道。

(3) 防止或减缓蒸汽在风管中凝结聚积粉尘，增加风管阻力甚至堵塞风管，影响通风系统的正常运行。

(4) 避免剧毒物质通过排风管道及风口窜入其他房间，如把散发铅蒸汽、汞蒸汽、氰化物和砷化氰等剧毒气体的排风与其他房间的排风划为同一系统，系统停止运行时，剧毒气体可能通过风管窜入其他房间。

(5) 根据《建筑设计防火规范》GB 50016和《高层民用建筑设计防火规范》GB 50045的规定，建筑中存有容易起火或爆炸危险物质的房间（如放映室、药品库等），所设置的排风装置应是独立的系统，以免使其中容易起火或爆炸的物质窜入其他房间，防止火灾蔓延，否则会招致严重后果。

(6) 避免病菌通过排风管道及风口窜入其他房间。

由于建筑物种类繁多，具体情况颇为繁杂，条文中难以做出明确的规定，设计时应根据不同情况妥善处理。

【实施与检查控制】

(1) 实施

设计人员在设计前，应对建筑使用功能进行判断，如有以上情况之一，则必须在设计方案中单独设置排风系统。

(2) 检查

施工图审查人员应对建筑使用功能进行判断，根据使用功能，检查其排风系统是否单独设置，以及相关计算是否正确。

6.3.2 建筑物全面排风系统吸风口的布置，应符合下列规定：

1 位于房间上部区域的吸风口，除用于排除氢气与空气混合物时，吸风口上缘至顶棚平面或屋顶的距离不大于0.4m;

2 用于排除氢气与空气混合物时，吸风口上缘至顶棚平面或屋顶的距离不大于0.1m;

3 用于排出密度大于空气的有害气体时，位于房间下部区域的吸风口，其下缘至地板距离不大于0.3m;

4 因建筑结构造成有爆炸危险气体排出的死角处，应设置导流设施。

【技术要点说明】

规定建筑物全面排风系统吸风口的位置，在不同情况下应有不同的设计要求，目的是为了保证有效排除室内余热、余湿及各种有害物质。对于由于建筑结构造成的有爆炸危险气体排出的死角，例如产生氢气的房间，会出现由于顶棚内无法设置吸风口而聚集一定浓度的氢气发生爆炸的情况。在结构允许的情况下，在结构梁上设置连通管进行导流排气，以避免事故发生。

【实施与检查控制】

（1）实施

设计人员需考虑需要排除气体的类型、建筑结构等进行排风口的布置。

（2）检查

检查人员需根据需排除气体的类型等对排风口布置进行审查。

6.3.9 事故通风应符合下列规定：

2 事故通风应根据放散物的种类，设置相应的检测报警及控制系统。事故通风的手动控制装置应在室内外便于操作的地点分别设置;

【技术要点说明】

事故排风系统（包括兼作事故排风用的基本排风系统）应根据建筑物可能释放的放散物种类设置相应的检测报警及控制系统，以便及时发现事故，启动自动控制系统，减少损失。事故通风的手动控制装置应装在室内、外便于操作的地点，以便一旦发生紧急事故，使其立即投入运行。

【实施与检查控制】

（1）实施

在事故通风系统的设计中应设置有检测报警及控制系统，具备事故监测和自动控制功能。手动控制装置的位置应设置于便于操作的地点。

（2）检查

应检查事故通风系统设计中是否具备检测报警及控制系统，手动控制装置的位置是否便于操作。

6.6.13 高温烟气管道应采取热补偿措施。

【技术要点说明】

输送高温气体的排烟管道，如燃烧器、锅炉、直燃机等的烟气管道，由于气体温度的变化会引起风管的膨胀或收缩，导致管路损坏，造成严重后果，必须重视。一般金属风管设置软连接，风管与土建连接处设置伸缩缝。需要说明此处提到的高温烟气管道并非消防排烟及厨房排油烟风管。

【实施与检查控制】

（1）实施

在输送燃烧器、锅炉、直燃机等排除烟气的高温管道设计时，应采取热补偿措施，金属风管设置通常为软连接，风管与土建连接处设置伸缩缝。

（2）检查

施工图审查时，应对输送高温气体的排烟管道进行审查，检查其是否采取了热补偿措施。

6.6.16　可燃气体管道、可燃液体管道和电线等，不得穿过风管的内腔，也不得沿风管的外壁敷设。可燃气体管道和可燃液体管道，不应穿过通风、空调机房。

【技术要点说明】

可燃气体（煤气等）、可燃液体（甲、乙、丙类液体）和电线等，易引起火灾事故。为防止火势通过风管蔓延，作此规定。

穿过风管（通风、空调机房）内可燃气体、可燃液体管道一旦泄漏会很容易发生和传播火灾，火势也容易通过风管蔓延。电线由于使用时间长、绝缘老化，会产生短路起火，并通过风管蔓延，因此，不得在风管内腔敷设或穿过。配电线路与风管的间距不应小于0.1m，若采用金属套管保护的配电线路，可贴风管外壁敷设。

【实施与检查控制】

（1）实施

设计时，可燃气体管道、可燃液体管道和电线等，通常应对其管道进行单独设置。配电线路与风管的间距不应小于0.1m，若采用金属套管保护的配电线路，可贴风管外壁敷设。可燃气体管道和可燃液体管道设计时，不应穿过通风、空调机房。

（2）检查

施工图审查时，应检查可燃气体管道、可燃液体管道和电线与风管、通风、空调机房的设置关系。

《通风管道技术规程》JGJ 141－2004

3.1.3　非金属风管材料应符合下列规定：

1　非金属风管材料的燃烧性能应符合现行国家标准《建筑材料燃烧性能分级方法》GB 8624 中不燃 A 级或难燃 B_1 级的规定。

【技术要点说明】

《建筑材料燃烧性能分级方法》GB 8624 对建筑材料的不同燃烧性能划分等级，并明确各等级建筑材料确定燃烧性能的检验方法。

目前，非金属风管材料发展较快，品种较多，因其具有的具有重量轻、导热系数小，施工操作方便等特性和优点，应用面越来越广泛。为了保证使用中风管的安全防火性能，对这些材料制作的风管提出了应按工程的需要具有不燃 A 或难燃 B_1 级的燃烧性能要求。

【实施与检查控制】

（1）实施

按照设计文件的要求选择相应类型的材料作为风管的制作材料，材料的可燃性不能仅仅通过视觉或进行简单的燃烧试验能够判定其符合性，特别是材料的燃烧性能要通过特定的实验条件检测试验其结果，简单的燃烧试验不足以判定材料的可燃性能，只能通过严格的测试才能判定，其性能参数要求不得低于国家标准《建筑材料燃烧性能分级方法》GB 8624 中不燃 A 级或难燃 B_1 级的规定。

（2）检查

依照设计文件选择的材料种类查验风管材料材质的燃烧性能试验报告，依据是按照国家标准《建筑材料燃烧性能分级方法》GB 8624 中规定的试验方法，不燃 A 级或难燃 B_1 级的相应的检测试验参数结果不低于要求的标准值为符合本强条的依据。

4.1.6　风管内不得敷设各种管道、电线或电缆，室外立管的固定拉索严禁拉在避雷针或避雷网上。

【技术要点说明】

明确规定风管内不得敷设各种管道、电线或电缆以确保安全；明确规定室外立管的固定拉索严禁拉在避雷针或避雷网上，避免雷击事故隐患。如不按规定施工都会有可能带来严重后果，因此必须遵守。

【实施与检查控制】

（1）实施

在施工准备阶段，要做好关键部位的机电专业综合布线分部状态分析，确保管线综合空间位置、走向避免交叉，管线施工符合专业施工避让原则。

室外立风管的拉索固定是为了保证风管稳固，其固定点应单独设立在建筑主体上，不得借用避雷体作为固定点更不允许将金属风管与建筑避雷系统形成一体。

（2）检查

应审核设计图纸的关键部位并检查特别是管廊、综合管井等管线交叉部位较多的地方管线位置、走向及施工过程中管线交叉密布较为隐蔽的位置，严格避免在此类情况，不得以任何原因而存在，确保符合本强条的依据。

检查室外立风管的安装固定位置及拉索与建筑主体的固定点的做法为符合本强条的依据。

8.4　空调与制冷

《空调通风系统运行管理规范》GB 50365－2005

4.4.1　当制冷机组采用的制冷剂对人体有害时，应对制冷机组定期检查、检测和维护，并应设置制冷剂泄漏报警装置。

【技术要点说明】

部分制冷剂对人体有危害，在欧盟、澳大利亚等国家和地区已经明确禁止使用，因此将设置制冷剂泄露报警装置作为强制规定。

【实施与检查控制】

（1）实施

如设计人员选用的制冷机组制冷剂对人体有害，则应在制冷机组上设置制冷剂泄露报警装置。

（2）检查

施工图审查中，应检查制冷机组是否设置了制冷剂泄露报警装置。

4.4.5 空调通风系统冷热源的燃油管道系统的防静电接地装置必须安全可靠。

【技术要点说明】

空调通风系统冷热源的燃油管道系统的防静电接地装置必须安全可靠，可避免因漏电造成触电类的事故。

【实施与检查控制】

（1）实施

在进行空调通风系统冷热源的燃油管道系统时，需设置防静电接地装置，且接地装置需安全可靠。

（2）检查

施工图审查中，应检查空调通风系统冷热源的燃油管道系统是否设置防静电接地装置，且是否安全。

《民用建筑供暖通风与空气调节设计规范》GB 50736－2012

7.2.1 除在方案设计或初步设计阶段可使用热、冷负荷指标进行必要的估算外，施工图设计阶段应对空调区的冬季热负荷和夏季逐时冷负荷进行计算。

【技术要点说明】

工程设计过程中，为防止滥用热、冷负荷指标进行设计的现象发生，规定此条为强制要求。用热、冷负荷指标进行空调设计时，估算的结果总是偏大，由此造成主机、输配系统及末端设备容量等偏大，这不仅给国家和投资者带来巨大损失，而且给系统控制、节能和环保带来潜在问题。

当建筑物空调设计仅为预留空调设备的电气容量时，空调热、冷负荷的计算可采用单位热、冷负荷指标进行估算。

即将发布的新版国家标准《公共建筑节能设计标准》GB 50019 强制性条文第 4.1.1 条、行业标准《严寒和寒冷地区居住建筑节能设计标准》JGJ 26－2010 强制性条文第 5.1.1 条、《夏热冬暖地区居住建筑节能设计标准》JGJ 75－2012 强制性条文第 6.0.2 条（部分）与本条内容类似。

【实施与检查控制】

（1）实施

设计人员在施工图设计阶段应对空调区的冬季热负荷和夏季逐时冷负荷进行计算，以此作为空调系统的设计依据。

（2）检查

施工图审查人员应检查空调区的冬季热负荷和夏季逐时冷负荷计算书。

7.2.10 空调区的夏季冷负荷，应按空调区各项逐时冷负荷的综合最大值确定。

【技术要点说明】

空调区的夏季冷负荷，包括通过围护结构的传热、通过玻璃窗的太阳辐射得热、室内人员和照明设备等散热形成的冷负荷，其计算应分项逐时计算，逐时分项累加，按逐时分项累加的最大值确定。

【实施与检查控制】

（1）实施

设计人员应对通过围护结构的传热、通过玻璃窗的太阳辐射得热、室内人员和照明设备等散热形成的冷负荷，进行分项逐时计算，并分类累加，将按逐时分项累加的确定最大值作为空调区的夏季冷负荷。

（2）检查

施工图审查人员应检查空调区的夏季冷负荷计算书。

7.2.11 空调系统的夏季冷负荷，应按下列规定确定：

1 末端设备设有温度自动控制装置时，空调系统的夏季冷负荷按所服务各空调区逐时冷负荷的综合最大值确定；

3 应计入新风冷负荷、再热负荷以及各项有关的附加冷负荷。

【技术要点说明】

根据空调区的同时使用情况、空调系统类型以及控制方式等各种不同情况，在确定空调系统夏季冷负荷时，主要有两种不同算法：一个是取同时使用的各空调区逐时冷负荷的综合最大值，即从各空调区逐时冷负荷相加后所得数列中找出的最大值；一个是取同时使用的各空调区夏季冷负荷的累计值，即找出各空调区逐时冷负荷的最大值并将它们相加在一起，而不考虑它们是否同时发生。后一种方法的计算结果显然比前一种方法的结果要大。如当采用全空气变风量空调系统时，由于系统本身具有适应各空调区冷负荷变化的调节能力，此时系统冷负荷即应采用各空调区逐时冷负荷的综合最大值；当末端设备没有室温自动控制装置时，由于系统本身不能适应各空调区冷负荷的变化，为了保证最不利情况下达到空调区的温湿度要求，系统冷负荷即应采用各空调区夏季冷负荷的累计值。

新风冷负荷应按系统新风量和夏季室外空调计算干、湿球温度确定。再热负荷是指空气处理过程中产生冷热抵消所消耗的冷量，附加冷负荷是指与空调运行工况、输配系统有关的附加冷负荷。

【实施与检查控制】

（1）实施

空调系统设计时，如末端设备设有温度自动控制装置，设计人员应对所服务各空调区逐时冷负荷的综合最大值进行计算确定，得出空调系统的夏季冷负荷。新风冷负荷应按系统新风量和夏季室外空调计算干、湿球温度确定。再热负荷是指空气处理过程中产生冷热抵消所消耗的冷量，附加冷负荷是指与空调运行工况、输配系统有关的附加冷负荷。

（2）检查

施工图审查人员应按照系统是否设有温度自动控制装置对空调系统的冷负荷计算进行

审查。

7.5.2 凡与被冷却空气直接接触的水质均应符合卫生要求。空气冷却采用天然冷源时，应符合下列规定：

3 使用过后的地下水应全部回灌到同一含水层，并不得造成污染。

【技术要点说明】

采用地表水作天然冷源时，强调再利用是对资源的保护。地下水的回灌可以防止地面沉降，全部回灌并不得造成污染是对水资源保护必须采取的措施。为保证地下水不被污染，地下水宜采用与空气间接接触的冷却方式。

【实施与检查控制】

（1）实施

在工程勘察阶段，必须进行抽水试验和回灌试验，项目立项书和可行性研究报告中应对地下水回灌的措施以及系统投入运行后抽水量、回灌量及水质进行定期监测的方案有相关的说明。

（2）检查

项目施工图审查阶段对地下水回灌的措施以及系统投入运行后抽水量、回灌量及水质进行定期监测方案等技术要点进行严格审查。

7.5.6 空调系统不得采用氨作制冷剂的直接膨胀式空气冷却器。

【技术要点说明】

为防止氨制冷剂的泄漏时，经送风机直接将氨送至空调区，危害人体或造成其他事故，所以采用制冷剂直接膨胀式空气冷却器时，不得用氨作制冷剂。

【实施与检查控制】

（1）实施

采用制冷剂直接膨胀式空气冷却器时，不得用氨作制冷剂。

（2）检查

审查采用制冷剂直接膨胀式空气冷却器时，制冷剂是否为氨。

8.1.2 除符合下列条件之一外，不得采用电直接加热设备作为空调系统的供暖热源和空气加湿热源：

1 以供冷为主、供暖负荷非常小，且无法利用热泵或其他方式提供供暖热源的建筑，当冬季电力供应充足、夜间可利用低谷电进行蓄热，且电锅炉不在用电高峰和平段时间启用时；

2 无城市或区域集中供热，且采用燃气、用煤、油等燃料受到环保或消防严格限制的建筑；

3 利用可再生能源发电，且其发电量能够满足直接电热用量需求的建筑；

4 冬季无加湿用蒸汽源，且冬季室内相对湿度要求较高的建筑。

【技术要点说明】

常见的采用直接电能供暖的情况有：电热锅炉、电热水器、电热空气加热器、电极（电热）式加湿器等。合理利用能源、提高能源利用率、节约能源是我国的基本国策。考虑到国内各地区的具体情况，在只有符合本条所指的特殊情况时方可采用。

(1) 夏热冬暖地区冬季供暖时，如果没有区域或集中供热，那么热泵是一个较好的选择方案。但是，考虑到建筑的规模、性质以及空调系统的设置情况，某些特定的建筑，可能无法设置热泵系统。如果这些建筑冬季供暖设计负荷很小（电热负荷不超过夏季供冷用电安装容量的20%且单位建筑面积的总电热安装容量不超过20W/m^2），允许采用夜间低谷电进行蓄热。同样，对于设置了集中供热的建筑，其个别局部区域（例如：目前在一些南方地区，采用内、外区合一的变风量系统且加热量非常低时，有时采用窗边风机及低容量的电热加热、建筑屋顶的局部水箱间为了防冻需求等）有时需要加热，如果为此单独设置空调热水系统可能难度较大或者条件受到限制或者投入非常高时，也允许局部采用。

(2) 对于一些具有历史保护意义的建筑，或者位于消防及环保有严格要求无法设置燃气、燃油或燃煤区域的建筑，由于这些建筑通常规模都比较小，在迫不得已的情况下，也允许适当地采用电进行供暖，但应在征求消防、环保等部门的规定意见后才能进行设计。

(3) 如果该建筑内本身设置了可再生能源发电系统（例如利用太阳能光伏发电、生物质能发电等），且发电量能够满足建筑本身的电热供暖需求，不消耗市政电能时，为了充分利用其发电的能力，允许采用这部分电能直接用于供暖。

(4) 在冬季无加湿用蒸汽源、但冬季室内相对湿度的要求较高且对加湿器的热惰性有工艺要求（例如有较高恒温恒湿要求的工艺性房间），或对空调加湿有一定的卫生要求（例如无菌病房等），不采用蒸汽无法实现湿度的精度要求或卫生要求时，才允许采用电极（或电热）式蒸汽加湿器。而对于一般的舒适型空调来说，不应采用电能作为空气加湿的能源。当房间因为工艺要求（例如高精度的珍品库房等）对相对湿度精度要求较高时，通常宜设置末端再热。为了提高系统的可靠性和可调性（同时这些房间可能也不允许末端带水），可以适当地采用电为再热的热源。

新版国家标准《公共建筑节能设计标准》GB 50019 强制性条文第 4.2.2、4.2.3 条与本条内容类似。

【实施与检查控制】

(1) 实施

设计人员进行空调系统方案设计时，应对其供暖热源和空气加湿热源类型进行选择，除符合以上条件之一，不得采用电直接加热设备作为空调系统的供暖热源和空气加湿热源。

(2) 检查

施工图审查人员应检查空调系统的方案是否符合上述要求。

8.1.8 空调冷（热）水和冷却水系统中的冷水机组、水泵、末端装置等设备和管路及部件的工作压力不应大于其额定工作压力。

【技术要点说明】

保证设备在实际运行时的工作压力不超过其额定工作压力，是系统安全运行的必须要求。

当由于建筑高度等原因，导致冷（热）系统的工作压力可能超过设备及管路附件的额定工作压力时，采取的防超压措施可能包括以下内容：当冷水机组进水口侧承受的压力大于所选冷水机组蒸发器的承压能力时，可将水泵安装在冷水机组蒸发器的出水口侧，降低冷水机组的工作压力；选择承压更高的设备和管路及部件；空调系统竖向分区。空调系统竖向分区也可采用分别设置高、低区冷热源，高区采用换热器间接连接的闭式循环水系统，超压部分另设置自带冷热源的风冷设备等。

当冷却塔高度有可能使冷凝器、水泵及管路部件的工作压力超过其承压能力时，应采取的防超压措施包括：降低冷却塔的设置位置，选择承压更高的设备和管路及部件等。当仅冷却塔集水盘或集水箱高度大于冷水机组进水口侧承受的压力大于所选冷水机组冷凝器的承压能力时，可将水泵安装在冷水机组的出水口侧，减少冷水机组的工作压力。当冷却塔安装位置较低时，冷却水泵宜设置在冷凝器的进口侧，以防止高差不足水泵负压进水。

【实施与检查控制】

(1) 实施

设计人员进行空调冷（热）水和冷却水系统设计时，应对冷水机组、水泵、末端装置等设备和管路及部件的工作压力进行分别计算，确保工作压力不应大于其额定工作压力。

(2) 检查

施工图审查人员应检查空调冷（热）水和冷却水系统水力计算书，核查相关设备及部件的工作压力。

8.2.2 电动压缩式冷水机组的总装机容量，应根据计算的空调系统冷负荷值直接选定，不另作附加；在设计条件下，当机组的规格不能符合计算冷负荷的要求时，所选择机组的总装机容量与计算冷负荷的比值不得超过 1.1。

【技术要点说明】

从实际情况来看，目前几乎所有的舒适性集中空调建筑中，都不存在冷源的总供冷量不够的问题，大部分情况下，所有安装的冷水机组一年中同时满负荷运行的时间没有出现过，甚至一些工程所有机组同时运行的时间也很短或者没有出现过。这说明相当多的制冷站房的冷水机组总装机容量过大，实际上造成了投资浪费。同时，由于单台机组装机容量也同时增加，还导致了其在低负荷工况下运行，能效降低。因此，对设计的装机容量做出了本条规定。

目前大部分主流厂家的产品，都可以按照设计冷量的需求来提供冷水机组，但也有一些产品采用的是“系列化或规格化”生产。为了防止冷水机组的装机容量选择过大，本条对总容量进行了限制。

对于一般的舒适性建筑而言，本条规定能够满足使用要求。对于某些特定的建筑必须设置备用冷水机组时（例如某些工艺要求必须 24h 保证供冷的建筑等），其备用冷水机组的容量不统计在本条规定的装机容量之中。

值得注意的是：本条提到的比值不超过 1.1，是一个限制值。设计人员不应理解为选择设备时的“安全系数”。

【实施与检查控制】

(1) 实施

设计人员应根据计算的空调系统冷负荷值直接选定电动压缩式冷水机组的总装机容量，不另作附加。

(2) 检查

施工图审查人员应对照空调系统冷负荷，核查电动压缩式冷水机组的总装机容量，并保证所选择机组的总装机容量与计算冷负荷的比值不超过 1.1。

8.2.5 采用氨作制冷剂时，应采用安全性、密封性能良好的整体式氨冷水机组。

【技术要点说明】

由于在制冷空调用制冷剂中，碳氟化合物对大气臭氧层消耗或全球气候变暖有不利的影响，因此多国科研人员加紧对"天然"制冷剂的研究。随氨制冷的工艺水平和研发技术不断提高，氨制冷的应用项目和范围将不断扩大。因此本规范仍然保留了关于氨制冷方面的内容。

由于氨本身为易燃易爆品，在民用建筑空调系统中应用时，需要引起高度的重视。因此本条文从应用的安全性方面提出了相关的要求。

【实施与检查控制】

（1）实施

设计人员选择氨冷水机组作为冷源时，应选择整体式氨冷水机组，并对其安全性、密封性能提出技术要求。

（2）检查

施工图检查人员应检查设计人员对氨冷水机组提出的技术要求是否满足安全性方面的相关要求。

8.3.4 地埋管地源热泵系统设计时，应符合下列规定：

1 应通过工程场地状况调查和对浅层地能资源的勘察，确定地埋管换热系统实施的可行性与经济性。

【技术要点说明】

采用地埋管地源热泵系统首先应根据工程场地条件、地质勘察结果，评估埋地管换热系统实施的可行性与经济性。

【实施与检查控制】

（1）实施

应由具备资质的地质勘察单位对工程场地状况进行调查，主要内容是围绕具体项目地质条件与项目条件间匹配关系的讨论，兼顾不确定因素分析和风险识别以及简单的财务分析，形成地质条件评估报告后经评审取得"地质条件评估意见"。并以此作为政府备案的依据。设计人员应通过当地的浅层低能资源情况，计算确定地埋管换热系统实施的可行性与经济性。

（2）检查

审查人员应检查相关"地质条件评估意见"和"地埋管换热系统可行性研究报告"等文件，确定采用地埋管地源热泵系统的可行性与经济性。

8.3.5 地下水地源热泵系统设计时，应符合下列规定：

4 应对地下水采取可靠的回灌措施，确保全部回灌到同一含水层，且不得对地下水资源造成污染。

【技术要点说明】

为了保护宝贵的地下水资源，要求采用地下水全部回灌到同一含水层，并不得对地下水资源造成污染。为了保证不污染地下水，应采用封闭式地下水采集、回灌系统。在整个地下水的使用过程中，不得设置敞开式的水池、水箱等作为地下水的蓄存装置。

【实施与检查控制】

（1）实施

在工程勘察阶段，必须进行抽水试验和回灌试验，项目立项书和可行性研究报告中应对地下水回灌的措施以及系统投入运行后抽水量、回灌量及水质进行定期监测的方案有相关的说明。

（2）检查

项目施工图审查阶段对地下水回灌的措施以及系统投入运行后抽水量、回灌量及水质进行定期监测方案等技术要点进行严格审查。

8.5.20　空调热水管道设计应符合下列规定：

1　当空调热水管道利用自然补偿不能满足要求时，应设置补偿器；

【技术要点说明】

在可能的情况下，空调热水管道利用管道的自然弯曲补偿是简单易行的，如果利用自然补偿不能满足要求时，应设置补偿器。

【实施与检查控制】

（1）实施

通过对空调热水管道的伸缩情况进行计算，判断空调热水管道可否采用自然补偿满足要求，如自然补偿无法满足空调热水管道设计要求，则应设置补偿器。

（2）检查

核查空调热水管道的伸缩情况计算，并检查系统是否根据计算结果设置补偿器。

8.7.7　水蓄冷（热）系统设计应符合下列规定：

4　蓄热水池不应与消防水池合用。

【技术要点说明】

热水不能用于消防，故禁止与消防水池合用。

行业标准《蓄冷空调工程技术规程》JGJ 158－2008 强制性条文第 3.3.12 条与本条内容类似。

【实施与检查控制】

（1）实施

在进行水蓄冷（热）系统设计时，蓄热水池与消防水池应分别设置，不得合用.

（2）检查

检查水蓄冷（热）系统的蓄热水池是否与消防水池合用。

8.10.3　氨制冷机房设计应符合下列规定：

1　氨制冷机房单独设置且远离建筑群；

2　机房内严禁采用明火供暖；

3　机房应有良好的通风条件，同时应设置事故排风装置，换气次数每小时不少于 12 次，排风机应选用防爆型；

【技术要点说明】

尽管氨制冷在目前具有一定的节能减排的应用前景，但由于氨本身的易燃易爆特点，对于民用建筑，在使用氨制冷时需要非常重视安全问题。

【实施与检查控制】

（1）实施

设计人员在设计氨制冷机房时，应首先对其位置进行布置，保证其单独设置且远离建筑群；在设计机房供暖系统时，应严禁采用明火供暖；对机房应设置事故排风装置，换气次数每小时不少于12次，排风机应选用防爆型。

（2）检查

施工图审查人员应对机房的位置、供暖系统是否有明火，以及机房的排风装置、事故排风系统的设置进行核查。

9.4.9　空调系统的电加热器应与送风机连锁，并应设无风断电、超温断电保护装置；电加热器必须采取接地及剩余电流保护措施。

【技术要点说明】

要求电加热器与送风机连锁，是一种保护控制，可避免系统中因无风电加热器单独工作导致的火灾。为了进一步提高安全可靠性，还要求设无风断电、超温断电保护措施，例如，用监视风机运行的风压差开关信号及在电加热器后面设超温断电信号与风机启停连锁等方式，来保证电加热器的安全运行。

电加热器采取接地及剩余电流保护，可避免因漏电造成触电类的事故。

【实施与检查控制】

（1）实施

设计人员在进行空调系统电加热器设计时，应确保其与送风机连锁设置，同时设置无风断电、超温断电保护装置。电加热器需采取接地及剩余电流保护。

（2）检查

施工图审查阶段应检查空调系统电加热器是否与送风机连锁，送风系统中是否有无风断电、超温断电等保护措施。

《蓄冷空调工程技术规程》JGJ 158－2008

3.3.12　水蓄冷系统的蓄冷、蓄热共用水池不应与消防水池合用。

【技术要点说明】

热水不能用于消防，故禁止与消防水池合用。

本条内容与国家标准《民用建筑供暖通风与空气调节设计规范》GB 50736－2012强制性条文第8.7.7条等效。

【实施与检查控制】

（1）实施

在进行水蓄冷（热）系统设计时，蓄热水池与消防水池应分别设置，不得合用。

（2）检查

检查水蓄冷（热）系统的蓄热水池是否与消防水池合用。

3.3.25　乙烯乙二醇的载冷剂管路系统不应选用内壁镀锌的管材及配件。

【技术要点说明】

乙烯乙二醇溶液遇锌会产生絮状沉淀物。

【实施与检查控制】

（1）实施

在选用了乙烯乙二醇的载冷剂管路系统设计时，应对管材及配件的材料要求进行说明。

（2）检查

检查在选用了乙烯乙二醇的载冷剂管路系统设计时，是否对管材及配件的材料要求进行说明。

《多联机空调系统工程技术规程》JGJ 174－2010

5.5.3 当多联机空调系统需要排空制冷剂进行维修时，应使用专用回收机对系统内剩余的制冷剂回收。

【技术要点说明】

氢氯氟烃、氢氟烃及其混合制冷剂在排放时形成温室气体，对地球大气层产生污染，为了保护人类的生存环境，减少大气中的排放，在制冷剂需要排空时，要使用回收机回收。

【实施与检查控制】

（1）实施

当多联机空调系统需要排空制冷剂进行维修时，应使用专用回收机对系统内剩余的制冷剂回收。

（2）检查

当多联机空调系统需要排空制冷剂进行维修时，检查回收人员是否使用专用回收机对系统内剩余的制冷剂回收。

《蒸发冷却制冷系统工程技术规程》JGJ 342－2014

3.3.1 施工图设计时，应对空调区和空调系统的冬季热负荷、夏季逐时冷负荷以及散湿量分别进行计算。

【技术要点说明】

现行国家标准《民用建筑供暖通风与空气调节设计规范》GB 50736 对空调负荷计算提出严格要求。为避免由于采用估算指标计算负荷造成总负荷偏大，从而导致主机偏大、管道输送系统偏大、末端设备偏大等，减小由此给国家和投资者带来的巨大损失，给节能和环保带来的潜在问题，规定要求空调冷负荷应进行各项逐时冷负荷计算。

考虑到蒸发冷却制冷空调系统的特点，满足《民用建筑供暖通风与空气调节设计规范》GB 50736 的要求的同时，其冷负荷应按显热负荷和散湿量分项进行计算。其中，对蒸发冷却全空气空调系统而言，空调系统的冷负荷计算方法可与传统空调系统基本相同；但对蒸发冷却空气-水空调系统而言，当系统形式为温湿度独立控制空调系统时，其冷负荷计算应按规定要求分类进行计算。

当室外空气含湿量和温度低于室内状态时，蒸发冷却空调系统增大水蒸发技术处理后的新风量反而有利于利用室外空气干湿球温度差具有的干空气能量对室内空气降温，这点与常规空调系统通过控制新风量来减小新风负荷不同。

【实施与检查控制】

（1）实施

在进行空调冷负荷计算时，首先必须符合现行国家标准《民用建筑供暖通风与空气调节设计规范》GB 50736 中空调区和空调系统夏季冷负荷确定要求，冷负荷应按显热负荷和散湿量分项进行计算，计算时须同时注意蒸发冷却制冷空调系统新风负荷与常规空调系统的不同之处，通过调整新风量的设计值充分利用室外空气干湿球温度差具有的干空气能量对室内空气降温的作用。

（2）检查

以冷负荷是否按显热负荷和散湿量分项进行计算，是否根据地域适应性对新风量的取值进行经济技术比较并充分利用室外空气干湿球温度差具有的干空气能量对室内空气降温作为判定依据。

《变风量空调系统工程技术规程》JGJ 343－2014

5.3.2 变风量末端的电动执行器、控制器和变风量空调机组控制器箱（柜）的可导电外壳必须可靠接地。

【技术要点说明】

本条文主要来源于现行国家标准《智能建筑工程质量验收规范》GB 50339－2013 的强制性条文第 22.0.4 条“智能建筑的接地系统必须保证建筑物内各智能化系统的正常运行和人身、设备安全。”本条中列出的元件是变风量空调系统的重要控制设备，直接影响到变风量空调系统的运行、室内环境的保障、被控设备的安全以及操作维护人员的人身安全等，故作此强制性规定。

智能化系统电子设备的接地系统，一般可分为功能性接地、直流接地、保护性接地和防雷接地，接地系统的设置直接影响到智能化系统的正常运行和人身安全。

【实施与检查控制】

（1）实施

检测安装工程中的接地装置、接地线、接地电阻和等电位联接满足设计的要求，并检测浪涌保护器、屏蔽设施、静电防护设施、自控系统设备及线路可靠接地。接地电阻值除另有规定外，设备接地电阻值不应大于 4Ω，接地系统共用接地电阻不应大于 1Ω。当设备接地与防雷接地系统分开时，两接地装置的距离不应小于 10m。

目前采用的产品，变风量末端的电动执行机构和变风量末端控制器等均有专用的接地端子，在施工时连接到智能化接地系统即可。而控制器箱（柜）的外壳如采用非导电体时，应将内部的接地端子连接到智能化接地系统；如外壳采用金属等导电体时，应将内部的接地端子与外壳一同连接到智能化接地系统。

（2）检查

以变风量末端的电动执行器、控制器和变风量空调机组控制器箱（柜）的可导电外壳或其接地端子是否可靠接地作为判定依据。

9 电气

9.1 供配电系统

《低压配电设计规范》GB 50054－2011

3.1.4 在TN-C系统中不应将保护接地中性导体隔离，严禁将保护接地中性导体接入开关电器。

【技术要点说明】

在TN-C系统中，当保护接地中性导体（PEN）断开时，有可能危及人身安全。因此，不应将该导体隔离。为了保证该导体的连续性，严禁在该导体中接入可以断开导体的开关电器。

【实施与检查控制】

（1）实施

在设计实施中，设计人员在设计TN-C系统时，设置的隔离电器，只能作用在相导体上。

（2）检查

审核人员应审核TN-C系统中保护接地中性导体（PEN）的连续性。应审核TN-C系统的隔离电器的极数，隔离电器只能作用于相导体。不满足要求时，应督促设计人员修改。

【示例】

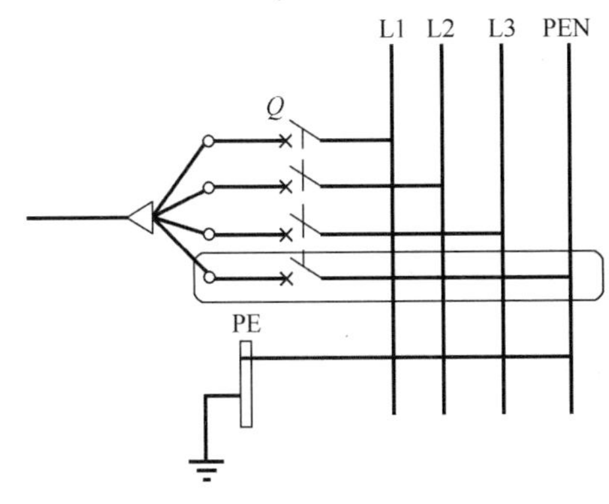

图9.1-1 不正确做法

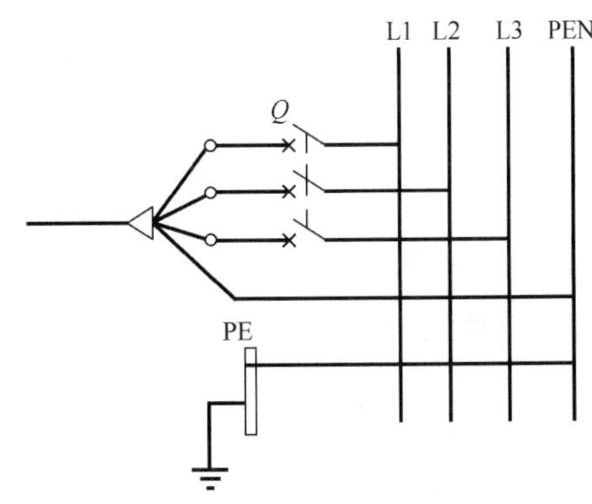

图9.1-2 正确做法

注：图9.1-1中细实线圆角矩形内的部分为不正确做法。图9.1-2为正确做法。

3.1.7 半导体开关电器，严禁作为隔离电器。

【技术要点说明】

为了保证人身安全，隔离电器应可靠地将回路与电源隔离，而半导体开关电器不具有这样的功能。

【实施与检查控制】

（1）实施

在设计实施中，设计人员在设计中，严禁选用半导体开关电器做为隔离电器。

（2）检查

审核人员应审核设计图纸的隔离电器严禁是半导体开关电器。不满足要求时，应督促设计人员修改。

【示例】

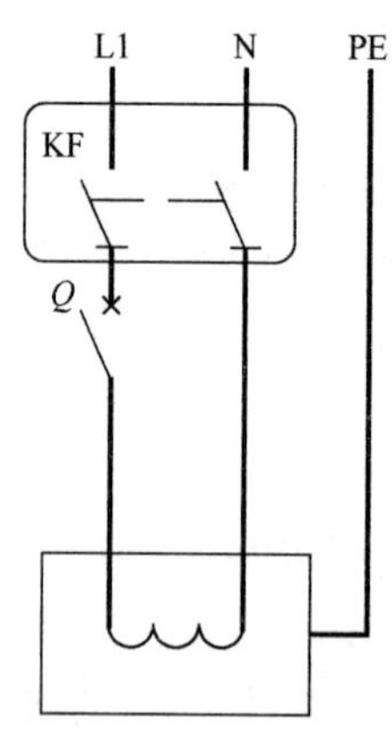

图 9.1-3　不正确做法

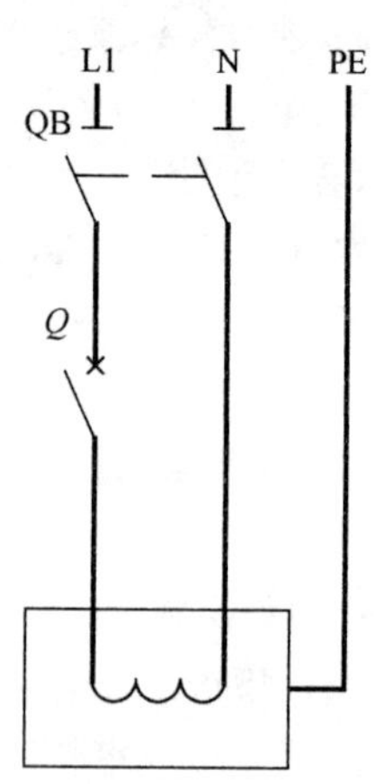

图 9.1-4　正确做法

注：1　图 9.1-3 中细实线圆角矩形内的部分为不正确做法。图 9.1-4 为正确做法。

2　KF 为静态（半导体）开关，符号 KF 取自国家标准《电气简图用图形符号　第 7 部分：开关、控制和保护器件》GB/T 4728.7－2008。

3.1.10　隔离器、熔断器和连接片，严禁作为功能性开关电器。

【技术要点说明】

隔离器、熔断器以及连接片不具有接通断开负荷电流的功能，所以不能作为功能性开关电器。如果装设错误，将可能造成人身和财产损失。

【实施与检查控制】

（1）实施

在设计实施中，设计人员在设计中选择功能性开关电器时，严禁选用隔离器、熔断器或连接片。

（2）检查

审核人员应审核功能性开关电器的类型，严禁是隔离器、熔断器或连接片。不满足要求时，应督促设计人员修改。

【示例】

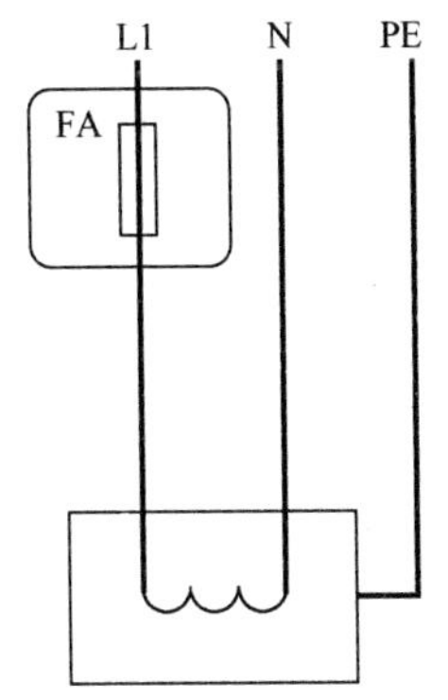

图 9.1-5　不正确做法

注：图 9.1-5 中细实线圆角矩形内的部分为不正确做法。图 9.1-6 为正确做法。

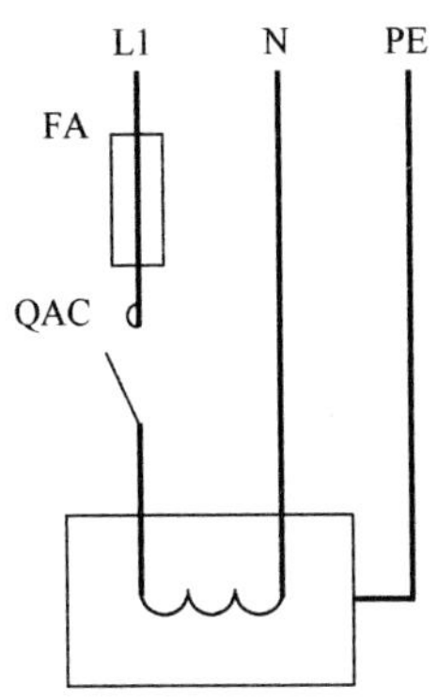

图 9.1-6　正确做法

注：实际工程中还有其他正确做法的方案例如在熔断器后加断路器，需设计人员根据规范和工程实际情况确定。

3.1.12　采用剩余电流动作保护电器作为间接接触防护电器的回路时，必须装设保护导体。

【技术要点说明】

在没有保护导体的回路中，剩余电流动作保护电器是不能正确动作的，因此必须装设保护导体。

【实施与检查控制】

（1）实施

在设计实施中，设计人员在设计中选用剩余电流动作保护电器作为间接接触防护电器时，必须要在该回路中装设保护导体。

（2）检查

审核人员应审核采用剩余电流动作保护电器作为间接接触防护电器的回路中，是否装设了保护导体。不满足要求时，应督促设计人员修改。

【示例】

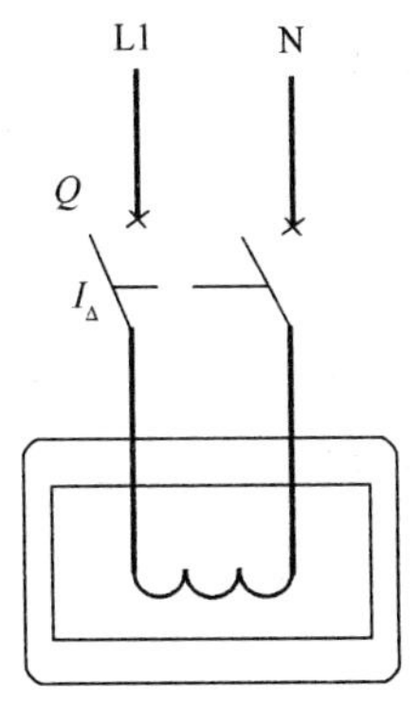

图 9.1-7　不正确做法

注：图 9.1-7 中细实线圆角矩形内的部分为不正确做法。图 9.1-8 为正确做法。

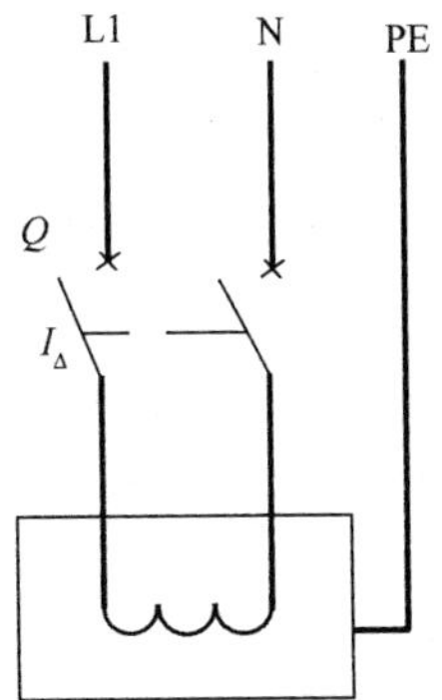

图 9.1-8　正确做法

3.2.13 装置外可导电部分严禁作为保护接地中性导体的一部分。

【技术要点说明】

装置外可导电部分是建筑物中电气系统以外的金属构件，如金属结构件、金属管道等。这些金属结构件、管道在电气连接的可靠性方面没有保证，因此严禁作为保护接地中性导体（PEN）的一部分。

【实施与检查控制】

（1）实施

在设计实施中，设计人员应设置单独的导体作为保护接地中性导体（PEN），严禁利用装置外可导电部分。

（2）检查

审核人员应审核保护接地中性导体（PEN）是否是单独的导体，不能利用装置外可导电部分。不满足要求时，应督促设计人员修改。

【示例】

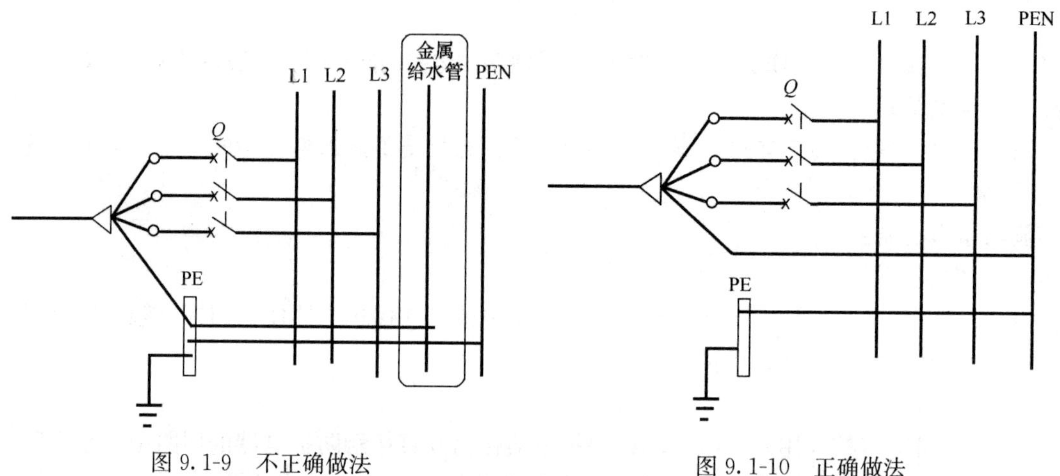

图 9.1-9 不正确做法　　图 9.1-10 正确做法

注：图 9.1-9 中细实线圆角矩形内的部分为不正确做法。
图 9.1-10 为正确做法。

4.2.6 配电室通道上方裸带电体距地面的高度不应低于 2.5m，当低于 2.5m 时应设置不低于现行国家标准《外壳防护等级（IP 代码）》GB 4208 规定的 IPXXB 级或 IP2X 级的遮栏或外护物，遮栏或外护物底部距地面的高度不应低于 2.2m 。

【技术要点说明】

本条主要是从人身安全的角度出发，为避免在配电室内工人或维修人员在日常工作或检修时，搬金属梯子或手持长杆形金属工具时，不慎碰到裸导体，从而导致人身伤亡，从而规定了裸导体的距地高度。

【实施与检查控制】

（1）实施

在设计实施中，设计人员应在图纸中明确规定在配电室内裸导体的安装高度，且不应小于本条的具体高度要求，以保障操作和维修人员安全。

（2）检查

审核人员应审核图纸中在配电室内裸导体的安装高度不应小于本条的具体高度要求。不满足要求时，应督促设计人员修改。

【示例】

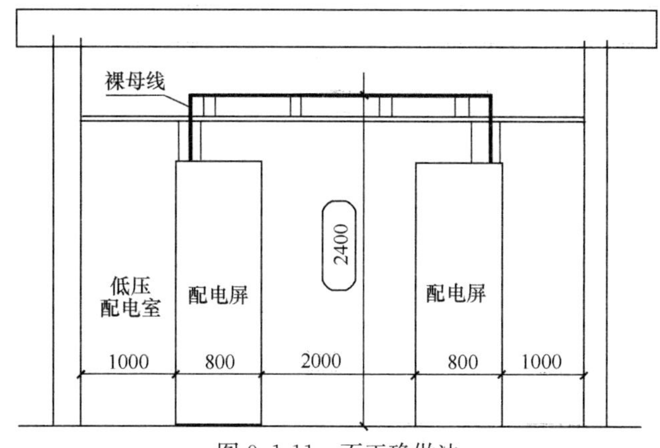

图 9.1-11　不正确做法

注：图 9.1-11 中细实线圆角矩形内的部分为不正确做法。图 9.1-12 为正确做法。

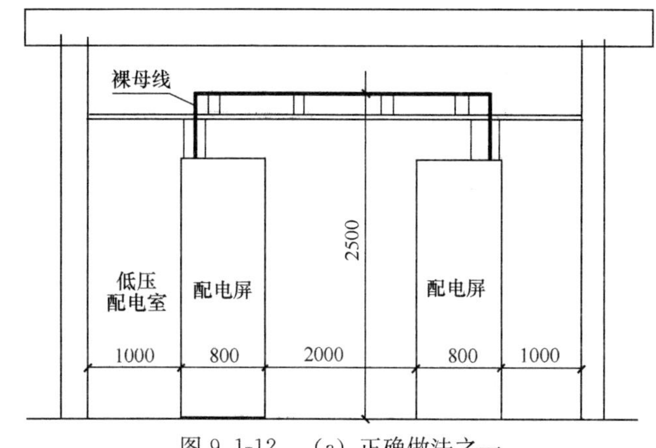

图 9.1-12　（a）正确做法之一

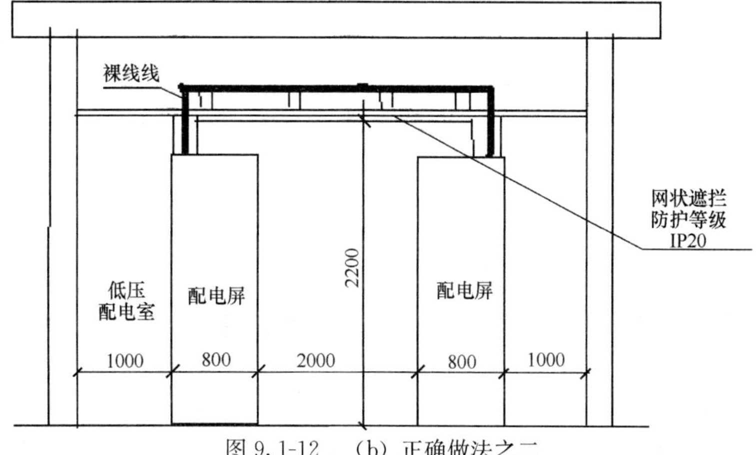

图 9.1-12　（b）正确做法之二

7.4.1　除配电室外，无遮护的裸导体至地面的距离，不应小于 3.5m；采用防护等级不低于现行国家标准《外壳防护等级（IP 代码）》GB 4208 规定的 IP2X 的网孔遮栏时，不应小于 2.5m。网状遮栏与裸导体的间距，不应小于 100mm；板状遮栏与裸导体的间距，不应小于 50mm。

【技术要点说明】

本条主要是从人身安全的角度出发，为避免车间内工人或维修人员在日常工作或检修时，搬金属梯子或手持长杆形金属工具时，不慎碰到裸导体，从而导致人身伤亡，从而规定了裸导体的距地高度。

考虑到在配电室中对于遮栏的对地距离在第 4 章中已有规定，所以规定本条对于遮栏的对地距离的规定不包括在配电室中的情况。

【实施与检查控制】

（1）实施

在设计实施中，设计人员应在图纸中明确规定车间内裸导体的安装高度，且不应小于本条的具体高度要求，以保障操作和维修人员安全。

（2）检查

审核人员应审核图纸中车间内裸导体的安装高度不应小于本条的具体高度要求。不满足要求时，应督促设计人员修改。

【示例】

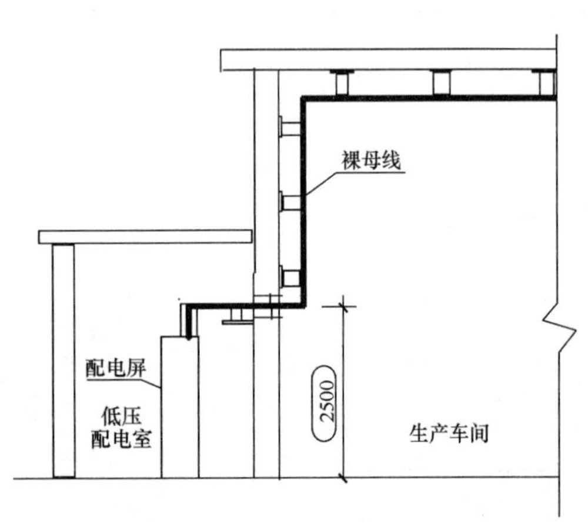

图 9.1-13　不正确做法

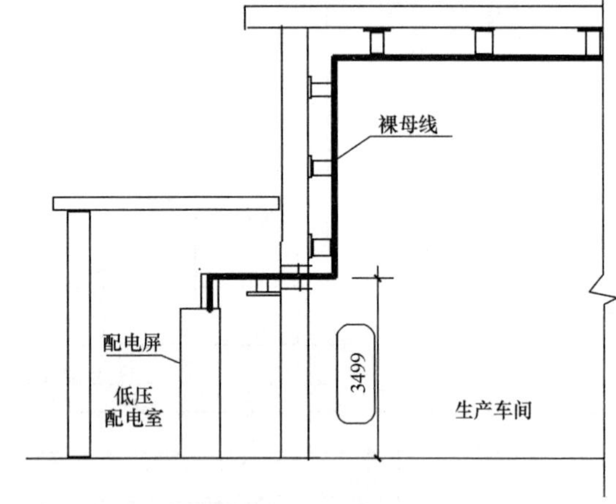

图 9.1-14　正确做法

注：图 9.1-3 中细实线圆角矩形内的部分为不正确做法。图 9.1-14 为正确做法。

《民用建筑电气设计规范》JGJ 16－2008

3.2.8　一级负荷应由两个电源供电，当一个电源发生故障时，另一个电源不应同时受到损坏。

【技术要点说明】

本条规定了一级负荷应由两个电源供电，而且不能同时损坏。因为只有满足这个基本条件，才可能维持其中一个电源继续供电，这是必须满足的要求。两个外网电源可以一用一备，也可同时工作，各供一部分负荷。

因地区大电力网在主网电压上部是并网的，用电部门无论从电网取几回电源进线，也无法得到严格意义上的两个独立电源。所以这里指的两个电源可以是分别来自不同电网的电源，或者来自同一个电网但其间的电气距离较远，一个电源系统任意一处出现异常运行时或发生短路故障时，另一个电源仍能不中断供电，这样的电源都可视为满足本条要求的两个电源。

如果供电外网仅能提供一个电源，则需自备柴油发电机组作为第二个电源向一级负荷供电。

《供配电系统设计规范》GB 50052－2009 第 3.0.2 条强制性条文改为："一级负荷应由双重电源供电，当一电源发生故障时，另一电源不应同时受到损坏。"

【实施与检查控制】

（1）实施

在工程实施过程中，应充分了解工程所在地的供电外网现状及能够向本工程供电的实际情况。如果供电外网的两个电源能够做到互为独立，互不影响，当其中一个电源出现故障时不影响另一个电源的供电，且两个电源的供电容量能够满足一级负荷的供电需求时，可视为满足本条要求。

（2）检查

当供电外网仅能提供一个电源时，则需检查是否设置了自备柴油发电机组等能够向一级负荷连续供电的电源，并将其作为第二电源向一级负荷供电。同时应检查外网电源及自备柴油发电机组的供电容量、供电质量等主要技术参数是否能够满足一级负荷的供电需求，当外网电源及自备柴油发电机组能够向工程内所有一级负荷可靠供电时，可视为满足本条要求。

3.3.2 应急电源与正常电源之间必须采取防止并列运行的措施。

【技术要点说明】

应急电源与正常电源之间必须采取可靠措施防止并列运行，其目的在于保证应急电源的专用性，防止正常电源系统故障时应急电源向正常电源系统负荷送电而失去作用。例如应急电源原动机的启动命令必须由正常电源主开关的辅助接点发出，而不是由继电器的接点发出，因为继电器有可能误动作而造成与正常电源误并网。

具有蓄电池组的静止不间断电源装置（UPS），其正常电源是经整流环节变为直流才与蓄电池组并列运行的，在对蓄电池组进行浮充储能的同时经逆变环节提供应急交流电源，当正常电源系统故障时，利用蓄电池组直流储能放电而自动经逆变环节不间断地提供应急交流电源，但由于整流环节的存在因而蓄电池组不会向正常电源进线侧反馈，也就保证了应急电源的专用性。

国际标准 IEC 60364－5－551 第 551.7 条发电设备可能与公用电网并列运行时，对电气装置的附加要求也有相关的规定。

根据现行国家标准《低压开关设备与控制设备转换开关电器》GB/T 14048－11 的规定，对于采用自动转换开关电器（ATSE）作为转换装置的系统，为防止在切换过程中正常电源和应急电源间发生并列运行，ATSE在切换过程中的断电时间不应小于50ms。同时，ATSE装置主触头受短路电流冲击后，触头不允许熔焊，以防止ATSE切换后正常电源和应急电源间发生并列运行。

【实施与检查控制】

在民用建筑工程实施过程中，当采取可靠措施，在任何情况下都能够防止应急电源与正常电源并列运行时，可视为满足本条要求。例如：

（1）在应急电源与正常电源之间设置机械联锁及电气联锁；

（2）在应急电源与正常电源之间设置双投开关，在任何情况下仅能接通应急电源或正常电源其中的一组电源。

7.4.2　低压配电导体截面的选择应符合下列要求：

1　按敷设方式、环境条件确定的导体截面，其导体载流量不应小于预期负荷的最大计算电流和按保护条件所确定的电流；

2　线路电压损失不应超过允许值；

3　导体应满足动稳定与热稳定的要求；

4　导体最小截面应满足机械强度的要求，配电线路每一相导体截面不应小于表7.4.2的规定。

表7.4.2　导体最小允许截面

布线系统形式	线路用途	导体最小截面（mm^2）	
		铜	铝
固定敷设的电缆和绝缘电线	电力和照明线路	1.5	2.5
	信号和控制线路	0.5	—
固定敷设的裸导体	电力（供电）线路	10	16
	信号和控制线路	4	—
用绝缘电线和电缆的柔性连接	任何用途	0.75	—
	特殊用途的特低压电路	0.75	—

【技术要点说明】

按照敷设方式和环境条件确定的导体截面及载流量，不应小于预期负荷的最大计算电流和保护条件确定的电流，在进行线路保护设计时，还要考虑本回路的阻抗和导体的截面。

根据现行国家标准《低压电气装置　第5-52部分：电气设备的选择和安装　布线系统》GB/T 16895.6中表52I导体最小截面的规定，铝导体的最小截面是2.5mm^2。而现行国家标准《电缆的导体》GB/T 3956的规定，铝导体的最小截面为10mm^2，二者不一致，经核实IEC 60364－5－52：2009，认为固定敷设的铝导线最小截面应是10mm^2。国家标准《民用建筑电气设计规范》正在制定中，对表7.4.2中的数据会进一步核实完善。

本条文为电缆截面选择的基本原则。当电力电缆截面选择不当时，会影响电缆的可靠运行和使用寿命乃至危及安全。

导体的动稳定主要是裸导体敷设时应做校验，电力电缆做热稳定校验。

【实施与检查控制】

（1）实施

在设计中，低压配电导体截面的选择应注意导体最小截面选取问题。导体最小截面应满足机械强度的要求，见 JGJ 16－2008 中表 7.4.2。同时还要考虑导体的敷设方式、环境条件、预期负荷的最大计算电流、保护条件确定的电流以及线路电压损失、导体的动稳定与热稳定的要求。

（2）检查

应审核设计图纸中低压配电导体截面的选择。首先核实低压配电导体最小截面应符合 JGJ 16－2008 中表 7.4.2 的要求，同时，还应满足导体的敷设方式、环境条件、预期负荷的最大计算电流、保护条件确定的电流以及线路电压损失和动热稳定的要求等。

7.4.6 外界可导电部分，严禁用作 PEN 导体。

【技术要点说明】

由于 PEN 导体具有两种功能，既为 PE 导体又为 N 导体。需要满足其功能要求，PEN 线本身是带电导体。装置外可导电部分作为电气连接，其可靠性不能保证，更不能作为带电导体，而危及人身安全。同时也不能满足 JGJ 16－2008 中第 7.4.5 条的要求。因此，严禁将其作为保护接地中性导体（PEN）的一部分。

此条与《低压配电设计规范》GB 50054－2011 第 3.2.13 条强制性条文等效。

【实施与检查控制】

（1）实施

在设计中，不能采用装置外可导电部分作为 PEN 导体。

（2）检查

应审核设计图纸中 PEN 导体的选择。不仅不能采用装置外可导电部分作为 PEN 导体，同时，其导体截面还应满足 JGJ 16－2008 中第 7.4.5 条的要求。

【示例】

见《低压配电设计规范》GB 50054－2011 第 3.2.13 条示例。

7.5.2 在 TN-C 系统中，严禁断开 PEN 导体，不得装设断开 PEN 导体的电器。

【技术要点说明】

在 TN-C 系统中，若 PEN 导体断开，由于不平衡电压或接地故障可能导致 PEN 导体上带危险电压，从而引起触电事故，危及人身安全。

此条与《低压配电设计规范》GB 50054－2011 第 3.1.4 条强制性条文等效。

【实施与检查控制】

（1）实施

在设计中，对于 TN-C 系统，其 PEN 导体应保证其完整性，不能在任何位置处出现断开的情况，也不得装设可以断开 PEN 导体的电器。

（2）检查

对于采用 TN-C 系统的设计图纸，应审核供配电系统图和电气平面图中 PEN 导体的使用情况。

【示例】

见《低压配电设计规范》GB 50054－2011 第 3.1.4 条示例。

7.6.4　配电线路的过负荷保护，应在过负荷电流引起的导体温升对导体的绝缘、接头、端子或导体周围的物质造成损害前切断负荷电流。对于突然断电比过负荷造成的损失更大的线路，该线路的过负荷保护应作用于信号而不应切断电路。

【技术要点说明】

配电线路短时间的过负荷是难免的，它并不一定会对线路造成损害。长时间的过负荷将对线路的绝缘、接头、端子或导体周围的介质造成损害。绝缘因长期超过允许温升会加速老化而缩短线路使用寿命。严重的过负荷将使绝缘在短时间内软化变形，介质损耗增大，耐压水平下降，最后导致短路，引起火灾和触电事故，过负荷保护的目的在于防止此种情况的发生。

线路过负荷毕竟不是短路故障，短时间的过负荷并不会立即引起灾害，在某些情况下可让导体超过允许温度运行，即牺牲一些使用寿命以保证对某些重要负荷的供电不中断，以免造成更大损失，例如消防水泵之类的供电回路、安全防范系统的供电回路等。在这种情况下，过负荷保护要作用于信号。

【实施与检查控制】

（1）实施

设计中，配电线路应设置过负荷保护，以保证配电线路的安全。对于一些重要负荷的供配电系统的过负荷保护问题，例如消防水泵、排烟风机之类的负荷供电回路、高风险场所安全防范系统（视频安全防范、入侵报警等）的供电回路。这些回路的过负荷要作用于信号，而不是切断电路。

（2）检查

应审核设计图纸中配电线路过负荷保护的设置及整定是否符合规定；重要负荷的供配电系统的过负荷保护，应作用于信号，而不是切断电路。

7.7.5　对于相导体对地标称电压为 220V 的 TN 系统配电线路的接地故障保护，其切断故障回路的时间应符合下列要求：

1　对于配电线路或仅供给固定式电气设备用电的末端线路，不应大于 5s；

2　对于供电给手持式电气设备和移动式电气设备末端线路或插座回路，不应大于 0.4s。

【技术要点说明】

固定式设备和回路本身的接地故障发生的几率相对较小，这类设备一般不易被人抓住，即使人接触故障的外露可导电部分时，也会很自然地迅速摆脱。5s 这一时间值综合考虑了防电气火灾以及电气设备和线路绝缘热稳定的要求，同时也考虑了躲开大电动机启动电流以及当线路长、故障电流小时保护电器动作时间长等因素。

而供电给手持式和移动式电气设备的末端配电线路或插座回路，其情况则不同。手持式和移动式电气设备会经常挪动，较易发生接地故障。当发生接地故障时，人的手掌肌肉对电流的反应是不由意志的紧握不放，不能迅速脱离带电体，从而长时间承受接触电压。如不及时切断故障将导致心室纤颤而死亡。另外，这类设备容易发生接地故障，而且往往在使用中发生，这就更增加了危险性。所以将接地故障时切断供电给手持式电气设备和移动式电气设备末端线路或插座回路的允许最长时间规定为0.4s。

【实施与检查控制】

（1）实施

在设计中，应注意区别是配电线路或仅供电给固定式电气设备的末端线路，还是供电给手持式和移动式电气设备的末端配电线路或插座回路，两者情况完全不同，其切断故障回路的时间是不一样的。各种电压TN系统的手持式和移动式设备供电线路切断故障的允许最大时间见本规范7.7.6条第2款表7.7.6的规定，当相导体对地标称电压为220V时，不应大于0.4s。

（2）检查

应审核TN系统配电线路设计图纸中，其接地故障保护的切断故障回路的时间。可用于TN系统的接地故障保护电器有：过电流保护电器和剩余电流保护器（RCD）。对于配电线路或仅供给固定式电气设备用电的末端线路，不应大于5s；对于供电给手持式电气设备和移动式电气设备末端线路或插座回路，不应大于0.4s。

《住宅建筑电气设计规范》JGJ 242－2011

4.3.2　设置在住宅建筑内的变压器，应选择干式、气体绝缘或非可燃性液体绝缘的变压器。

【技术要点说明】

设置在住宅建筑内的变压器应选择干式、气体绝缘或非可燃性液体绝缘的变压器。潮湿地区不宜使用气体绝缘干式变压器。住宅小区单独设置的变配电所，其与住宅建筑、会所、配套服务设施等的防火间距满足国家标准《建筑设计防火规范》GB 50016相关的强制性条文要求时，可设置油浸式变压器。

根据《民用建筑电气设计规范》JGJ 16－2008第4.3.5条强制性条文："设置在民用建筑中的变压器，应选择干式、气体绝缘或非可燃性液体绝缘的变压器。当单台变压器油量为100kg及以上时，应设置单独的变压器室。"从安全性考虑规定本条款为强制生条款。

【实施与检查控制】

（1）实施

在设计中，对住宅建筑内设置的变压器，应选用干式变压器。影响气体绝缘水平的潮湿地区，设计时不宜选用气体绝缘干式变压器。

（2）检查

校审施工图阶段，设计文件中的变压器选型是否符合本强条的要求。

8.4.3　家居配电箱应装设同时断开相线和中性线的电源进线开关电器，供电回路应装设短路和过负荷保护电器，连接手持式及移动式家用电器的电源插座回路应装设剩余电流动作保护电器。

【技术要点说明】

家居配电箱里的电源进线开关电器必须能同时断开相线和中性线，单相电源进户时应选用双极开关电器，三相电源进户时应选用四极开关电器。

家居配电箱内应配置有过流、过载保护的照明供电回路、电源插座回路、空调插座回路、电炊具及电热水器等专用电源插座回路。除壁挂分体式空调器的电源插座回路外，其他电源插座回路均应设置剩余电流动作保护器。

根据《住宅建筑规范》GB 50368－2005 第 8.5.4 条强制性条文："每套住宅应设置电源总断路器，总断路器应采用可同时断开相线和中性线的开关电器。"为保障居民和维修维护人员人身安全和便于管理制定本条款。

【实施与检查控制】

（1）实施

在设计中，对家居配电箱的电源进线开关电器，无论是单相电源进户还是三相电源进户，必须选择具有能同时断开相线和中性线的功能。对家居配电箱的供电回路应选择具有短路保护和过负荷保护功能的开关电器。除壁挂分体式空调器的电源插座回路外，其他电源插座回路均应设置剩余电流动作保护器。

（2）检查

校审施工图阶段，设计文件中的家居配电箱进出线的开关电器选型是否符合本强条的要求。

【示例】

单相电源供电的家居配电箱接线图如图 9.1-15 所示。

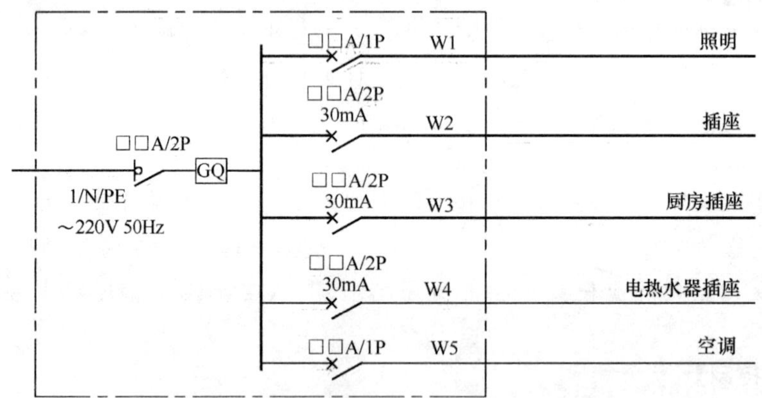

图 9.1-15　家居配电箱接线图（单相电源进户）

注：

1. 本方案采取电能表箱出线处选用过流、过载保护的微型断路器（MCB），家居配电箱进线处选用隔离开关，便于级差配合和线路保护。
2. 每户应设自复式过欠电压保护器 GQ，其位置宜设在电能表箱 MCB 的下端或家居配电箱内隔离开关的下端，便于维修维护。
3. MCB 及线缆的规格、家居配电箱的安装容量、出线回路数由设计人员根据实际工程确定。
4. 装设电热水器的卫生间，卫生间照明可接至电热水器电源插座回路；不装设电热水器的住宅，W4 回路可取消。
5. 当空调为柜式空调时，W5 回路应设剩余电流保护器。

《交通建筑电气设计规范》JGJ 243－2011

6.4.7　Ⅱ类及以上民用机场航站楼、特大型和大型铁路旅客车站、集民用机场航站楼或铁路及城市轨道交通车站等为一体的大型综合交通枢纽站、地铁车站、磁浮列车站及具有一级耐火等级的交通建筑内，成束敷设的电线电缆应采用绝缘及护套为低烟无卤阻燃的电线电缆。

【技术要点说明】

本条主要是从人员密集的交通建筑发生火灾时，为提高人员的安全率、存活率而作出的强制性规定。

火灾事故中，直接火烧造成人员死亡的比例很低，80％不是直接烧死的，而是因烟雾和毒气窒息而死；或者由于火灾产生的烟雾阻碍人员视线，使受灾人员不能顺利找到疏散路线，引起恐慌造成人员踩踏，不知所措，又使人难以呼吸而直接致命。一般由PVC燃烧后产生的烟雾，其毒性指数高达15.01，人在此浓烟中只能存活（2～3）min。

浓烟的另一个特征是随热气流升腾奔突且无孔不入，其移动速度比火焰传播快得多(可达20 m/ min以上)。因此在电气火灾中，烟密度的大小是火场逃离人员生命存活的函数。烟是燃质在燃烧过程中产生的不透明颗粒在空气中的漂浮物。它既决定于材质燃烧时的充分性，又与燃烧物被烧蚀的量有关。燃烧越容易越充分就越少有烟。

由于PVC材质的高发烟率和较高的毒性指数，因此欧美从20世纪90年代起就已开始减少或禁止VV、ZRVV之类的高卤型电缆在室内的使用，而代之以无卤低烟洁净型电缆。

从对人身安全负责的角度出发，对于在交通建筑中人流密集的场所和人流难以疏散的地方（如：Ⅱ类及以上民用机场航站楼、特大型和大型铁路旅客车站、集机场航站楼或铁路及城市轨道交通车站等为一体的大型综合交通枢纽站、地铁车站、磁浮列车站及具有一级耐火等级的交通建筑)，成束敷设的电线电缆规定应采用绝缘及护套为无卤低烟的阻燃型线缆，以此可大大减少火灾事故中线缆燃烧后产生的烟雾和毒气，为火灾发生时人员争取到更多宝贵的逃生时间。

【实施与检查控制】

（1）实施

在设计中，对Ⅱ类及以上民用机场航站楼、特大型和大型铁路旅客车站、集民用机场航站楼或铁路及城市轨道交通车站等为一体的大型综合交通枢纽站、地铁车站、磁浮列车站及具有一级耐火等级的交通建筑内，其成束敷设的电线电缆应采用绝缘及护套为低烟无卤阻燃的电线电缆。

（2）检查

应审核Ⅱ类及以上民用机场航站楼、特大型和大型铁路旅客车站、集民用机场航站楼或铁路及城市轨道交通车站等为一体的大型综合交通枢纽站、地铁车站、磁浮列车站及具有一级耐火等级的交通建筑内，设计图中成束敷设的电线电缆是否采用了绝缘及护套为低烟无卤阻燃的电线电缆，如不符合，应立即进行整改。

【示例】

（1）特大型铁路旅客车站中成束敷设的电线电缆

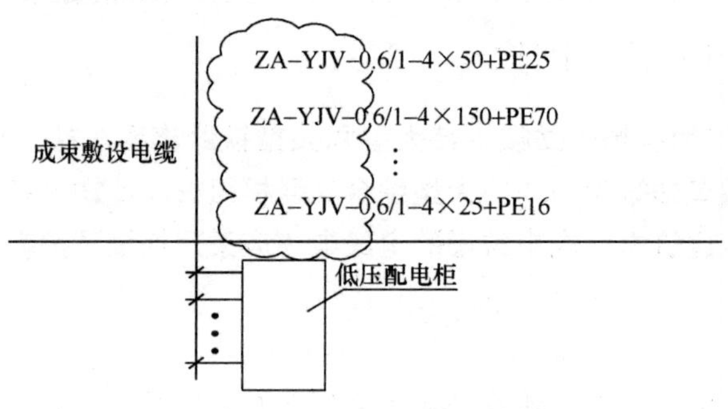

图 9.1-16　不正确设计

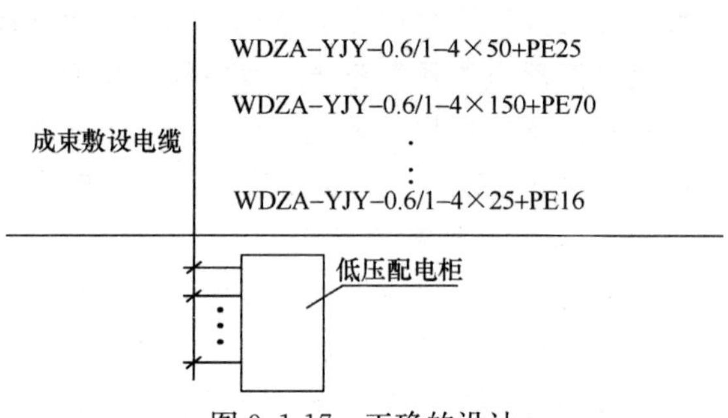

图 9.1-17　正确的设计

注：1　图 9.1-16 中由于成束敷设的电缆未采用低烟无卤阻燃电缆，因此不符合规范要求。
2　正确的做法是成束敷设的电缆采用低烟无卤阻燃电缆，如图 9.1-17 示。
3　图中 ZA-为阻燃等级是 A 级的阻燃线缆代号；WDZA-为阻燃等级是 A 级且具有低烟无卤特性的阻燃线缆代号。

8.4.2　应急照明的配电应按相应建筑的最高级别负荷电源供给，且应能自动投入。

【技术要点说明】

交通建筑的公共场所内往往会有大量的旅客和其他人员通行，有时也会非常集中，而且旅客对建筑内的环境并不熟悉，一旦建筑内供电系统出现故障（特别是在夜晚），势必会影响到整个建筑的正常照明，导致照明灯的熄灭，由于突发的黑暗会造成建筑内的旅客或其他人员出现恐慌，程序混乱，严重时可出现人员拥挤、踩踏等恶性事故发生，造成人员的伤亡。为避免此类情况发生，规定了在交通建筑的公共场所内应设置应急照明。同时为确保在供电系统出现故障时，应急照明的有效性，本条规定并强调了对于应急照明的配电应按其所在建筑的最高级别负荷电源供给且应能自动投入，使应急照明的供电做到安全、可靠、有效。

本条文与国家（行业）标准《民用建筑电气设计规范》JGJ 16－2008 第 13.9.12 条有关应急照明电源应符合的规定相符合；亦符合新国家标准《建筑防火设计规范》GB 50016－2014 第 10.1 章节的相关要求，但本条对应急照明的配电作了更明确的规定。

【实施与检查控制】

（1）实施

在交通建筑电气设计中，应急照明的配电应按相应建筑的最高级别负荷电源供给且应能自动投入。如所涉及的交通建筑中最高级别负荷电源为一级时，应急照明的配电也应按一级负荷等级要求设计且能自动投入。

（2）检查

应审核在交通建筑电气设计中，应急照明的配电是否按该建筑的最高级别负荷电源供给，正常电源与应急电源是否能自动投入，如不符合相应规定，应立即进行整改。

【示例】

某地铁车站工程中，其供电电源负荷等级最高为一级负荷。

图 9.1-18，由于供给应急照明的电源负荷等级为二级负荷，且二路电源未采用自动切换方式，不能自动投入，因此不符合规范要求。图 9.1-19 为正确的做法。

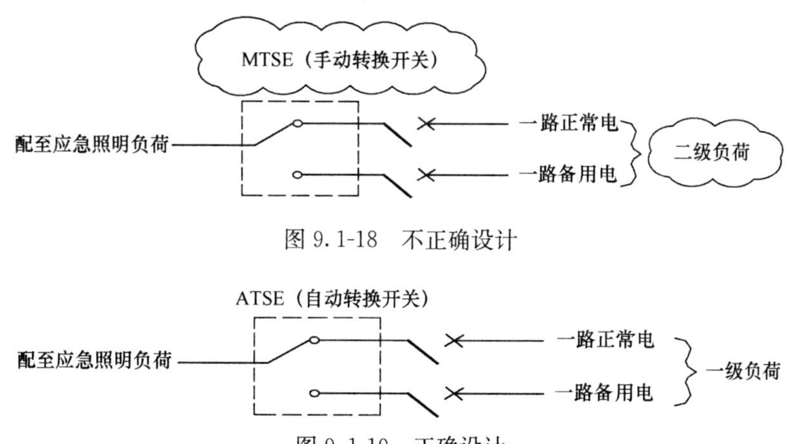

图 9.1-18　不正确设计

图 9.1-19　正确设计

《金融建筑电气设计规范》JGJ 284－2012

4.2.1　金融设施的供电负荷等级应符合表 4.2.1 的规定：

表 4.2.1　金融设施的供电负荷等级

金融设施等级	供电负荷等级
特级	一级负荷中特别重要的负荷
一级	一级负荷
二级	二级负荷
三级	三级负荷

【技术要点说明】

金融设施的安全运行与供电系统的可靠性是密切相关的。重要金融设施一旦发生停电事故，将在大范围内造成金融秩序紊乱，给金融监管机构和金融企业造成重大的经济损失及严重的社会问题。如果将高等级金融设施按低等级负荷提供电力，势必严重危及金融设施的安全运行；反之，如果无故提高低等级金融设施的供电负荷等级，势必造成巨大的投资浪费。因此，金融设施的供电负荷等级必须与金融设施等级相适应。

【实施与检查控制】

（1）实施

在设计中，首先应根据建筑物中金融设施在国家金融系统运行、经济建设及公众生活中的重要程度，以及该金融设施运行失常可能造成的危害程度等因素确定其等级，并确定相应的技术标准和安全措施。金融设施等级的划分还应坚持“由用户自主定级、自主管理、自主保障”的原则。

其次，应根据金融设施的等级确定其各种用电设备的负荷等级，并按相关国家标准的规定，确定金融设施不同用电设备的供电方案以及主要设备的供电可靠性指标。

（2）检查

应审核设计说明中，对金融设施的定位是否合理，然后审查其对应的用电负荷等级是否妥当，供电系统的可靠性等级是否符合规范规定，最后审查其供电方案是否与之相适应，并以此作为其是否符合本强条的依据。

《医疗建筑电气设计规范》JGJ 312－2013

7.1.2 对于需进行射线防护的房间，其供电、通信的电缆沟或电气管线严禁造成射线泄漏；其他电气管线不得进入和穿过射线防护房间。

【技术要点说明】

射线是直线传播的，对人体有伤害作用。为了防止射线泄漏制订本条款。需要为射线防护房间供电、通信的电缆沟或电气管线，需要严格按设备的工艺要求进行设计和施工，防止射线泄漏。

【实施与检查控制】

（1）实施

在设计、实施中，设计人员应根据工艺要求，关注有射线防护要求的房间，与此房间无关的管线不得进入或穿越。为此房间供电、通信的管线进入时，也应采取相应的措施，防止射线通过进入的管线泄漏。

（2）检查

审核人员应审核设计图纸。不满足要求时，督促设计人员修改。

9.3.1 医疗场所配电系统的接地形式严禁采用 TN-C 系统。

【技术要点说明】

当非故障状态下三相负荷不平衡或发生接地故障时，TN-C 系统的保护中性导体（PEN）有电流通过，此电流会危及医疗场所的人身安全，因此，为了防止人员触电伤亡而制订本条文。

【实施与检查控制】

（1）实施

在医疗建筑电气设计文件中，不允许将医疗建筑配电系统的接地形式设计为 TN-C 系统。

（2）检查

审核人员应审核设计图纸。不满足要求时，督促设计人员修改。

《教育建筑电气设计规范》JGJ 310－2013

5.2.4 中小学、幼儿园的电源插座必须采用安全型。幼儿活动场所电源插座底边距地不

应低于 1.8m。

【技术要点说明】

为防止未成年中小学生和幼儿将手指或细物伸入插座的插孔中而触电，故中小学、幼儿园的电源插座必须采用安全型。考虑幼儿的身高因素，规定幼儿活动场所电源插座底边距地不低于 1.8m，可进一步避免意外触电事故的发生。

【实施与检查控制】

（1）实施

在中小学、幼儿园电气设计文件中，需明确所有场所的各类电源插座必须采用安全型。在幼儿园电气设计文件中，还需明确幼儿活动场所，如幼儿的活动室、衣帽储存间、卫生间、洗漱间及幼儿寝室等场所的电源插座底边距地为 1.8m 或大于 1.8m。

（2）检查

应审查中小学设计文件中对于电源插座类型的要求与标注；审查幼儿园设计文件中对于电源插座类型及其距地高度的要求与标注。

《体育建筑电气设计规范》JGJ 354－2014

6.1.7　体育建筑内的应急电源严禁采用燃气发电机组和汽油发电机组。

【技术要点说明】

为了保障人身和财产安全，体育建筑内的应急电源严禁采用燃气发电机组和汽油发电机组。

要点 1：体育建筑内

体育建筑属于人员密集场所，对安全要求较高。燃气发电机组和汽油发电机组设置在体育建筑内作为应急电源，在火灾等紧急情况时存在爆炸危险，威胁到整个体育建筑的安全。

要点 2：应急电源

应急电源主要用于保障人身安全，用于火灾等紧急情况下的灭火和人员疏散，与备用电源有本质区别。

要点 3：燃气发电机组和汽油发电机组

当空气中天然气含量达到 5%～15%时，遇到明火会发生爆炸，故在遇有火灾等紧急情况时燃气发电机组不仅起不到应急的作用，反而增加了危险。汽油发电机组也有类似情况，在火灾等紧急情况时缺乏安全保障，不能作为应急电源。

【实施与检查控制】

（1）实施

设计人员在设计时，对照本条技术“三要点”进行设计。

（2）检查

审核人员需按照本条技术“三要点”进行审核。当不满足要求时，应督促设计人员修改。

7.2.1 跳水池、游泳池、戏水池、冲浪池及类似场所水下照明设备应选用防触电等级为Ⅲ类的灯具，其配电应采用安全特低电压（SELV）系统，标称电压不应超过 12V，安全特低电压电源应设在 2 区以外的地方。

【技术要点说明】

本条是为了保证人身安全而做出的规定，实施过程中需把握如下技术要点：

要点 1：场所

跳水池、游泳池、戏水池、冲浪池及类似场所，包括游泳馆内的热身池和跳水运动的放松池，这些场所是允许人进入的，人在水中因人体电阻下降会增加电击的危险。

要点 2：水下照明设备

在水下的照明设备，其绝缘易受潮或进水，造成漏电，人员发生触电危险的几率大大增加。因此，这些场所的水下照明设备要采用防触电等级为Ⅲ类的灯具。

要点 3：配电

这些场所的水下照明设备需采用安全特低电压（SELV）系统，标称电压不超过 12V。

要点 4：SELV 电源

SELV 的电源需设在 2 区以外的地方，因为 2 区以外区域与泳池有一定的距离（图 9.1-20），SELV 电源安装在此区域相对安全。

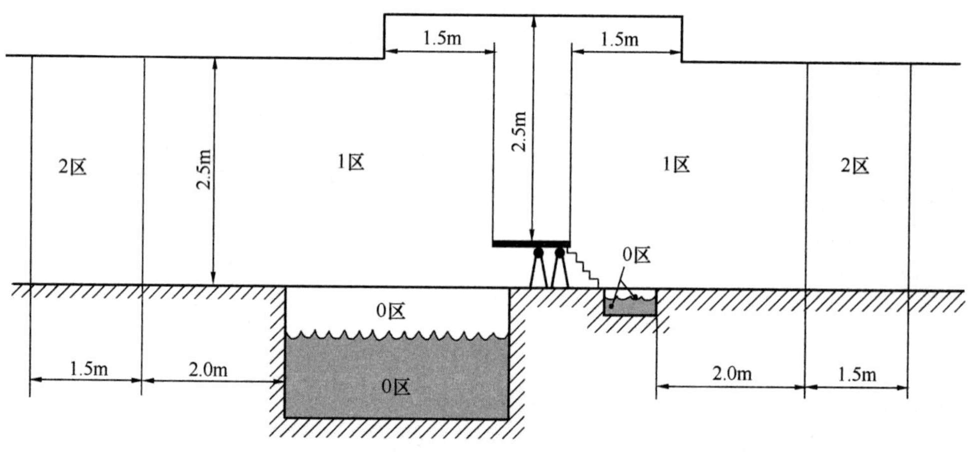

图 9.1-20　游泳池和戏水池的区域尺寸示意图

【实施与检查控制】

（1）实施

设计人员在设计时，需按照本条“四项技术要点”进行设计。注意，如果这些场所没有采用水下照明设备则不受本条限制，例如采用在水面上方照明以满足水下照明要求。

（2）检查

审核人员可按照本条“四项技术要点”进行审核。

9.1.4　体育建筑的应急照明应符合下列规定：

1　观众席和运动场地安全照明的平均水平照度值不应低于 20lx；

2　体育场馆出口及其通道、场外疏散平台的疏散照明地面最低水平照度值不应低于 5lx。

【技术要点说明】

本条从安全角度出发作出的规定。

(1) 第1款

第1款的关键词为：安全照明、平均水平照度、观众席、运动场地。民用建筑中很少有安全照明，体育建筑是特例之一，其安全照明用在观众席和运动场地。正常比赛或活动时，运动场地和观众席照度较高，人员比较密集，一旦正常照明失效，观众席和运动场地上人员处在潜在危险之中，极易引起拥挤、踩踏等事件。设置安全照明可以保证这些场所内维持一定的水平照度，保障人员安全。安全照明的平均水平照度值不低于20lx，此值高于疏散照明的照度值，因为从高照度的正常场地照明突然转到安全照明，人眼睛需要有适应过程，适当提高安全照明的照度值，可以缩短此适应过程，减少混乱和恐慌。

第1款重点理解以下四项技术要点：

要点1：安全照明

安全照明是应急照明的一种类型，根据《建筑照明术语标准》JGJ/T 119－2008，安全照明用于确保处于潜在危险之中的人员安全的照明。实施过程中需区分和理解安全照明与备用照明和疏散照明的不同点。

要点2：平均水平照度

本款考核指标采用平均水平照度值，而不是最小值。

要点3：观众席

在照度计算时，要特别注意台阶状的观众席，对每一个台阶的水平面都要进行照度计算，确保满足标准要求，以利紧急情况时人员的安全撤离和疏散。

要点4：运动场地

运动场地尚无统一定义，一般系指体育场馆中按场地标准要求铺装的供比赛、训练使用，兼顾集会、演出等的区域。因此，在实施过程中，为了满足体育场馆多功能的要求，运动场地的安全照明范围是整个场地，不局限于主赛区和总赛区。

(2) 第2款

体育场馆出口及其通道、室外疏散平台在紧急情况下是逃生通道，也是生命线。这些地方设置疏散照明有助于在紧急情况时人员安全撤离和疏散。需要注意，本款的照度值采用这些场所的最小值，而不是平均照度。尤其要注意现在许多体育建筑或体育建筑群设置场外疏散平台，平台离地面有一定的高度，人员失足坠地将会发生伤亡危险，因此，此处需设置疏散照明。场外疏散平台系指建筑物红线内的平台。

为便于理解和应用，重点说明第2款的三项技术要点。

要点1：场所

第2款所指的场所为体育场馆出口及其通道、场外疏散平台；

要点2：考核内容

第2款对疏散照明提出的要求；

要点3：指标

地面上的最低水平照度值不低于5lx，注意！此处的水平照度是最小值，不是平均照度值。

【实施与检查控制】

(1) 实施

设计人员在设计时，需对照本条的要求进行设计，重点理解各款的技术要点。

(2) 检查

审核人员需按照本条要求进行审核。检查时还需审查照度计算是否准确。需审核照明计算的计算书。

文件中对于电源插座类型及其距地高度的要求与标注。

《会展建筑电气设计规范》JGJ 333－2014

8.3.6 展位箱、综合展位箱的出线开关以及配电箱（柜）直接为展位用电设备供电的出线开关，应装设不超过30mA剩余电流动作保护装置。

【技术要点说明】

由于举办展会具有可变性及展览形式多样性，展位用电设备可以从展位箱、综合展位箱的出线开关取电，也可以从展览用电配电箱（柜）的出线开关取电。为了避免工作人员、参观者触摸到展位用电设备，发生因漏电对人身产生的危害，强调在展位箱、综合展位箱以及展览用电配电箱（柜）直接为展位用电设备供电的出线开关处，装设不超过30mA剩余电流动作保护装置。

【实施与检查控制】

(1) 实施

在会展建筑电气设计文件中，设计出直接为展位用电设备供电的出线开关应装设不超过30mA剩余电流动作保护装置。

(2) 检查

审核人员应审核直接为展位用电设备供电的出线开关是否装设了不超过30mA的剩余电流动作保护装置。当不满足要求时，应督促设计人员修改。

9.2 变 电 所

《民用建筑电气设计规范》JGJ 16－2008

4.3.5 设置在民用建筑中的变压器，应选择干式、气体绝缘或非可燃性液体绝缘的变压器。当单台变压器油量为100kg及以上时，应设置单独的变压器室。

【技术要点说明】

本条为强制性条文。民用建筑内人员构成较复杂，火灾时的人员疏散较困难，规定在建筑物内应采用干式、气体绝缘或非可燃性液体绝缘的变压器，就是避免采用油浸式变压器，火灾时可能因变压器油泄漏助燃，加重火灾事故，影响人员逃生。对油量100kg以上油浸式变压器设置单独房间也是避免火灾可能因油助燃扩大事故。

【实施与检查控制】

(1) 实施

干式变压器目前在民用建筑中已大量使用，民用建筑内部选用变压器在设计、实施中很容易实现。气体绝缘或非可燃性液体绝缘的变压器作为不燃介质的安全的变压器，由于生产等原因，使用还不普遍，不排除以后大量采用的可能性。

（2）检查

应审核设计图纸中民用建筑内变电所是否采用的是不燃烧介质的变压器；对可采用油浸式变压器的独立变电所，应审核变压器油量，单台变压器油量超过 100kg，应设单独的变压器室。

4.7.3　当成排布置的配电屏长度大于 6m 时，屏后面的通道应设有两个出口。当两出口之间的距离大于 15m 时，应增加出口。

【技术要点说明】

本条为强制性条文。配电屏发生金属性短路故障时，会产生很大的动能、光能和热能，可能使配电屏崩裂，如果有人员在附近而又没有足够的逃生通道，可能造成人员伤亡事故，故要求当成排布置的配电屏后长度超过 6m 时，设置两个逃生出口，同理，当长度超过 15m 时，中间应增加出口，以使故障时，人员能迅速从两边出口就近逃生。

【实施与检查控制】

（1）实施

设计实施中，设计人员应严格按规范规定的要求，正确设置成排配电屏屏后通道出口的数量及出口位置，保障运维人员疏散安全。

（2）检查

审图人员应审核设计图纸中成排配电屏布置是否合理，配电屏长度及屏后通道出口是否超过规定长度，不满足要求时，应督促设计人员修改。

【示例】

（1）配电屏长度大于 6m 时的布置

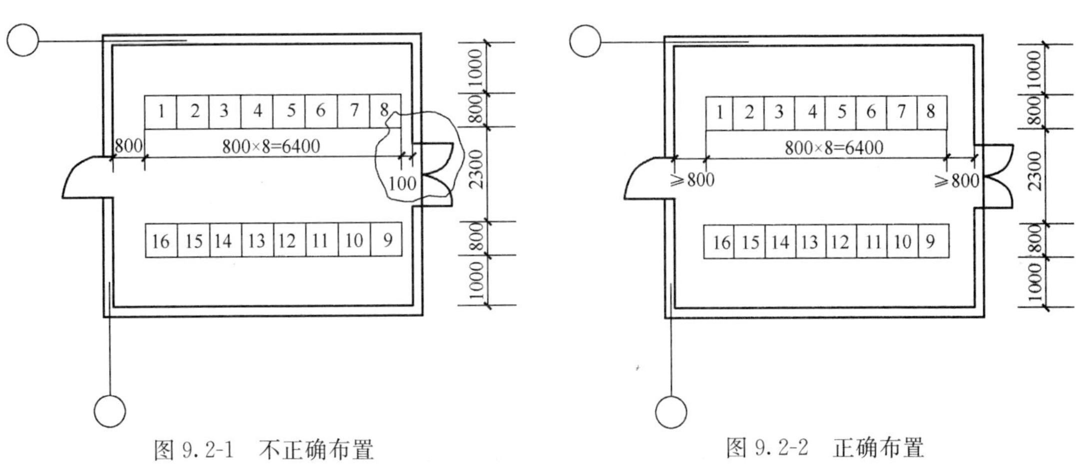

图 9.2-1　不正确布置　　　　图 9.2-2　正确布置

（2）两出口之间的距离大于 15m 时，配电屏的布置

图 9.2-1、图 9.2-4 是以固定式配电屏为例绘制，选用抽屉式配电屏时，图中数据应根据 GB 50054－2011 表 4.2.5 中数据进行调整。

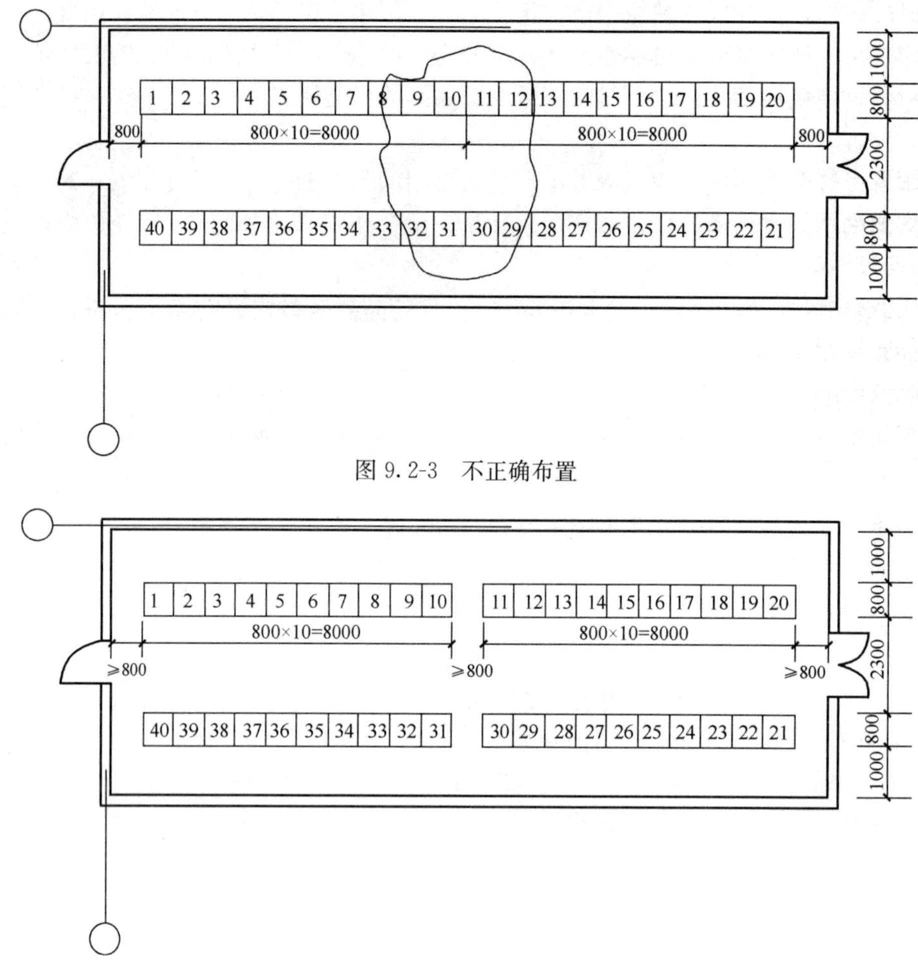

图 9.2-3　不正确布置

图 9.2-4　正确布置

注：1　图 9.2-1 和图 9.2-3 框中的部位为不正确的布置，图 9.2-2 和图 9.2-4 对图 9.2-1 和图 9.2-3 中不正确的部位进行了修改。

2　图 9.2-1、图 9.2-4 中配电屏侧 800mm 的间距为最小值，场地不受限制时应为 1000mm。

4.9.1　可燃油油浸电力变压器室的耐火等级应为一级。非燃或难燃介质的电力变压器室、电压为 10（6）kV 的配电装置室和电容器室的耐火等级不应低于二级。低压配电装置室和电容器室的耐火等级不应低于三级。

【技术要点说明】

本条为强制性条文。由于油浸式变压器的冷却油是可燃的，火灾时可能助燃，因此要求变压器室耐火等级应为一级，以阻止发生火灾时向外蔓延。同样其他的配电装置虽非燃或难燃，但电气设备发生短路的故障时，仍可能发生燃烧事故，限定配电装置室的耐火等级，就是防止火灾扩大。

【实施与检查控制】

（1）实施

设计中严格按规范规定的要求确定配电装置室的耐火等级，而且实施中的难度并不大，以确保安全。

(2) 检查

应审核设计图纸中配电装置室的耐火等级，保证配电装置室耐火等级不低于规范的要求。

4.9.2　配变电所的门应为防火门，并应符合下列规定：

1　配变电所位于高层主体建筑（或裙房）内时，通向其他相邻房间的门应为甲级防火门，通向过道的门应为乙级防火门；

2　配变电所位于多层建筑物的二层或更高层时，通向其他相邻房间的门应为甲级防火门，通向过道的门应为乙级防火门；

3　配变电所位于多层建筑物的一层时，通向相邻房间或过道的门应为乙级防火门；

4　配变电所位于地下层或下面有地下层时，通向相邻房间或过道的门应为甲级防火门；

5　配变电所附近堆有易燃物品或通向汽车库的门应为甲级防火门；

6　配变电所直接通向室外的门应为丙级防火门。

【技术要点说明】

本条为强制性条文。配电装置室可能会因发生短路、过负荷等情况引发火灾事故，为避免火灾蔓延，造成室外人员及财产损失，要求对外开的门应为防火门。根据配电装置室所处的位置火灾时可能造成的影响，确定不同门的防火等级。防火门分为甲、乙、丙三个等级，其耐火最低极限：甲级 1.2h，乙级 0.9h，丙级 0.6h。门的开启方向应为向外开。

《建筑设计防火规范》GB 50016－2014 第 6.2.7 条规定变配电室开向建筑内的门应采用甲级防火门。

【实施与检查控制】

(1) 实施

设计实施中，处于建筑物不同位置的配电装置室采用不同防火等级的门，以保证建筑的安全性。

(2) 检查

应审核设计图纸中各配电装置室所处位置，检查门的开向，通往配电装置室外的门，应向外开并应按规范要求注明门的防火等级。

《低压配电设计规范》GB 50054－2011

4.2.6　配电室通道上方裸带电体距地面的高度不应低于 2.5m，当低于 2.5m 时应设置不低于现行国家标准《外壳防护等级（IP 代码）》GB 4208 规定的 IPXXB 级或 IP2X 级的遮栏或外护物，遮栏或外护物底部距地面的高度不应低于 2.2m 。

【技术要点说明】

本条主要是从人身安全的角度出发，为避免在配电室内工人或维修人员在日常工作或检修时，搬金属梯子或手持长杆形金属工具时，不慎碰到裸导体，从而导致人身伤亡，从而规定了裸导体的距地高度。

【实施与检查控制】

（1）实施

在设计实施中，设计人员应在图纸中明确规定在配电室内裸导体的安装高度，且不应小于本条的具体高度要求，以保障操作和维修人员安全。

（2）检查

审核人员应审核图纸中在配电室内裸导体的安装高度不应小于本条的具体高度要求。不满足要求时，应督促设计人员修改。

【示例】

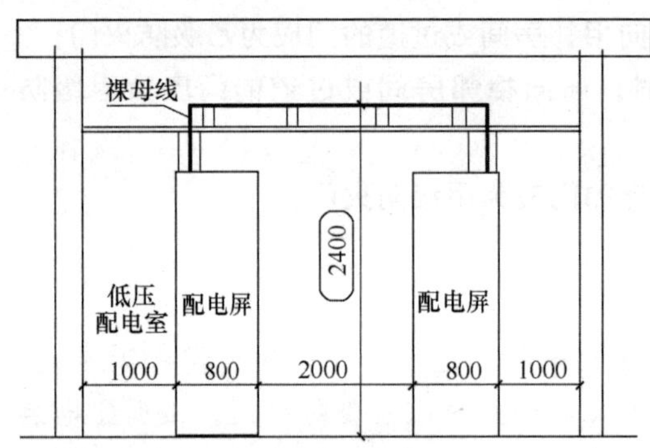

图 9.2-5　不正确做法

注：图 9.2-5 中细实线圆角矩形内的部分为不正确做法。图 9.2-6 为正确做法。

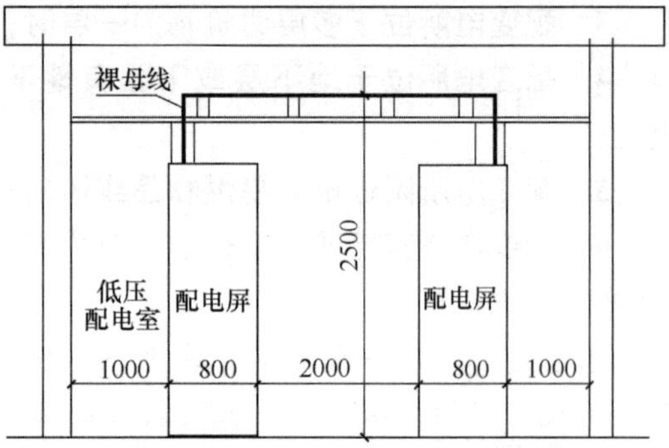

裸母线
2500
低压
配电室
配电屏
配电屏
1000
800
2000
800
1000

图 9.2-6　正确做法

《教育建筑电气设计规范》JGJ 310－2013

4.3.3　附设在教育建筑内的变电所，不应与教室、宿舍相贴邻。

【技术要点说明】

本条中的“相贴邻”的场所，是指与变电所的上、下及四周相贴邻的教室、宿舍。本条规定主要是考虑学生的安全和健康，以及不干扰正常的教学活动。根据国家标准《声环境质量标准》GB 3096－2008，教室及宿舍归为 1 类声环境功能区，其昼间环境噪声限值应为 55dB（A），夜间环境噪声限值应为 45dB（A），是需要保持安静的区域。而调研中发现，有的变电所与教室或宿舍相贴邻，噪声干扰较大，教室的教学环境受影响，宿舍没有安静的生活环境。教室、宿舍是学生较长时间学习、生活的场所，特别是中小学，学生均为未成年人，变电所与教室、宿舍相贴邻，其噪声干扰和电磁辐射均不利学生健康，故作此强制性规定。噪声限值皆为等效声级。所谓等效声级，是等效连续 A 声级（用 A 计权网络测得的声压级）的简称，指在规定测量时间 T 内，A 声级的能量平均值，用 Leq 表示，其单位为 dB（A）。

图书馆内设有的 24h 自习教室、实验楼内设有的教室，也应执行此条文。

【实施与检查控制】

（1）实施

在教育建筑电气设计中，首先，校园供配电系统规划要避免将变电所附设在教学楼或宿舍楼内；如果不可避免地在教学楼或宿舍楼内设变电所时，不要将变电所与教室或宿舍相贴邻。

（2）检查

应审查教育建筑电气设计文件中的变电所位置，以判断是否满足本条的规定。

9.3 智能化系统

《综合布线系统工程设计规范》GB 50311－2007

7.0.9　当电缆从建筑物外面进入建筑物时，应选用适配的信号线路浪涌保护器，保护装置应符合设计要求。

【技术要点说明】

本条为强制性条文。为防止雷击的瞬间产生的电流与电压通过电缆引入配线入口设施及建筑物内，对配线设备和通信设施产生损害，甚至造成火灾或人员伤亡的事件发生。室外铜缆进入建筑物处（进线间）所安装的入口设施（配线设备）应选用能够加装线路浪涌保护器的配线模块。需要说明的是，室外铜缆与光缆在引入建筑物进线间时，线缆的金属铠装护套和其他的金属构件在成端处应做接地处理。

【实施与检查控制】

（1）实施

设计实施中，设计人员应严格按照本规范上述条款规定的要求，对入口设施正确选用能够加装线路浪涌保护器功能的110型配线模块，保障通信设施与运维人员安全。

（2）检查

审图人员应审核设计图纸中配线模块的功能。不满足要求时，应督促设计人员修改。

《民用建筑电气设计规范》JGJ 16－2008

14.9.4　重要建筑的安防监控中心应设置为禁区，应有保证自身安全的防护措施和进行内外联络的通信手段，并应设置紧急报警装置和留有向上一级接处警中心报警的通信接口。

【技术要点说明】

本条基本引用了《安全防范工程技术规范》GB 50348－2004 第3.13.1条。重要建筑的安防监控中心，是安全技术防范系统的神经中枢和指挥中心，承担系统管理、数据维护、用户授权与实时监控等重要任务，未经许可不应有人员随意进出。监控中心除了自身的安全防范要求外，预案处理、命令下达、向上级报告、及时获得支援等等，都是必须考虑的内容，实现这些功能的重要手段就是通信或（二级响应模式）报警。

【实施与检查控制】

（1）实施

在设计中，重要建筑物的安防监控中心应说明设置为禁区；同时应设有自身防护措施（如出入口控制装置等）和能对内对外联络的通信设施。

（2）检查

应审核设计图纸中，安防监控中心是否设置了自身防护措施、紧急报警装置；系统图中是否预留有向上一级接处警中心报警的通信接口。

《入侵报警系统工程设计规范》GB 50394－2007

3.0.3　入侵报警系统中使用的设备必须符合国家法律法规和现行强制性标准的要求，并经法定机构检验或认证合格。

【技术要点说明】

强制性产品认证（CCC）制度，是各国政府为保护广大消费者人身和动植物生命安全，保护环境、保护国家安全，依照法律法规实施的一种产品合格评定制度，它要求产品必须符合国家标准和技术法规。强制性产品认证，是通过制定强制性产品认证的产品目录和实施强制性产品认证程序，对列入《目录》中的产品实施强制性的检测和审核。凡列入强制性产品认证目录内的产品，没有获得指定认证机构的认证证书，没有按规定加施认证标志，一律不得进口、不得出厂销售和在经营服务场所使用。

入侵报警系统通常由前端设备（包括探测器和紧急报警装置）、传输设备、处理/控制/管理设备和显示/记录设备四个部分构成。从入侵报警系统（IAS）的定义“利用传感器技术和电子信息技术探测并指示非法进入或试图非法进入设防区域（包括主观判断面临被劫持或遭抢劫或其他危急情况时，故意触发紧急报警装置）的行为、处理报警信息、发出报警信息的电子系统或网络。”可知，入侵报警系统属于电子信息系统或网络，系统中使用的设备不仅仅都是安防设备，系统中采用还包括电源、计算机、显示器、打印机、录像记录、线缆及线管等其他的电子设备或材料。

目前列入强制性认证产品目录的入侵报警系统产品有：入侵探测器（室内用微波多普勒探测器、主动红外入侵探测器、室内用被动红外探测器、微波与被动红外复合入侵探测器、磁开关入侵探测器、振动入侵探测器、室内用被动式玻璃破碎探测器），防盗报警控制器。具体规则如下表所示：

产品小类	产品名称	实施规则号	认证机构	检测机构
1901	入侵探测器	《安全技术防范产品类强制性认证实施规则》CNCA-10C-047：2009（入侵探测器）	中国质量认证中心 中国安全技术防范认证中心	公安部第一研究所（国家安全防范报警系统产品质量监督检验中心（北京）） 公安部第三研究所（国家安全防范报警系统产品质量监督检验中心（上海））
1902	防盗报警控制器	《安全技术防范产品类强制性认证实施规则》CNCA-10C-052：2004（防盗报警控制器产品）	中国安全技术防范认证中心	

入侵报警系统中采用其他设备和材料涉及列入强制性认证产品目录的产品主要包括：信息技术设备（如计算机、打印机等）、信息安全产品（如防火墙、路由器、安全操作系

统等)、音视频设备类(如监视器等)、电线电缆(如聚氯乙烯绝缘软电缆电线等)、电路开关及保护或连接用电器装置(如插头插座等)。

【实施与检查控制】

(1) 实施

工程设计时，入侵报警系统中选用的设备材料如是列入强制性认证产品目录的产品，其产品型号必须经过国家指定检测机构或认证机构检验/认证合格，其他未列入强制性认证产品目录的产品，优先选用经过国家指定检测机构检验合格的产品。

在工程实施过程时，系统所安装的列入强制性认证产品目录的设备材料应经过国家指定检测机构或认证机构检验/认证合格，其产品的CCC认证证书/检验检测报告应在有效期内。

(2) 检查

应审核设计、工程实施中所选用的设备材料是否列入强制性认证产品目录，对列入强制性认证产品目录的产品检查其是否经过国家指定检测机构或认证机构检验/认证合格，其产品的CCC认证证书/检验检测报告是否有效。

5.2.2　入侵报警系统不得有漏报警。

【技术要点说明】

漏报警是指入侵行为已经发生，而系统未能作出报警响应或指示。漏报警是安全防范系统中一个重要的功能指标。

安全防范的三个基本要素为探测、反应、延迟，三者之间的关系必须相协调，必须满足下列要求：

$$(T\text{探测} + T\text{反应}) < T\text{延迟}$$

否则，系统所选用的设备无论怎样先进，系统设计的功能无论怎样多，都难以达到预期的防范效果。而入侵报警系统是安全防范系统中三个基本要素(探测、反应、延迟)的首要环节“探测”的一个重要子系统，如果探测不起作用，发生入侵行为时不报警，监控中心、接处警部门就无法“反应”，也就达不到防范的目的，安全防范系统的目的是什么?就是为了安全，为了保护财产不受侵害，说白了就是防范人，探测是否有人非法侵入或抢劫。因此，本条文提出系统不得漏报警。

造成系统漏报警的主要因素一般包括设计不合理、设备选型不恰当和安装不规范等。

系统设计应根据防护对象的风险等级与防护级别、环境条件、功能要求、安全管理要求和建设投资等因素，确定系统的规模、系统模式及应采取的综合防护措施。应根据建设单位提供的设计任务书、建筑平面图和现场勘察报告，进行防区的划分，确定探测器、传输设备的设置位置和选型。应根据防区的数量和分布、信号传输方式、集成管理要求、系统扩充要求等，确定控制设备的配置和管理软件的功能。入侵报警系统的设计应符合整体纵深防护和局部纵深防护的要求，纵深防护体系包括周界、监视区、防护区和禁区。如果设计不合理，造成系统可能会探测不到入侵行为。其实从整个系统设计的角度来看，产生漏报警最大的问题主要包括：对现场环境不了解、对环境气候变化不清楚、对探测器功能性能指标了解不透彻、选用产品单一、多种不同技术探测器未能采用交叉防护的方式及系统功能设置不合理等。

设备选型应根据防护要求和设防特点选择不同探测原理、不同技术性能的探测器。从设备选型的角度来看，造成漏报警的主要原因一般包括以下几类：防护面不大（如该用4光束主动红外探测器时，选用了2光束主动红外探测器，防护面变小，造成漏报警），探测范围不足（如本应选用10m探测距离的探测器，却选用了6m的探测器，防护区域变小，造成漏报警），产品选用不恰当，应用场合不合适（如环境温度较高，却选用了被动红外探测器，或探测区域内金属物体较高、多，却选用了微波探测器等），还有就是由于产品的环境适应性差、功能指标不真实、有效使用寿命短等。另外，目前市面上安防产品类别众多，良莠不齐，部分产品标明的性能功能指标虚高、实际上却是过于简单或易受环境影响，显然，选用这类产品必然会影响系统的防护能力。

设备安装要充分考虑安装位置、探测方向，防遮挡等问题，安装位置不合适，会造成探测范围未能覆盖所需防护的区域；探测方向不合适，会造成该防护的区域未能防护了；当某防区处于撤防状态，探测器有可能会被遮挡，如探测器不具备防遮挡功能，势必会造成探测器不起作用，而造成漏报警。

【实施与检查控制】

（1）实施

在进行系统工程设计前，首先应根据《安全防范工程技术规范》GB 50348和本规范附录A的要求进行现场勘查。在进行设备选型时，应充分了解设备的性能、功能指标，在设备安装前，应仔细阅读产品制造商提供的安装操作说明书。

（2）检查

应根据经过审批的施工图设计方案，检查产品及其说明书，检查设备安装的位置、方向，测试系统设备的探测效果、报警响应时间及功能设置。在系统整体测试时，应结合人防、物防和安全防范的其他子系统，根据系统探测时间，估算延迟时间，合理调整布置人防及交通工具，而达到最佳的反应时间。

5.2.3　入侵报警功能设计应符合下列规定：

1　紧急报警装置应设置为不可撤防状态，应有防误触发措施，被触发后应自锁。

2　当下列任何情况发生时，报警控制设备应发出声、光报警信息，报警信息应能保持到手动复位，报警信号应无丢失：

1）在设防状态下，当探测器探测到有入侵发生或触动紧急报警装置时，报警控制设备应显示出报警发生的区域或地址；

2）在设防状态下，当多路探测器同时报警（含紧急报警装置报警）时，报警控制设备应依次显示出报警发生的区域或地址。

3　报警发生后，系统应能手动复位，不应自动复位。

4　在撤防状态下，系统不应对探测器的报警状态作出响应。

【技术要点说明】

入侵报警系统的基本功能包括探测、响应、指示、控制、记录/查询、传输等，其中探测功能包括入侵探测、紧急报警、防拆探测和故障识别等。本条主要针对入侵探测和紧急报警的功能作出规定。

“紧急报警装置应设置为不可撤防状态”要求紧急报警装置采用24h设防；防误触发措施可避免因设备原因产生人为误报警；被触发后应自锁，一是确保报警信号能够发出，二是要求报警发生后需人工复位，三是可实现责任认定。

当入侵探测器或紧急报警装置被激活时，应能产生入侵信号，其持续时间应能确保信息发送通信成功。在设防状态时，报警控制器应能接收入侵探测器的信号。在通电状态下，报警控制器应能接收紧急报警装置的信号。报警控制设备发出的声、光报警信息由告警装置体现，告警装置设置的位置有多种方式，一是在监控中心，用于提示操作人员发生情况，二是在监控中心、联防单位或保卫值班部门、人员附近，用于提示发生报警警情，以便及时与监控中心联系，或现场显示发生报警防区的情况，三是在探测器附近配置，用于告诫非法入侵者。

报警发生区域或地址的显示最简单的方式就是报警控制键盘，其显示方式可以是分立发光器件，也可以是显示屏。对于大型的入侵报警系统来说，其显示装置可以用平面图、电子沙盘、电子地图或大屏图像显示等方式来显示，当多路报警发生时，依次显示出报警发生的区域或地址的目的一是为了能够知道入侵者的入侵路线，为现场处警提供帮助，二是便于事后的分析，为最佳巡逻路线、人防点位设置提供依据，三是防止报警信息记录的遗漏。

入侵报警系统可采用自动设防功能，但不应采用自动撤防方式，特别是在发生报警后，不得采用自动撤防方式，应采用手动复位，以保证值班人员及时对警情进行处理。报警控制设备在报警发生后，警号发出声响的时间一般设定为固定的，当超过这一时间，警号就停止鸣响，此时若系统未手动复位或撤防，一般警号会再次发出告警。

目前，入侵报警系统的探测器大多是被动触发方式，其输出信号是开关量，一旦感受到有人出现在防护区域的探测范围，探测器随即发出报警信号，系统是否发出报警是由报警控制器通过设置来决定。建立入侵报警系统，就是为了在安全防范，为了防盗，为了保护财产不受侵害，其设置点位除了重点要害部位，还包括一些通往重点要害部位的公共部位，这些部位在有人工作时，为了避免系统出现报警，需要把系统撤防，以免造成扰民、扰乱正常的工作秩序。

【实施与检查控制】

（1）实施

报警控制器把紧急报警装置防区设置为不可撤防状态，所选用的紧急报警装置应有防误触发措施，被触发后应自锁。

在设计时，报警控制设备的防区数应大于探测防区数，根据防区数配置合适的报警控制器、声光装置（告警器）及其显示装置，以便能直观显示出报警发生的区域或地址，同时根据本规范的功能要求选用合适的报警控制器。

系统应设置为手动复位。

在工作或有人正常活动期间，将有人活动的区域撤防，使系统处于撤防或部分撤防状态。

（2）检查

紧急报警功能：系统在任何状态下，触动紧急报警装置，在防盗报警控制设备上应显示出报警发生地址，并发出声、光报警。报警信息应能保持到手动复位。紧急报警装置应有防误触发措施，被触发后应自锁。

各类入侵探测器报警功能：各类入侵探测器应按相应标准规定的检验方法检验探测灵敏度及覆盖范围。在设防状态下，当探测到有入侵发生，应能发出报警信息。防盗报警控制设备上应显示出报警发生的区域，并发出声、光报警。报警信息应能保持到手动复位。防范区域应在入侵探测器的有效探测范围内，防范区域内应无盲区。

多路同时报警功能：当多路探测器同时报警时，在防盗报警控制设备上应显示出报警发生地址，并发出声、光报警信息。报警信息应能保持到手动复位，报警信号应无丢失。当同时触发多路紧急报警装置时，应在防盗报警控制设备上依次显示出报警发生区域，并发出声、光报警信息。报警信息应能保持到手动复位，报警信号应无丢失。

报警后的恢复功能：报警发生后，入侵报警系统应能手动复位。在设防状态下，探测器的入侵探测与报警功能应正常；在撤防状态下，有人在探测器的探测范围内活动，系统应不发出报警信息。

5.2.4　防破坏及故障报警功能设计应符合下列规定：

当下列任何情况发生时，报警控制设备上应发出声、光报警信息，报警信息应能保持到手动复位，报警信号应无丢失：

1　在设防或撤防状态下，当入侵探测器机壳被打开时。

2　在设防或撤防状态下，当报警控制器机盖被打开时。

3　在有线传输系统中，当报警信号传输线被断路、短路时。

4　在有线传输系统中，当探测器电源线被切断时。

5　当报警控制器主电源/备用电源发生故障时。

6　在利用公共网络传输报警信号的系统中，当网络传输发生故障或信息连续阻塞超过30s时。

【技术要点说明】

本条主要针对防拆探测、防破坏和故障识别等的功能作出规定。

“报警信息应能保持到手动复位，报警信号应无丢失”是指：在报警发生后，需保证在值班人员进行处警后，才能手动复位。其意义是实现对报警信息的核准、认定，以避免传达误报警，同时也可以避免人为的漏传报警，达到对操作人员的责任认定与记录。

探测器、传输设备箱（包括分线箱）、报警控制设备或控制箱如不具备防拆报警功能，将导致探测器、传输、控制设备起不到应有的探测、传输、控制作用。在很多工程中，经常出现设备的防拆开关不连接，或入侵探测器的报警信号与防拆报警信号连接到一个防区，如果连接方式不恰当，在撤防状态下，系统对探测器的防拆信号不会响应。因此，为保证系统使用的有效性，对于可设防/撤防防区设备的防拆装置，即探测器、传输设备箱（包括分线箱）、报警控制设备或控制箱等的防拆报警要设为独立防区，且24h设防。

当入侵探测器防拆被激活或出现故障时，应能产生防拆或故障报警信号，其持续时间应能确保信息发送通信成功，报警控制器应能接收防拆或故障报警信号，报警控制设备发出的声、光报警信息一般通过报警控制键盘、报警打印机、计算机或在监控中心其他显示装置来显示，用于提示操作人员发生破坏、故障情况。

报警控制器是入侵报警系统的中枢，要保护好，系统建成后，要对操作人员的权限进行界定，报警控制器一般只有系统管理员才有权开启，且是系统停用情况下。在正常工作时，报警控制器内应内置备用电源，任何时候任何人打开报警控制器，系统都应能记录其开启（报警）信息，以防止内部人员内盗或外部电源被破坏。

入侵报警系统的有线传输线路并不一定都处在探测器的探测范围之内，为了保证系统的正常传输，除了要求在物理上采取措施外（如采用保护管、暗埋等），还需在技术上解决线路被破坏时系统能发现的问题，即当报警信号传输线被断路、短路时，报警控制器能知道线路被破坏。

在有线传输系统中，探测器的工作一般是需要外部供电才能工作，当电源线被切断时，探测器就不能工作，要判别探测器是否处于供电状态，除了报警控制器要有其相应设置功能，还需要在工程实施时，认真了解产品的技术指标和安装说明。

随着信息化、网络化技术的应用，入侵报警系统早就利用公共网络传输报警信号，早期采用电话系统，现在大多采用网络系统进行远程传输报警信号，但不管是电话系统，还是网络系统传输都是利用现有的公共网络，公用其资源，因此，系统报警信号的传输受到其他非安防系统设备的制约，为了保证系统的正常工作，需要对利用公共网络传输报警信号提出规定，本款就是要求公共网络传输的带宽要足够，如果网络太拥挤，会造成连续阻塞，就不要采用公共网络传输，可以采用能够满足传输要求的专用网络。

【实施与检查控制】

（1）实施方法

在计算防区数量时，把入侵的防拆作为一个独立防区，并把该防区设置为不可撤防状态，这样才能保证在任何状态下，入侵探测器机壳被打开报警。

报警控制器机壳内应设置防拆开关，并连接。

对于分线制系统，选用具有防区末端电阻功能的产品，且把末端电阻放置在探测器端（见图 9.3-1、图 9.3-3、图 9.3-5 和图 9.3-7 的正确接法）；对于总线制系统，除了要把末端电阻放置在探测器端，控制器还应具有对编址模块进行寻址功能。

要求探测器电源被切断时输出端的状态与发生报警时的状态一致。

报警控制器选用具有无备用电源无法工作或始终提示缺备用电源报警功能的产品，控制器内部需配置免维护电池。

项目设计时，如需采用公共网络传输报警信号，为了保证传输效果，应采用专用固定带宽的方式传输报警信号。

（2）检查要点

入侵探测器防拆报警功能：在任何状态下，当探测器机壳被打开，在防盗报警控制设备上应显示出探测器地址，并发出声、光报警信息，报警信息应能保持到手动复位。

防盗报警控制器防拆报警功能：在任何状态下，防盗报警控制器机盖被打开，防盗报警控制设备应发出声、光报警，报警信息应能保持到手动复位。

防盗报警控制器信号线防破坏报警功能：在有线传输系统中，当报警信号传输线被开路、短路及并接其他负载时，防盗报警控制器应发出声、光报警信息，应显示报警信息，报警信息应能保持到手动复位。

入侵探测器电源线防破坏功能：在有线传输系统中，当探测器电源线被切断，防盗报警控制设备应发出声、光报警信息，应显示线路故障信息，该信息应能保持到手动复位。

防盗报警控制器主备电源故障报警功能检验：当防盗报警控制器主电源发生故障时，备用电源应自动工作，同时应显示主电源故障信息；当备用电源发生故障或欠压时，应显示备用电源故障或欠压信息，该信息应能保持到手动复位。

公共网络防破坏功能：在利用公共网传输报警信号的系统中，当传输网络被切断，防盗报警控制设备应发出声、光报警信息，应显示传输网络故障信息，该信息应能保持到手动复位。

【示例】

（1）探测器和控制器信号端口连线的基本接法

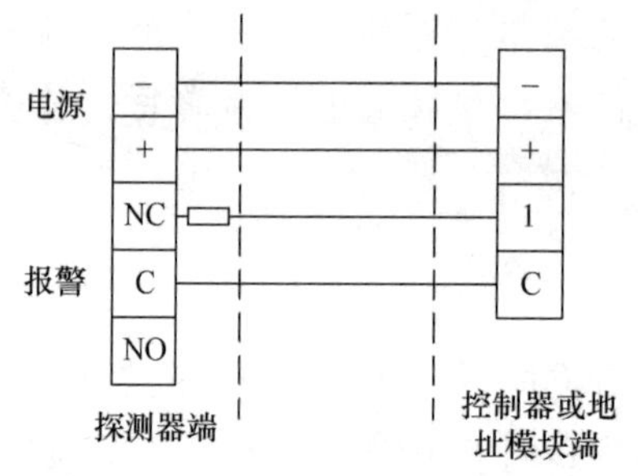

图 9.3-1　正确接法

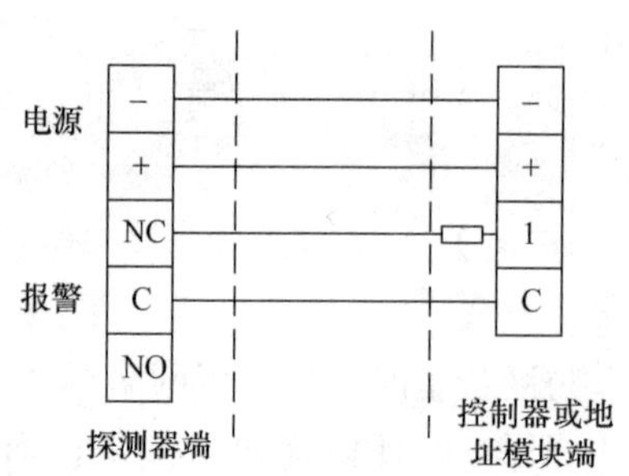

图 9.3-2　不正确接法

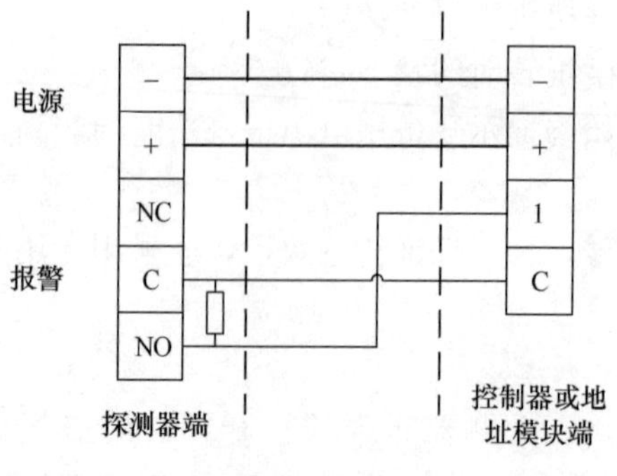

图 9.3-3　正确接法

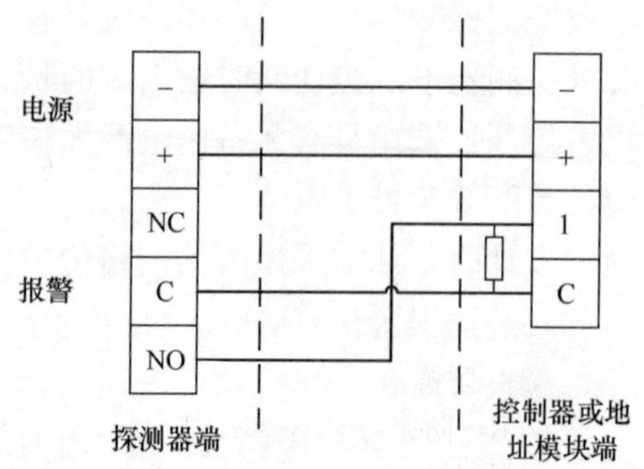

图 9.3-4　不正确接法

（2）探测器和控制器防拆端口连线的接法

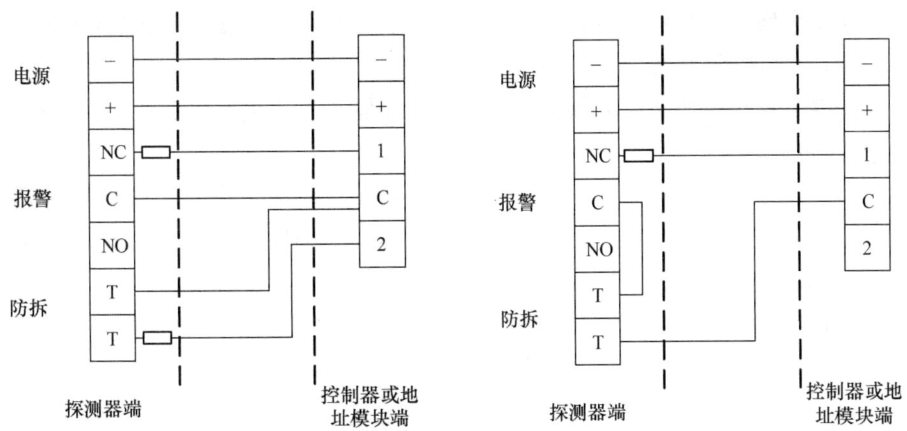

图 9.3-5　正确接法　　图 9.3-6　不推荐接法

（3）探测器和控制器防遮挡端口连线的接法

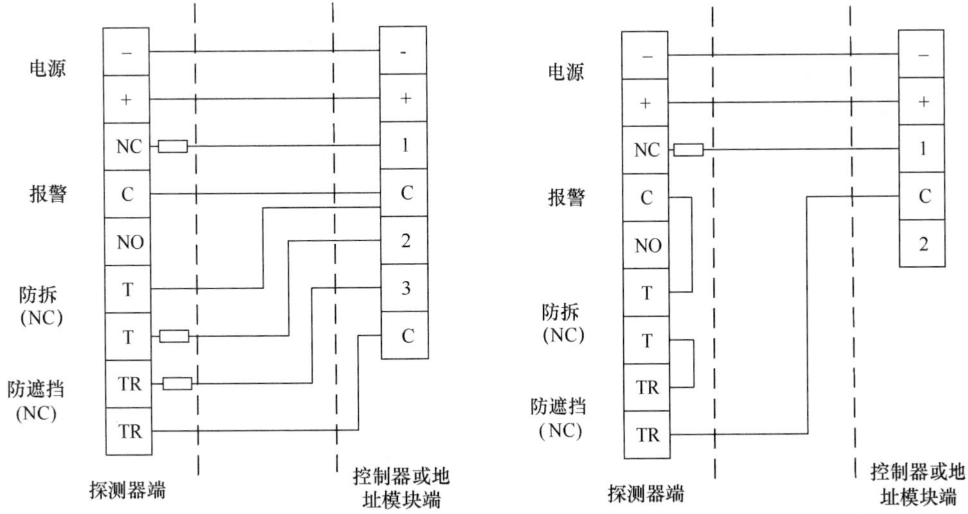

图 9.3-7　正确接法　　图 9.3-8　不推荐接法

注：1　图 9.3-6 和图 9.3-8 不能区分报警信息类型：探测、防拆与遮挡。

2　图 9.3-6 和图 9.3-8 如果设置为即时防区，系统处于撤防状态时，探测器被拆卸和或被遮挡，系统不能即时发出报警信息，但控制器的故障灯会亮

3　图中符号说明

NC：报警信号常闭输出（继电器常闭触点）；

C：报警信号公共端（接地端）；

NO：报警信号常开输出（继电器常开触点）；

T：防拆信号输出（继电器常开触点）；

TR：防遮挡（或故障）信号输出（继电器常开触点）；

阿拉伯数字：报警信号输入端（防区回路）；

靠近探测器端的虚线向左部分的元件或线缆应在探测器机壳内；

靠近控制器或地址模块端的虚线向右部分的元件或线缆应在控制器机壳内或装载地址模块的保护箱内。

9.0.1　系统安全性设计除应符合现行国家标准《安全防范工程技术规范》GB 50348 的相关规定外，尚应符合下列规定：

3　系统供电暂时中断，恢复供电后，系统应不需设置即能恢复原有工作状态。

【技术要点说明】

本款要求系统的报警控制设备具备各种信息的记忆功能，如停电前的状态为设防状态，当系统供电暂时中断，恢复供电后，系统也要自动恢复到设防状态。

入侵报警系统早期主要应用于金融行业，银行营业场所遍布各个角落，由于各地地域、经济等的差异，当地电力供电的不同，经常造成某区域不定时停电，而银行营业场所夜间一般无人值守，因此，系统需要在停电恢复后，系统能够自动恢复工作。另外，在早期，由于成本、利益等因素，有部分报警控制器不具备自动恢复设防状态，本款的目的就是防止采用该类设备。随着入侵报警系统的广泛应用，特别是报警服务业的发展，入侵报警系统已经逐步深入到我们的生活之中，如小区、家庭、商店等，普及化的应用。为了规范系统设备在这些领域的应用，提出本款，要求设备使用简单、可靠。

【实施与检查控制】

（1）实施

在进行设备选型时，应充分了解设备的性能、功能指标，选用的报警控制设备具备各种信息的记忆功能，具有断电恢复功能。

（2）检查

记录当前报警系统的工作状态，把系统主/备电源完全断开后，再恢复供电，系统工作状态应与断电前一样。注意：不是恢复到出厂状态。

《金融建筑电气设计规范》JGJ 284－2012

19.2.1　自助银行及自动柜员机室的现金装填区域应设置视频安全监控装置、出入口控制装置和入侵报警装置，且应具备与 110 报警系统联网功能。

【技术要点说明】

自助银行及自动柜员机室的现金装填区域属于高风险场所，必须设置完善的安全技术防范设施，以遏制恶性犯罪案件的发生，同时也便于警方的实时快速反应和事后案情追查。

【实施与检查控制】

（1）实施

在设计中，应在相关区域设置门禁系统的读卡器及专用门锁，并在门口或其他适当部位设置与安全技术防范系统及 110 系统相连的手动报警按钮。同时，应在自动柜员机大厅设置高清晰度摄像机，且不能存在监视盲区。

（2）检查

应审核设计图纸中是否按规定设置了高清晰摄像机、电磁门锁、门禁系统读卡器及报警按钮，以及上述设备是否正确联网，并以此作为其是否符合本强条的依据。

《住宅区和住宅建筑内光纤到户通信设施工程设计规范》GB 50846－2012

1.0.3　住宅区和住宅建筑内光纤到户通信设施工程的设计，必须满足多家电信业务经营者平等接入、用户可自由选择电信业务经营者的要求。

【技术要点说明】

本条是根据原信息产业部和原建设部联合发布的《关于进一步规范住宅小区及商住楼通信管线及通信设施建设的通知》[信部联规（2007）24号]的要求而提出的，即“房地产开发企业、项目管理者不得就接入和使用住宅小区和商住楼内的通信管线等通信设施与电信运营企业签订垄断性协议，不得以任何方式限制其他电信运营企业的接入和使用，不得限制用户自由选择电信业务的权利”。

本条文属于强制性标准管理规定中“保护消费者利益”的范围，其根本目的在于“满足用户自由选择电信业务经营者的要求”。

【实施与检查控制】

（1）实施

光纤到户通信设施工程中，“用户接入点”的设置非常重要。用户接入点是多家电信业务经营者共同接入点及用户通过跳纤自由选择电信业务经营者的部位，也是电信业务经营者与住宅建设方的工程分界点。同时规范规定，住宅区地下通信管道的管孔容量、用户接入点处预留的配线设备安装空间、电信间及设备间面积应满足至少3家电信业务经营者通信业务接入的需要。

（2）检查

审图人员应审核设计图纸中用户接入点的设置位置、吸纳的住户数量、配线设备的配置与互联的方式等。不满足要求时，应督促设计人员修改。

衡量依据如下：

① 是否设置了用户接入点并以此为界面划分工程建设分工。

② 住宅用户能否自由选择不同电信业务经营者，即用户接入点交换局侧可允许多家电信业务经营者的配线光缆接入，用户侧同一用户的用户光缆可选择与不同电信业务经营者的配线光缆连接。

③ 住宅区地下通信管道的管孔容量、用户接入点处预留的配线设备（室外光纤交接箱）、共用配线箱安装空间及住宅建筑内电信间和设备间面积能否满足至少3家电信业务经营者通信业务接入的需要。

目前住宅小区宽带建设中，仍存在进小区入场难、用户选择难等问题，实际上最终损害了用户的选择权，也因此损害了用户的利益。因此，规范将本条文作为强制性条款，在工程建设中要求严格执行和审查。

1.0.4　在公用电信网已实现光纤传输的县级及以上城区，新建住宅区和住宅建筑的通信设施应采用光纤到户方式建设。

【技术要点说明】

《“十二五”国家战略性新兴产业发展规划》明确提出“到2015年城市和农村家庭分别实现平均20兆和4兆以上带宽接入能力，部分发达城市网络接入能力达到100兆”的发展目标，要实现这个目标，必须推动城市宽带接入技术换代和网络改造，实现光纤到户。加快推进光纤到户，是提升宽带接入能力、实施“宽带中国”工程、构建下一代信息基础设施的迫切需要。

当前，光纤到户（FTTH）已作为主流的家庭宽带通信接入方式，与铜缆接入（xDSL）、光纤到楼（FTTB）等接入方式相比，光纤到户接入方式在用户接入带宽、所支持业务丰富度、系统性能等方面均有明显的优势。主要表现在，一是光纤到户接入方式能够满足高速率、大带宽的数据及多媒体业务的需要，能够适应现阶段及将来通信业务种类和带宽需求的快速增长，可大幅提升通信业务质量和服务质量；二是采用光纤到户接入方式可以有效地实现共建共享，为用户自由选择电信业务经营者创造便利条件，并且有效避免对住宅区及住宅建筑内通信设施进行频繁的改建及扩建；三是光纤到户接入方式能够节省有色金属资源。

【实施与检查控制】

（1）实施

根据《关于加强强制性标准管理的若干规定》，本条文属于强制性标准管理规定中“国家需要控制的工程建设的其他要求”的范围，其目的在于符合国家发展战略要求、实现国家经济规划目标。

① 加快宽带发展正成为国家战略

我国党和政府十分重视宽带发展，社会各界也深刻认识到其对于促进经济社会发展、提升国家综合竞争力具有重要意义。为了加快构建宽带网络基础设施，我国制定了相应的发展规划及目标。2012 年 3 月，国家发改委、工业和信息化部会同财政部、科技部、环保部、住房和城乡建设部、交通部、铁道部、国资委、税务总局、广电总局等 11 个部门成立了“宽带中国”战略研究工作小组及专家组，通过实施“宽带中国”战略，到“十二五”期末，初步实现“城市光纤到楼入户，农村宽带进乡入村，信息服务普惠全民”。

② 光纤到户的条件已经具备

目前光纤到户（FTTH）已成为家庭宽带接入的主要方式。在我国，各级地方政府已经充分认识到宽带网络对于经济和社会发展的基础和促进作用，因此采取大力支持的态度，有半数以上省（区、市）出台相关标准或文件支持宽带接入及光纤入户的建设实施。

全国范围内（包括边远地区）新建住宅区的宽带接入已主要采用光纤到户方式。国内基础电信业务经营者都将光纤到户作为主要发展方向，新建住宅全部提供光纤到户接入，原有铜缆宽带覆盖区域也逐步进行光纤到户方式改造。

近年来，公用电信网络正在逐步优化，提升光网络通信能力，“县级及以上城区新建住宅区和住宅建筑实现光纤到户”将实现光纤接入网与公用电信网的衔接，形成大容量、高性能、智能化的光网络，为实现国家战略目标和经济指标打下良好的基础。

③ 通信设施建设存在的主要问题

当前，部分住宅区或住宅建筑未将通信设施作为住宅基础设施纳入工程建设中或通信设施建设不到位，不能满足用户对于通信业务的需求，导致业主入住后不能正常使用通信业务，必须进行改造。另外，在老旧小区实现“光进铜退”等改造工程时面临着管路资源及空间的缺乏、原有通信设施的损坏等问题。

（2）检查

审图人员应根据本地区的通信现状审核设计图纸是否体现了“光纤到户”的内容，不满足要求时，应督促设计人员修改。

工程建设中要求严格执行和审查，在公用电信网络业务节点已实现光纤传输的县级及以上城区，新建住宅项目的设计中是否设计了光纤到户通信设施，即：建筑规划用地红线内住宅区内地下通信管道、光缆交接箱，住宅建筑内管槽及通信线缆、配线设备，住户内家居配线箱、户内管线及各类通信业务信息插座，预留的设备间、电信间等设备安装空间，以及工程实施中上述通信设施是否符合规范和设计要求。

1.0.7　新建住宅区和住宅建筑内的地下通信管道、配线管网、电信间、设备间等通信设施，必须与住宅区及住宅建筑同步建设。

【技术要点说明】

通信设施作为住宅建筑的基础设施，工程建设由电信业务经营者与住宅建设方共同承建。为了保障通信设施工程质量，由住宅建设方承担的通信设施工程建设部分，在工程建设前期应与土建工程统一规划、设计，在施工、验收阶段做到同步实施。

此项条文属于强制性标准管理规定中“工程建设的质量、安全、卫生、环境保护要求”和“保护消费者利益”的范围，其目的在于“将通信设施作为住宅建筑的基础设施，保障通信设施的工程质量，保护用户的合法权益”。

2007年原信息产业部和原建设部联合发布的《关于进一步规范住宅小区及商住楼通信管线及通信设施建设的通知》［信部联规［2007］24号］明确规定：住宅小区及商住楼应同步建设建筑规划用地红线内的通信管道和楼内通信暗管、暗线，建设并预留用于安装通信线路配线设备的集中配线交接间，所需投资一并纳入相应住宅小区或商住楼的建设项目概算，并作为项目配套设施统一移交。因此，新建住宅小区通信设施应由住宅建设方建设，业主购买房屋后，自然共同拥有了小区内通信设施的产权，住宅建设方、物业管理公司都不具备对该设施的支配权和处理权，业主可以自主选择由电信业务经营者为其提供服务。

【实施与检查控制】

（1）实施

为了保护用户的合法权益，规范将住宅区和住宅建筑内光纤到户工程中地下通信管道、配线管网、电信间、设备间等与土建工程密切相关的部分作为基础设施，要求与住宅区及住宅建筑同步建设，由于光缆等可以在土建工程完成后布放，因此可暂不要求同步建设，可等住宅住宅区及住宅建筑主体工程完工后再行建设。

（2）检查

为了保障通信设施工程的质量，光纤到户国家标准对住宅建设方与电信业务经营者的工程界面划分进行了详细规定，工程建设应严格按照工程界面进行实施。其中由住宅建设方负责的为：地下通信管道、配线管网、电信间、设备间等即与土建工程密切相关的部分，在工程建设前期应与土建工程统一规划、设计，在施工、验收阶段做到同步实施，避免因二次施工对住宅建筑和住户造成影响。在执行和审查规范要求时应注意，在规划、设计中是否按照容量配置了住宅区地下通信管道和建筑物内配线管网并预留电信间、设备间等配线设备安装空间，在工程实施和验收过程中上述通信设施是否与土建工程同步实施建设与验收、工程质量是否符合要求。

9.4 防雷与接地

《民用建筑电气设计规范》JGJ 16－2008

11.1.7　装有防雷装置的建筑物，在防雷装置与其他设施和建筑物内人员无法隔离的情况下，应采取等电位联结。

【技术要点说明】

装有防雷装置的建筑物，在防雷装置与其他设施和建筑物内人员无法隔离的情况下，如果不采取等电位联结，雷电流过防雷装置时，其浪涌高电位将对附近的设施和人员闪击，导致安全事故。

等电位联结可分为直接等电位联结和间接等电位联结两种类型。直接等电位联结即是直接的金属性导通联结，使防雷装置任何情况下都和等电位联结对象是相同的电位；间接的等电位联结即是通过各类SPD联结，即防雷装置在没有浪涌高电位的情况下等电位联结的双方在电路上是断开的，保持双方的电气独立性，在防雷装置有浪涌高电位的情况下SPD导通，将双方的电位差限制在可承受的范围内，使其避免受过电压的破坏。

【实施与检查控制】

（1）实施

民用建筑多为钢筋混凝土结构，防雷装置与临近的设施和人员在雷击时很难进行隔离。因此在无可靠的隔离措施的情况下，设计优先采取等电位联结是保证安全的有效措施，也易于实现。

（2）检查

应审核设计图纸中的说明，或者是等电位联结平面图，以防雷装置与临近的设施或人员无法有效隔离时，有等电位联结设计，来判断符合本强条的依据。

11.2.3　符合下列情况之一时，应划为第二类防雷建筑物：

1　高度超过100m的建筑物；

2　国家级重点文物保护建筑物；

3　国家级的会堂、办公建筑物、档案馆、大型博展建筑物；特大型、大型铁路旅客站；国际性的航空港、通信枢纽；国宾馆、大型旅游建筑；国际港口客运站；

4　国家级计算中心、国家级通信枢纽等对国民经济有重要意义且装有大量电子设备的建筑物；

5　年预计雷击次数大于0.06次的部、省级办公建筑及其他重要或人员密集的公共建筑物；

6　年预计雷击次数大于0.3次的住宅、办公楼等一般民用建筑物。

【技术要点说明】

本条所包含的建筑物均为民用建筑领域重要的，或雷击危害高的建筑物，根据国家标准《建筑物防雷设计规范》应划分为第二类防雷建筑物，按第二类防雷建筑物的要求采取防雷措施。

《建筑物防雷设计规范》GB 50057－2010第3.0.3条强制性条文已将0.06次改为0.05次，0.3次改为0.25次，设计人员应按修订后的数据进行设计。

【实施与检查控制】

（1）实施

在设计中应根据本条，将符合本条要求的建筑物明确为第二类防雷建筑物，并按第二类防雷建筑物的要求采取相应的防雷措施。

（2）检查

应审核设计图纸中的建筑物防雷分类说明及图纸，以已将符合本条要求的建筑物划分为第二类防雷建筑物，并已按第二类防雷建筑物的要求采取相应的防雷措施，来判断符合本强条的依据。

11.2.4　不属于二类防雷建筑，但符合下列情况之一时，应划为第三类防雷建筑物：

1　省级重点文物保护建筑物及省级档案馆；

2　省级大型计算中心和装有重要电子设备的建筑物；

3　19层及以上的住宅建筑和高度超过50m的其他民用建筑物；

4　年预计雷击次数大于或等于0.012次，且小于或等于0.06次的部、省级办公建筑及其他重要或人员密集的公共建筑物；

5　年预计雷击次数大于或等于0.06次，且小于或等于0.3次的住宅、办公楼等一般民用建筑物；

6　建筑群中最高或位于建筑群边缘高度超过20m的建筑物；

7　通过调查确认当地遭受过雷击灾害的类似建筑物；历史上雷害事故严重地区或雷害事故较多地区的较重要建筑物；

8　在平均雷暴日大于15d/a的地区，高度在15m及以上的烟囱、水塔等孤立的高耸构筑物；在平均雷暴日小于或等于15d/a的地区，高度在20m及以上的烟囱、水塔等孤立的高耸构筑物。

【技术要点说明】

本条所包含的建筑物均为民用建筑领域较为重要的，或雷击危害较高的建筑物，根据国家标准《建筑物防雷设计规范》应划分为第三类防雷建筑物，按第三类防雷建筑物的要求采取防雷措施。

《建筑物防雷设计规范》GB 50057－2010第3.0.4条强制性条文已将0.06次改为0.05次，0.3次改为0.25次，0.012次改为0.01次，设计人员应按修订后的数据进行设计。

【实施与检查控制】

（1）实施

在设计中应根据本条，将符合本条要求的建筑物明确为第三类防雷建筑物，并按第三类防雷建筑物的要求采取相应的防雷措施。

（2）检查

应审核设计图纸中的建筑物防雷分类说明及图纸，以已将符合本条要求的建筑物划分为第三类防雷建筑物，并已按第三类防雷建筑物的要求采取相应的防雷措施，来判断符合本强条的依据。

11.6.1　不得利用安装在接收无线电视广播的公用共用天线的杆顶上的接闪器保护建筑物。

【技术要点说明】

如果利用安装在接收无线电视广播的公用共用天线的杆顶上的接闪器保护建筑物，则该接闪器遭受雷击的概率，比该接闪器仅作为保护天线所遭受雷击的概率大得多，使天线收到雷击破坏的概率也大得多，因此，应予以禁止。

【实施与检查控制】

（1）实施

设计中合理计算天线杆顶的接闪器高度，应使其高度能仅能保护天线，但不应过高导致保护范围过大，成为建筑物防雷的接闪器。

（2）检查

应审核设计图纸中的接收无线电视广播的公用共用天线的杆顶上的接闪器的高度，验证其高度不能作为建筑物的接闪器，来判断符合本强条的依据。

【示例】

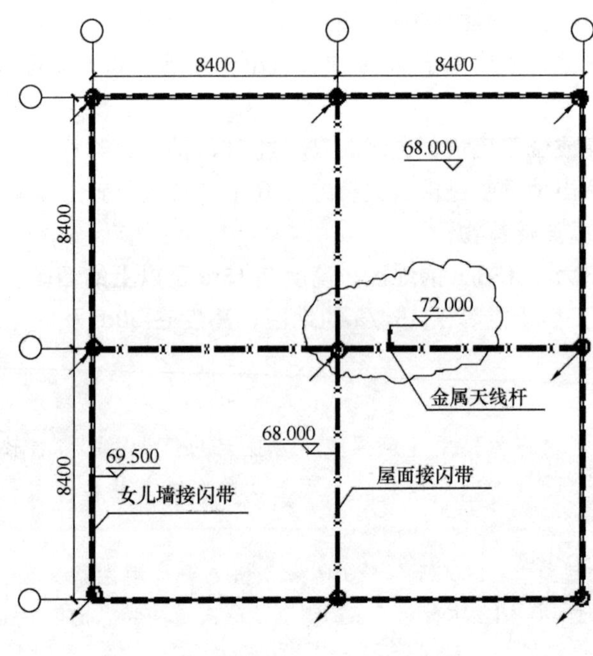

图 9.4-1　不正确

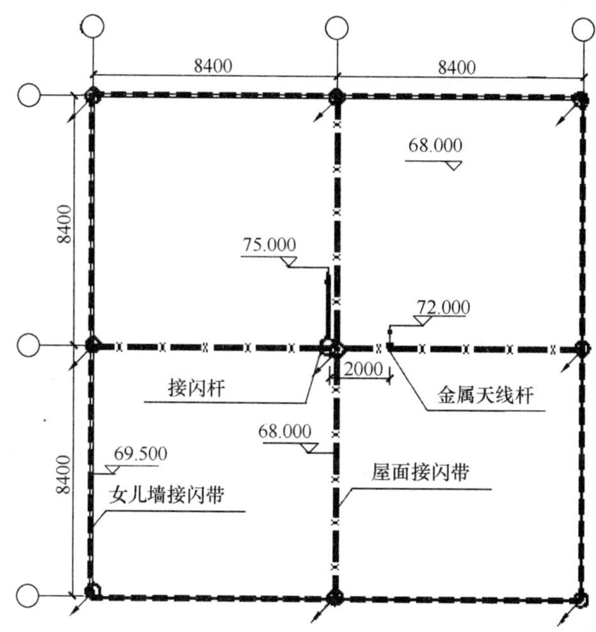

图 9.4-2　正确

注：1　图 9.4-1 中框出的部位为不正确标注的关键；
　　2　图 9.4-2 为针对图 9.4-1 中不正确的标注作出的正确示例。

11.8.9　当采用敷设在钢筋混凝土中的单根钢筋或圆钢作为防雷装置时，钢筋或圆钢的直径不应小于 10mm。

【技术要点说明】

当单根钢筋或圆钢敷设在钢筋混凝土中时，应考虑到腐蚀的影响，钢筋或圆钢的直径小于 10mm 时，其作为防雷装置的安全性得不到保证。

【实施与检查控制】

（1）实施

设计中当采用敷设在钢筋混凝土中的单根钢筋或圆钢作为防雷装置时，应标注钢筋或圆钢的直径，明确其值不应小于 10mm。

（2）检查

应审核设计图纸中的作为防雷装置的钢筋或圆钢的标注，当设计作为防雷装置的单根钢筋或圆钢敷设在钢筋混凝土中，以其直径标注值不小于 10mm，来判断符合本强条的依据。

【示例】

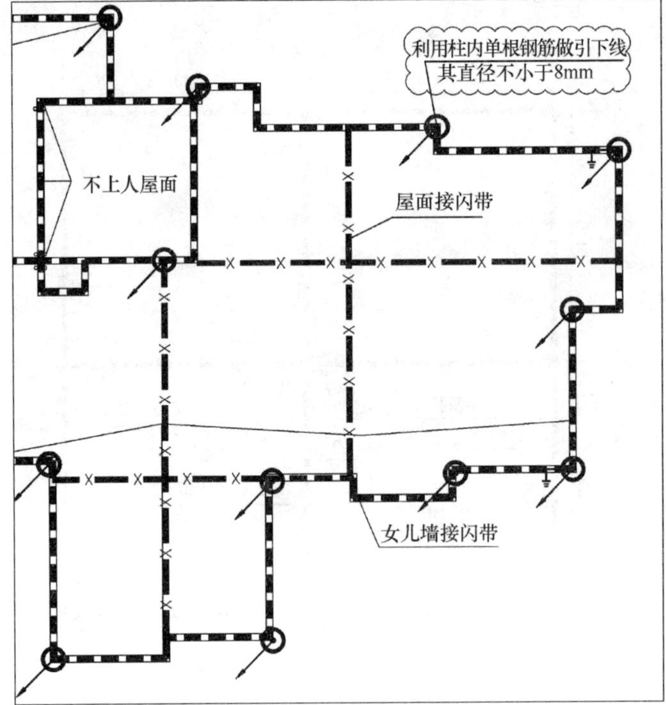

图 9.4-3　不正确

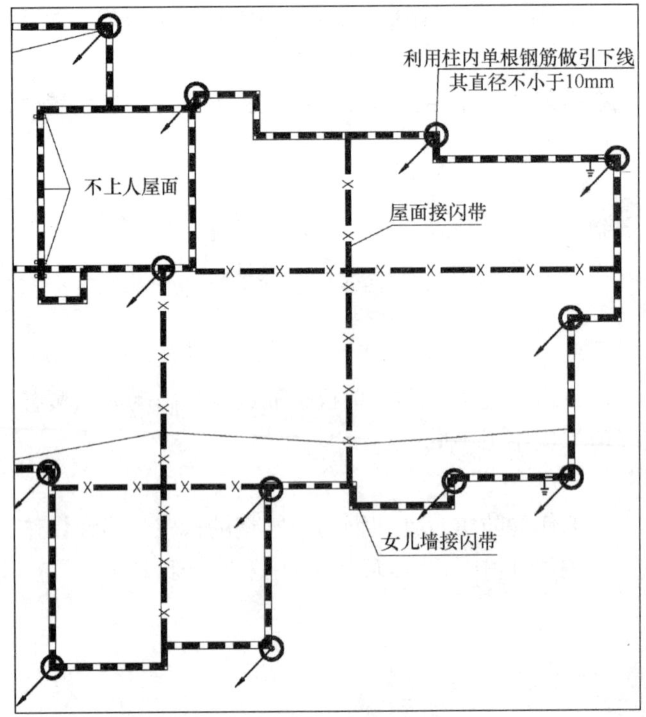

图 9.4-4　正确

注：1　图 9.3-3 中框出的部位为不正确标注的关键；

2　图 9.4-4 为针对图 9.3-3 中不正确的标注作出的正确示例。

11.9.5　当电子信息系统设备由 TN 交流配电系统供电时，其配电线路必须采用 TN-S 系统的接地方式。

【技术要点说明】

TN 交流配电系统共有 TN-S、TN-C-S、TN-C 共 3 种接地形式，其中 TN-C-S 系统的 TN-C 系统的 PEN 线，正常工作状态下会流过 N 线电流，导致其末端的 PE 或 PEN 的电位不能稳定为地电位，给其供电的电子系统带来不可避免的干扰。为了避免上述问题的发生，要求 TN 交流配电系统给电子信息系统设备供电时，其配电线路必须采用 TN-S 系统的接地方式。

【实施与检查控制】

（1）实施

设计中当采用 TN 交流配电系统给电子信息系统设备供电时，其配电线路应选用 TN-S系统的接地方式。

（2）检查

应审核设计图纸中的配电线路的接地方式，当采用 TN 交流配电系统给电子信息系统设备供电时，以其配电线路选用的接地方式是 TN-S 系统，来判断符合本强条的依据。

12.2.3　采用 TN-C-S 系统时，当保护导体与中性导体从某点（一般为进户处）分开后就不应再合并，且中性导体不应再接地。

【技术要点说明】

TN-C-S 系统自电源到另一建筑物用户电气装置之间，保护接地导体和中性导体共用，节省一根专用 PE 导体，这段 PEN 导体上的电压降使整个电气装置对地升高电压，但由于电源进线点后在保护接地导体与中性导体分开，且设置总等电位联结，使 PE 导体并不产生电压降，当发生接地故障人体遭受电击时，其接触电压与 TN-S 系统一样，因此 TN-C-S 系统在保护接地导体与中性导体分开后就不应再合并。否则造成前段的 N、PE 并联，PE 导体可能会有大电流通过，提高 PE 导体的对地电位，危及人身安全；此外这种接线会造成剩余电流动作保护器误动作。

【实施与检查控制】

（1）实施

在设计中，TN-C-S 系统在保护接地导体与中性导体分开后就不应再合并。

（2）检查

应审核设计图纸中，检查 TN-C-S 系统在保护接地导体与中性导体分开后是否存在合并情况。

12.2.6　在 IT 系统中的任何带电部分（包括中性导体）严禁直接接地。IT 系统中的电源系统对地应保持良好的绝缘状态。

【技术要点说明】

IT 系统是采用隔离变压器与供电系统的接地系统完全分开，IT 系统电源端不做系统接地，所以其系统中的任何带电部分（包括中性导体）严禁直接接地。单点对地的一次故障，故障电流没有直接返回电源的通路，故障电流很小，可不切断电源，但应对 IT 系统中的电源系统对地的绝缘状态进行监视，对发生一次接地故障状态进行报警。IT 电力系统的带电部分与大地不直接接地，而电气装置的外露可导电部分则是接地的，适用于对不间断供电要求较高的配电系统，见图 9.4-5。

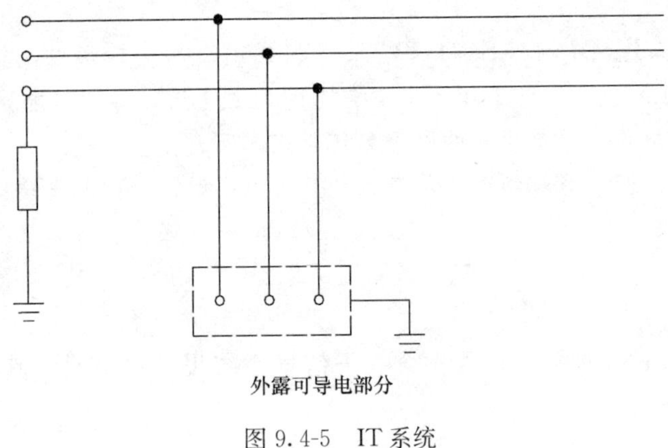

图 9.4-5　IT 系统

【实施与检查控制】

（1）实施

在设计中，IT 系统是采用隔离变压器与供电系统的接地系统应完全分开，IT 系统必须装设绝缘监视及接地故障报警或显示装置，应对一次接地故障状态进行报警。

（2）检查

应审核设计图纸中，检查 IT 系统是采用隔离变压器与供电系统的接地系统是否完全分开，是否设置绝缘监视及接地故障报警或显示装置。

12.3.4　下述场所电气设备的外露可导电部分严禁保护接地：

1　采用设置绝缘场所保护方式的所有电气设备及外界可导电部分。

2　采用不接地局部等电位联结保护方式的所有电气设备及外界可导电部分。

3　采用电气隔离保护方式的电气设备及外界可导电部分。

4　在采用双重绝缘及加强绝缘保护方式中的绝缘外护物里面的可导电部分。

【技术要点说明】

由于采取的保护方式不同，为了对电气设备的接地实施有效保护，对《民用建筑电气设计规范》JGJ 16－2008 第 12.3.4 条中规定的电气设备的外露可导电部分严禁保护接地。

【实施与检查控制】

（1）实施

在设计中，对采用设置绝缘场所保护方式的所有电气设备及外界可导电部分、采用不接地局部等电位联结保护方式的所有电气设备及外界可导电部分、采用电气隔离保护方式的电气设备及外界可导电部分、在采用双重绝缘及加强绝缘保护方式中的绝缘外护物里面的可导电部分不应接地。

（2）检查

应审核设计图纸中，检查采用设置绝缘场所保护方式的所有电气设备及外界可导电部分、采用不接地局部等电位联结保护方式的所有电气设备及外界可导电部分、采用电气隔离保护方式的电气设备及外界可导电部分、在采用双重绝缘及加强绝缘保护方式中的绝缘外护物里面的可导电部分是否进行接地。

12.5.2 在地下禁止用裸铝线作接地极或接地导体。

【技术要点说明】

由于裸铝线易氧化，电阻率不稳定，在一定时间后影响接地效果，并危及接地安全。

【实施与检查控制】

（1）实施

在设计中，不应采用裸铝线作接地极或接地导体。

（2）检查

应审核设计图纸中，检查接地极或接地导体是否采用裸铝线。

12.5.4 包括配线用的钢导管及金属线槽在内的外界可导电部分，严禁用作 PEN 导体。PEN 导体必须与相导体具有相同的绝缘水平。

【技术要点说明】

因为 PEN 导体可能有大电流通过，用外界可导电部分作为 N 导体和 PE 导体的共同载体是不适宜的，故提出了外界可导电部分严禁用作 PEN 导体，而且 PEN 导体的绝缘水平应与相导体相同。

【实施与检查控制】

（1）实施

在设计中，不能选择配线用的钢导管及金属线槽在内的外界可导电部分作 PEN 导体。并对设计中采用的 PEN 导体的绝缘水平应与相导体的绝缘水平相同。

（2）检查

应审核设计图纸中，检查配线用的钢导管及金属线槽在内的外界可导电部分是否作 PEN 导体。同时检查 PEN 导体的绝缘水平应与相导体是否相同。

12.6.2 手持式电气设备应采用专用保护接地芯导体，且该芯导体严禁用来通过工作电流。

【技术要点说明】

手持式电气设备是指工作时需用手握持的设备，由于其特点是使用人员经常手握持，一旦设备绝缘损坏，人体受电击时难以摆脱，会发生人员电击伤亡的事故，因此手持式电气设备应采用专用保护接地芯导体，在引发人体心室纤颤致死之前切断电源。

【实施与检查控制】

（1）实施

在设计中，对手持式电气设备的配电应采用专用保护接地芯导体。

（2）检查

应审核设计图纸中，检查手持式电气设备的配电是否应采用专用保护接地芯导体。

《建筑物电子信息系统防雷技术规范》GB 50343－2012

5.1.2 需要保护的电子信息系统必须采取等电位连接与接地保护措施。

【技术要点说明】

建筑物上装设的外部防雷装置，能将雷击电流安全泄放入地，保护了建筑物不被雷电直接击坏，但不能保护建筑物内的电子信息系统设备被雷电冲击过电压、雷电感应产生的瞬态过电压击坏。为了避免电子信息设备之间及设备内部出现危险的电位差，采用等电位连接降低其电位差是十分有效的防范措施。接地是分流和泄放直接雷击电流和雷电电磁脉冲能量最有效的手段之一。

因此，为了确保电子信息系统设备及人员的安全，抑制电磁干扰，建筑物内电子信息系统必须采取等电位连接与接地保护措施。

【实施与检查控制】

（1）实施

在雷电防护区的界面处应安装等电位接地端子板，材料规格应符合设计要求，并应与接地装置连接。钢筋混凝土建筑物宜在电子信息系统机房内预埋与房屋内墙结构柱主钢筋相连的等电位接地端子板，为电子信息系统提供等电位连接点。

等电位连接网格的连接宜采用焊接、熔接或压接。连接导体与等电位接地端子板之间应采用螺栓连接，连接处应进行热搪锡处理。

等电位连接导线应使用具有黄绿相间色标的铜质绝缘导线。

（2）检查

应分别检查等电位接地端子板（等电位连接带）、等电位连接线的安装位置、材料规格和连接方法，以及端子板与接地装置的连接情况。

应分别检查接地装置的接地电阻、安装位置、埋设间距、深度、材质、连接方法、防腐处理等。

等电位连接检测可按《建筑物防雷装置检测技术规范》GB/T 21431 有关规定进行。

5.2.5　防雷接地与交流工作接地、直流工作接地、安全保护接地共用一组接地装置时，接地装置的接地电阻值必须按接入设备中要求的最小值确定。

【技术要点说明】

从防雷的角度考虑，防雷接地、交流工作接地、直流工作接地、安全保护接地等各种接地在一栋建筑物中时宜共用一组接地装置。

《雷电防护　第 3 部分：建筑物的物理损坏和生命危险》GB/T 21714.3－2008 第 5.4.1 条规定：“将雷电流（高频特性）分散入地时，为使任何潜在的过电压降到最小，接地装置的形状和尺寸很重要。一般来说，建议采用较小的接地电阻（如果可能，低频测量时小于 10Ω）。”

对于电子信息系统直流工作接地（信号接地或功能性接地）的电阻值，从我国各行业的实际情况来看，电子信息设备的种类很多，用途各不相同，它们对接地装置的电阻值要求各不相同。

可见采用共用接地装置时，其接地电阻应不大于与之连接的各种系统要求的接地电阻最小值才能满足要求。

《交流电气装置的接地设计规范》GB 50065－2011 第 7.2.11 条规定：“建筑物处的低压系统电源中性点、电气装置外露导电部分的保护接地、保护等电位联结的接地极等，可与建筑物的雷电保护接地共用同一接地装置。共用接地装置的接地电阻，应不大于各要求值中的最小值。”

因此，本规范规定，当建筑物电子信息系统防雷接地与交流工作接地、直流工作接地、安全保护接地共用一组接地装置时，接地装置的接地电阻值必须按接入设备中要求的最小值确定，以确保人身安全和电气、电子信息设备正常工作。

【实施与检查控制】

（1）实施

当设计采用共用接地装置时，应确定与之连接的各种系统要求的接地电阻值，并取最小值作为该共用接地装置的电阻值。

在钢筋混凝土结构的建筑物中通常是采用基础钢筋网（自然接地极）作为共用接地装置。当接地电阻达不到要求时增加人工接地体。

在高土壤电阻率地区，宜采用换土法、长效降阻剂法或其他新技术、新材料降低共用接地装置的接地电阻。

钢质接地体应采用焊接连接。铜质接地装置应采用焊接或热熔焊，钢质和铜质接地装置之间连接应采用热熔焊，连接部位应作防腐处理。

（2）检查

应检查共用接地装置的各系统的电阻值要求，并分别检查共用接地装置的接地电阻、安装位置、埋设间距、深度、材质、连接方法、防腐处理等。接地装置的工频接地电阻值测量常用三极法和使用接地电阻表法，按《建筑物防雷装置检测技术规范》GB/T21431有关规定进行。

5.4.2　电子信息系统设备由TN交流配电系统供电时，从建筑物内总配电柜（箱）开始引出的配电线路必须采用TN-S系统的接地形式。

【技术要点说明】

在装有重要信息技术设备的建筑物中，为了减少中性线电流的分流导致对信息电缆的损害或干扰，应在电气装置的电源进线点之后采用分开的保护导体（PE）和中性导体（N）。

在TN-S系统中负载电流仅在专用的中性导体（N）中流回，而在TN-C系统中，中性线电流可能在信号电缆中的屏蔽或参考地导体、外露可导电部分和装置外可导电部分（例如建筑物的金属构件）流过，对设备造成干扰。

对于设置有敏感电子信息系统的建筑物，因TN-C系统在全系统内N线和PE线是合一的，存在不安全因素，一般不采用。

【实施与检查控制】

（1）实施

设计时220/380V低压交流电源优先采用TN-S系统。

当220/380V低压交流电源为TN-C系统时，应在入户总配电箱处将PEN重复接地一次，在总配电箱之后采用TN-S系统，中性导体（N）和保护接地导体（PE）就不应再合并，且中性导体（N）不应再接地。

（2）检查

对新建项目应在总配电箱之后设计采用TN-S系统。施工后，可通过设计竣工图审核，现场目视检查，以及仪表检测确定是否符合要求。

7.3.3　检验不合格的项目不得交付使用。

【技术要点说明】

防雷施工是按照防雷设计和规范要求进行的，对雷电防护作了周密的考虑和计算，哪怕有一个小部位施工质量不合格，都将会形成隐患，遭受严重损失。因此规定本条作为强制性条款，必须执行。凡是检验不合格项目，应提交施工单位进行整改，直到满足验收要求为止。

【实施与检查控制】

（1）实施

防雷工程竣工后，应由施工单位提供完整的技术文件和资料并提出竣工验收报告，并由工程监理单位对施工安装质量作出评价。

（2）检查

通过竣工技术文件审核，现场目视检查，以及仪表检测确定是否符合质量要求。

《住宅建筑电气设计规范》JGJ 242－2011

10.1.1　建筑高度为100m或35层及以上的住宅建筑和年预计雷击次数大于0.25的住宅建筑，应按第二类防雷建筑物采取相应的防雷措施。

【技术要点说明】

建筑物的防雷分类及防雷措施由国家标准《建筑物防雷设计规范》GB 50057－2010规定。《建筑物防雷设计规范》GB 50057－2010第3.0.3条第10款强制性条款只对年预计雷击次数大于0.25的住宅建筑作出了规定，本规范在此基础上，根据住宅建筑的特性对住宅建筑的高度及层数也作出了规定，目的是为了保障居民的人身安全。

【实施与检查控制】

（1）实施

在设计中，对满足下列任一条件的住宅建筑，应按国家标准《建筑物防雷设计规范》GB 50057－2010规定的第二类防雷建筑物采取相应的防雷措施：

① 建筑高度为100m及以上的住宅建筑；

② 建筑高度为35层及以上的住宅建筑；

③ 年预计雷击次数大于0.25的住宅建筑。

（2）检查

审核施工图阶段，设计文件中的住宅建筑防雷分类及防雷措施是否符合本强条的要求。

10.1.2　建筑高度为50m～100m或19层～34层的住宅建筑和年预计雷击次数大于或等于0.05且小于或等于0.25的住宅建筑，应按不低于第三类防雷建筑物采取相应的防雷措施。

【技术要点说明】

建筑物的防雷分类及防雷措施由国家标准《建筑物防雷设计规范》GB 50057－2010规定。《建筑物防雷设计规范》GB 50057－2010第3.0.4条第3款强制性条款只对年预计雷击次数大于或等于0.05且小于或等于0.25的住宅建筑作出了规定，本规范在此基础上，根据住宅建筑的特性对住宅建筑的高度及层数也作出了规定，目的是为了保障居民的人身安全。

【实施与检查控制】

（1）实施

在设计中，对满足下列任一条件的住宅建筑，应按不低于国家标准《建筑物防雷设计规范》GB 50057－2010 规定的第三类防雷建筑物采取相应的防雷措施：

① 建筑高度为 50m～100m 的住宅建筑（不包括 100m）；

② 建筑高度为 19 层～34 层的住宅建筑；

③ 年预计雷击次数大于或等于 0.05 且小于或等于 0.25 的住宅建筑。

（2）检查

审核施工图阶段，设计文件中的住宅建筑防雷分类及防雷措施是否符合本强条的要求。

《电子信息系统机房设计规范》GB 50174－2008

8.3.4 电子信息系统机房内所有设备的金属外壳、各类金属管道、金属线槽、建筑物金属结构等必须进行等电位联结并接地。

【技术要点说明】

等电位联结是静电防护的必要措施，是接地构造的重要环节，对于机房环境的静电净化和人员设备的防护至关重要，在电子信息系统机房内不应存在对地绝缘的孤立导体。

《低压配电设计规范》GB 50054－2011 和《建筑电气工程施工质量验收规范》GB 50303（报批稿）将线槽改为槽盒。

【实施与检查控制】

（1）实施

采用等电位联结带就近与局部等电位联结箱、各类金属管道、金属线槽、建筑物金属结构进行连接。机柜采用两根不同长度的 $6mm^2$ 铜导线与等电位联结网格或等电位联结带连接。具体做法详见国家建筑标准设计图集 09DX009《电子信息系统机房工程设计与安装》。

（2）检查

在电子信息系统机房设计中，检查电气专业是否按照国家建筑标准设计图集 09DX009《电子信息系统机房工程设计与安装》的要求，采用了等电位联结措施，将机房内所有设备的金属外壳、各类金属管道、金属线槽、建筑物金属结构等进行等电位联结并接地。

《古建筑防雷技术规范》GB 51017－2014

4.1.6 当外部防雷装置设置在古建筑的主要出入口、经常有人通过或停留的场所时，外部防雷装置必须采取人身安全保护措施。

【技术要点说明】

外部防雷装置直接影响人身安全的是引下线及其接地装置的接触电压和跨步电压，古建筑防雷工程的设计，必须有完善的接触电压和跨步电压的防护措施，保证游客及工作人员的人身安全。

【实施与检查控制】

（1）实施

设计中，古建筑的防雷引下线及接地装置应采取下列措施保护附近人身安全：

① 外露引下线距地面 2.7m 及以下的导体应采用至少 3mm 厚的交联聚乙烯层隔离或具有同等绝缘功能的其他绝缘材料隔离；或距引下线 3m 半径处设置护栏、警告牌。

② 引下线 3m 范围内土壤地表层的电阻率不应小于 5kΩm，或应敷设 50mm 厚沥青层或 150mm 厚砾石层，或应采用网状接地装置对地面作均衡电位处理。

（2）检查

应审核设计图纸防雷装置的设置部位及采取人身安全防护措施。

4.5.2　接闪器应符合下列规定：

3　不应在由易燃材料构成的屋顶上直接安装接闪器。在可燃材料构成的屋顶上安装接闪器时，接闪器的支撑架应采用隔热层与可燃材料之间隔离。

【技术要点说明】

本款制订目的是防止由于接闪器安装方式不当而引起火灾。接闪器安装在易燃物和可燃物两种材料的屋顶上，应采取不同的方法；接闪器安装不仅包括接闪器本身，还应包括接闪器的支撑架。

【实施与检查控制】

（1）实施

易燃物指茅草、稻草等细小易点燃物。这些材料可能因雷电的放电火星引起燃烧，所以不允许在其上直接安装接闪器。在易燃物构成的屋顶安装接闪器时，接闪器应距其表面 150mm 以上，且接闪器（含支撑架）不应直接与易燃材料接触；或应在接闪器导体层面投影的两侧至少各外延 200mm 范围内的易燃物上覆盖不可燃物，在不可燃物上安装。

可燃材料指木材等可燃的材料。这类可燃材料热容性较大，故需采取隔热措施。为了满足隔热要求可以采用空间间隔 50mm；贴邻时，接闪器（含支撑架）采用 3mm 厚度的不可燃绝缘垫层进行隔离。

（2）检查

应审核设计及施工文件，对易燃物构成的屋顶及可燃物构成的屋顶上安装接闪器时应有防火及隔热措施。

5.1.4　防雷装置现场安装施工时，古建筑内部严禁采用容易引起火灾的施工方法。古建筑外部附近施工应采取防火安全措施。

【技术要点说明】

本条制订目的是防止施工时由于施工方法或防火措施不合适引起火灾，或产生高温损害古建筑的原状、古建筑内部物件，造成不可复制的损失。条文从古建筑内部施工和外部施工两方面采取措施，避免火灾发生。

【实施与检查控制】

（1）实施

古建筑内部（含在古建筑上）进行防雷装置安装施工时，严禁采用焊接等产生高温容易引起火灾的施工方法。在古建筑物外部采用容易引起火灾的施工方法时，施工现场应远离古建筑，或采用防火隔离等安全、可靠的防火措施，防止施工时可能引起的火灾危及古建筑。

（2）检查

本条是对施工过程中的要求，要求施工单位在施工过程中严禁采用容易引起火灾的施工方法；在古建筑外部施工时应采取防火措施。对施工工艺严格审查，对施工现场随时检查。

5.3.2 引下线安装应符合下列规定：

3 在木结构上敷设引下线时，引下线的金属支撑架必须采用隔热层与木结构之间隔离。

【技术要点说明】

规定引下线的金属支撑架不能在木结构体上直接固定，主要是防止雷击泄流时的热效应会引起木结构材质损伤或引起火灾。

【实施与检查控制】

（1）实施

在木结构上敷设引下线时，引下线的金属支撑架应与木结构之间采取隔热措施。为了满足隔热要求可以采用空间间隔 50mm；贴邻时，引下线（含支撑架）采用 3mm 厚度的不可燃绝缘垫层进行隔离。

（2）检查

本条是对施工工艺的要求，要求施工单位在施工过程中严格按此要求实施。对施工工艺严格审查，对施工现场随时检查。

《农村民居雷电防护工程技术规范》GB 50952 - 2013

3.1.5 使用双层彩钢板做屋面及接闪器，且双层彩钢板下方有易燃物品时，应符合下列规定：

1 上层钢板厚度不应小于 0.5mm。

2 夹层中保温材料必须为不燃或难燃材料。

【技术要点说明】

使用彩钢板作为屋面和接闪器的情况在沿海地区较为普遍。农村民居中常有棉花、柴草或其他容易被点燃的生活用品，这些物品有可能被雷击金属屋面产生的金属熔化物点燃易燃物品而发生火灾，可能导致人员伤亡，因此对使用金属屋面作为接闪器作了规定。《建筑物防雷设计规范》GB 50057 - 2010 中对金属屋面作为接闪器，下面有易燃物品时，对金属板的厚度做出了要求，但在农村一般情况下较难实现。因此引用了 GB 50057 - 2010 中第 5.2.7 条条文说明和 GB 50601 - 2010 中第 B.1.2 条第 3 款关于使用双层彩板和设置水泥或石膏隔板的规定。一旦上层钢板被雷击击穿，熔化物不会点燃保温材料，下层钢板起到阻隔作用，则不宜发生火灾事故。

【实施与检查控制】

(1) 实施

目前，农村普遍为自建自住，不受相关部门的审核和监督，因此应对大家做好防雷安全宣传，发放《农村民居雷电防护工程技术规范》GB 50952－2013，重点提出双层金属屋面作为防雷接闪器时，上层钢板厚度最小值应为0.5mm，夹层中保温材料必须是不燃或难燃的材料。

对于新农村建设的农村民居，设计时如采用双层金属材料作为防雷接闪器，应明确其上层钢板的厚度应大于等于0.5mm，加层保温材料为不燃或难燃材料，如加层是易燃材料，则应符合《建筑物防雷设计规范》GB 50057－2010第5.2.7条第3款（不锈钢、热镀锌钢和钛板的厚度不应小于4mm，铜板的厚度不应小于5mm，铅板的厚度不应小于7mm）要求。

设计审核时发现是利用双层金属屋面做接闪器的情况，应严格把关其上层钢板的厚度以及加层保温材料的材质。不满足要求时，应督促设计人员修改。

(2) 检查

检测应跟踪到位，避免竣工完成后，加层保温材料作为隐蔽工程无法检测。不满足要求时，应督促施工人员整改。

4.1.2　除结构设计要求外，兼做引下线的承力钢结构构件、混凝土梁、柱内钢筋与钢筋的连接，应采用土建施工的绑扎法或螺丝扣的机械连接，严禁热加工连接。

【技术要点说明】

《建筑物防雷设计规范》GB 50057－2010第4.3.5条条文说明认为“在交叉点采用金属绑线绑扎在一起……建筑物具有许许多多钢筋和连接点，它们保证将全部雷电流经过许多次再分流流入大量的并联放电路径”，因此，绑扎既保证了建筑物结构的负荷能力，又可以保证雷电流的泄放。而承力建筑钢结构构件（含构件内的钢筋）采用焊接连接时可能会降低建筑物结构的负荷能力。因此对本条作了强制性规定。农村民居遭受自然灾害的可能性更大，建筑物结构的负荷能力要尽可能提升，但承力建筑钢结构构件（含构件内的钢筋）采用焊接连接时可能会降低建筑物结构的负荷能力，焊接造成钢材退火、物理强度降低，进而造成房屋倒塌、人员伤亡。

【实施与检查控制】

对于自建自住的农村民居的实施控制同第3.1.5条。

对于新农村建设的农村民居，设计时，需明确指出兼做引下线的承力钢结构构件、混凝土梁、柱内钢筋与钢筋的连接方式；审核时，需要严格控制兼做引下线的承力钢结构构件、混凝土梁、柱内钢筋与钢筋的连接方式。不满足要求时，应督促设计人员修改。

检测应跟踪到位，避免竣工完成后，作为隐蔽工程无法检测。不满足要求时，应督促施工人员整改。

第 三 篇

建　筑　节　能

10　概述

10.1　总　体　情　况

建筑节能篇分为概述、可再生能源、节能施工与验收、节能改造以及节能设计共五章，共涉及 14 项标准、116 条强制性条文（表 10.1）。

表 10.1　建筑节能篇涉及的标准及强条数汇总表

序号	标准名称	标准编号	强条数
1	《公共建筑节能设计标准》	GB 50189－2015	17
2	《民用建筑太阳能热水系统应用技术规范》	GB 50364－2005	10
3	《地源热泵系统工程技术规范》	GB 50366－2009	2
4	《硬泡聚氨酯保温防水工程技术规范》	GB 50404－2007	8
5	《建筑节能工程施工质量验收规范》	GB 50411	17
6	《太阳能供热采暖工程技术规范》	GB 50495－2009	5
7	《民用建筑太阳能空调工程技术规范》	GB 50787－2012	6
8	《严寒和寒冷地区居住建筑节能设计标准》	JGJ 26－2010	14
9	《夏热冬暖地区居住建筑节能设计标准》	JGJ 75－2012	12
10	《夏热冬冷地区居住建筑节能设计标准》	JGJ 134－2010	9
11	《公共建筑节能改造技术规范》	JGJ 176－2009	2
12	《民用建筑太阳能光伏系统应用技术规范》	JGJ 203－2010	8
13	《无机轻集料砂浆保温系统技术规程》	JGJ 253－2011	3
14	《采光顶与金属屋面技术规程》	JGJ 255－2012	3

10.2　主　要　内　容

节能减排是我国的国家战略，可持续发展也是我国建筑行业转型升级的重要方面。系列丛书将各标准中与“建筑节能”直接相关的强制性条文汇总作为专门的一篇，力图覆盖建筑工程建设的勘察与设计、施工安装与验收、运行维护及改造的全寿命各阶段。这些强制性条文，大部分来自建筑节能主题标准体系中所列的各部标准，也有从其他标准中抽取中的相关条文。章节排布上，也按工程建设各环节以及建筑类型考虑；此外将可再生能源利用单独成章。

按照第一篇所述强制性条文的保障国家安全、防止欺诈、保护人体健康和人身财产安全、保护动植物的生命和健康、保护环境等 5 项确定原则（即世界贸易组织《技术性贸易壁垒协议》规定的技术法规制定目标），根据工程建设活动实际及建筑节能的明确目标，其强制性条文的确定原则首先是保护环境（包括节约能源），例如多部建筑节能设计标准中的条文；然后才是保护人体健康和人身财产安全等其他方面，例如多部标准对于在既有建筑上增设或改造已安装的可再生能源利用系统的规定，要求必须经建筑结构安全复核，并应满足建筑结构及其他相应的安全性要求。

最后，由强制性条文的具体技术规定来看，不论是定量的要求（如各围护结构部位的热工性能参数限值），还是定性的规定（如设置热计量装置），均以明确的技术措施为主；虽然也有围护结构热工性能权衡判断这种性能化要求，但主要是为了尊重建筑师的创造性工作，并非标准或强制性条文所推荐的首选。因此，可较好地保证了强制性条文的可操作性，不仅利于设计师及其他专业人员执行实施，也利于有关部门对其执行情况进行监督检查。

10.3 其 他 说 明

《建筑节能工程施工质量验收规范》GB 50411 的强制性条文已通过审查，本书按报批稿纳入了相关强制性条文，待其正式发布实施后，本书将适时进行修订。

考虑到内容重复原因，《民用建筑供暖通风与空气调节设计规范》GB 50736－2012 等标准中涉及节能的强制性条文收录于本册第二篇中，本篇中不再纳入。

11 节能设计

11.1 居住建筑节能设计

《严寒和寒冷地区居住建筑节能设计标准》JGJ 26－2010

4.1.3 严寒和寒冷地区居住建筑的体形系数不应大于表4.1.3规定的限值。当体形系数大于表4.1.3规定的限值时，必须按照本标准第4.3节的要求进行围护结构热工性能的权衡判断。

表4.1.3 严寒和寒冷地区居住建筑的体形系数限值

	建筑层数			
	≤3层	(4～8)层	(9～13)层	≥14层
严寒地区	0.50	0.30	0.28	0.25
寒冷地区	0.52	0.33	0.30	0.26

【技术要点说明】

建筑物体形系数是指建筑物的外表面积和外表面积所包围的体积之比。

建筑物的平、立面不应出现过多的凹凸，体形系数的大小对建筑能耗的影响非常显著。体形系数越小，单位建筑面积对应的外表面积越小，外围护结构的传热损失越小。从降低建筑能耗的角度出发，应该将体形系数控制在一个较小的水平上。

但是，体形系数不只是影响外围护结构的传热损失，它还与建筑造型，平面布局，采光通风等紧密相关。体形系数过小，将制约建筑师的创造性，造成建筑造型呆板，平面布局困难，甚至损害建筑功能。因此，如何合理确定建筑形状，必须考虑本地区气候条件，冬、夏季太阳辐射强度、风环境、围护结构构造等各方面因素。应权衡利弊，兼顾不同类型的建筑造型，尽可能地减少房间的外围护面积，使体形不要太复杂，凹凸面不要过多，以达到节能的目的。

表4.1.3中的建筑层数分为四类，是根据目前大量新建居住建筑的种类来划分的。如（1～3）层多为别墅、托幼、疗养院，（4～8）层的多为大量建造的住宅，其中6层板式楼最常见，（9～13）层多为高层板楼，14层以上多为高层塔楼。考虑到这四类建筑本身固有的特点，即低层建筑的体形系数较大，高层建筑的体形系数较小，因此，在体形系数的限值上有所区别。这样的分层方法与现行《民用建筑设计通则》GB 50352－2005有所不同。在《民用建筑设计通则》中，（1～3）为低层，（4～6）为多层，（7～9）为中高层，10层及10层以上为高层。之所以不同是由于两者考虑如何分层的依据不同，节能标准主要考虑体形系数的变化，《民用建筑设计通则》则主要考虑建筑使用的

要求和防火的要求，例如6层以上的建筑需要配置电梯，高层建筑的防火要求更严等等。从使用的角度讲，本标准的分层与《民用建筑设计通则》的分层不同并不会给设计人员带来任何新增的麻烦。

体形系数对建筑能耗影响较大，依据严寒地区的气象条件，在0.3的基础上每增加0.01，能耗约增加2.4%～2.8%；每减少0.01，能耗约减少2.3%～3%。严寒地区如果将体形系数放宽，为了控制建筑物耗热量指标，围护结构传热系数限值将会变得很小，使得围护结构传热系数限值在现有的技术条件下实现有难度，同时投入的成本太大。本标准适当地将低层建筑的体形系数放大到0.50左右，将大量建造的6层（4～8层）建筑的体形系数控制在0.30左右，有利于控制居住建筑的总体能耗。同时经测算，建筑设计也能够做到。高层建筑的体形系数一般在0.23左右。为了给建筑师更大的设计灵活空间，将严寒地区体形系数限值控制在0.25（≥14层）。寒冷地区体形系数控制适当放宽。

本条文是强制性条文，一般情况下对体形系数的要求是必须满足的。一旦所设计的建筑超过规定的体形系数时，则要求提高建筑围护结构的保温性能，并按照本章第4.3节的规定进行围护结构热工性能的权衡判断，审查建筑物的供暖能耗是否能控制在规定的范围内。

【实施与检查控制】

（1）实施

计算体形系数时，建筑外表面积为建筑物与空气接触的屋顶、接触室外空气的地板面积和各朝向外墙、外窗、外门面积的叠加。保温设在内侧的封闭式阳台外表面积按阳台内侧围护结构面积计算。凸窗外表面积按洞口面积计算。屋顶面积应按支承屋顶的外墙外包线围成的面积（斜屋顶为实际展开面积）计算。楼梯间或外走道的外门（单元外门）面积应按不同朝向分别计算，取洞口面积。

建筑体积应按与计算建筑面积所对应的建筑物外表面和供暖空间底层地面或地板所围成的体积计算。

（2）检查

检查评价方法：检查设计图纸、设计计算书和现场检查。

体形系数在设计过程中主要是查看、审核设计施工图，节能计算书是否满足标准的规定。

4.1.4 严寒和寒冷地区居住建筑的窗墙面积比不应大于表4.1.4规定的限值。当窗墙面积比大于表4.1.4规定的限值时，必须按照本标准第4.3节的要求进行围护结构热工性能的权衡判断，并且在进行权衡判断时，各朝向的窗墙面积比最大也只能比表4.1.4中的对应值大0.1。

表4.1.4 严寒和寒冷地区居住建筑的窗墙面积比限值

朝向	窗墙面积比	
	严寒地区	寒冷地区
北	0.25	0.30

续表

朝向	窗墙面积比	
	严寒地区	寒冷地区
东、西	0.30	0.35
南	0.45	0.50

注：1 敞开式阳台的阳台门上部透明部分应计入窗户面积，下部不透明部分不应计入窗户面积。

2 表中的窗墙面积比应按开间计算。表中的"北"代表从北偏东小于60°至北偏西小于60°的范围；"东、西"代表从东或西偏北小于等于30°至偏南小于60°的范围；"南"代表从南偏东小于等于30°至偏西小于等于30°的范围。

【技术要点说明】

窗墙面积比既是影响建筑能耗的重要因素，也受建筑日照、采光、自然通风等满足室内环境要求的制约。一般普通窗户（包括阳台的透明部分）的保温性能比外墙差很多，而且窗的四周与墙相交之处也容易出现热桥，窗越大，温差传热量也越大。因此，从降低建筑能耗的角度出发，必须合理地限制窗墙面积比。

不同朝向的开窗面积，对于上述因素的影响有较大差别。综合利弊，本标准按照不同朝向，提出了窗墙面积比的指标。北向取值较小，主要是考虑居室设在北向时减小其供暖热负荷的需要。东、西向的取值，主要考虑夏季防晒和冬季防冷风渗透的影响。在严寒和寒冷地区，当外窗 K 值降低到一定程度时，冬季可以获得从南向外窗进入的太阳辐射热，有利于节能，因此南向窗墙面积比较大。由于目前住宅客厅的窗有越开越大的趋势，为减少窗的耗热量，保证节能效果，应降低窗的传热系数，目前的窗框和玻璃技术也能够实现。因此，将南向窗墙面积比严寒地区放大至0.45，寒冷地区放大至0.5。

在严寒地区，南偏东30度～南偏西30度为最佳朝向，因此建筑各朝向偏差在30度以内时，按相应朝向处理；超过30度时，按不利朝向处理。比如：南偏东20度时，则认为是南向；南偏东30度时，则认为是东向。

本标中的窗墙面积比按开间计算。之所以这样做主要有两个理由：一是窗的传热损失总是比较大的，需要严格控制；二是建筑节能施工图审查比较方便，只需要审查最可能超标的开间即可。

本条文是强制性条文，一般情况下对窗墙面积比的要求是必须满足的。一旦所设计的建筑超过规定的窗墙面积比时，则要求提高建筑围护结构的保温隔热性能（如选择保温性能好的窗框和玻璃，以降低窗的传热系数，加厚外墙的保温层厚度以降低外墙的传热系数等），并按照本章第4.3节的规定进行围护结构热工性能的权衡判断，审查建筑物耗热量指标是否能控制在规定的范围内。从节能和室内环境舒适的双重角度考虑，北方地区的居住建筑都不应该过分地追求所谓的通透。因此，即使是采用权衡判断，窗墙面积比也应该有所限制。

【实施与检查控制】

（1）实施

本标准中窗墙面积比按开间计算。外窗（包括阳台门上部透明部分）面积，应按不同朝向和有无阳台分别计算，取洞口面积。凸窗面积也按洞口面积计算；开敞式阳台的阳台门（窗），计算窗墙面积比时应为整个阳台门（窗）面积；保温设在内侧的封闭式阳台，计算窗墙面积比时为阳台内侧洞口面积。

外墙面积，应按不同朝向分别计算。某一朝向的外墙面积，应由该朝向的外表面积减去外窗面积构成。

凹凸墙面和内天井墙面的朝向归属应符合该标准第 F.0.11 条和第 F.0.12 条的规定，即：

① 当某朝向有外凸部分时，应符合下列规定：

当凸出部分的长度（垂直于该朝向的尺寸）小于或等于 1.5m 时，该凸出部分的全部外墙面积应计入该朝向的外墙总面积。

当凸出部分的长度大于 1.5m 时，该凸出部分应按各自实际朝向计入各自朝向的外墙总面积。

② 当某朝向有内凹部分时，应符合下列规定：

当凹入部分的宽度（平行于该朝向的尺寸）小于 5m，且凹入部分的长度小于或等于凹入部分的宽度时，该凹入部分的全部外墙面积应计入该朝向的外墙总面积。

当凹入部分的宽度（平行于该朝向的尺寸）小于 5m，且凹入部分的长度大于凹入部分的宽度时，该凹入部分的两个侧面外墙面积应计入北向的外墙总面积，该凹入部分的正面外墙面积应计入该朝向的外墙总面积。

当凹入部分的宽度大于或等于 5m 时，该凹入部分应按各实际朝向计入各自朝向的外墙总面积。

③ 内天井墙面的朝向归属应符合下列规定：

当内天井的高度大于等于内天井最宽边长的 2 倍时，内天井的全部外墙面积应计入北向的外墙总面积。

当内天井的高度小于内天井最宽边长的 2 倍时，内天井的外墙应按各实际朝向计入各自朝向的外墙总面积。

（2）检查

检查评价方法：检查设计图纸、设计计算书和现场检查。

窗墙面积比在设计过程中主要是查看、审核设计施工图，节能计算书是否满足标准的规定。

4.2.2 根据建筑物所处城市的气候分区区属不同，建筑围护结构的传热系数不应大于表 4.2.2-1、4.2.2-2、4.2.2-3、4.2.2-4、4.2.2-5 规定的限值，周边地面和地下室外墙的保温材料层热阻不应小于表 4.2.2-1、4.2.2-2、4.2.2-3、4.2.2-4、4.2.2-5 规定的限值，寒冷（B）区外窗综合遮阳系数不应大于表 4.2.2-6 规定的限值。当建筑围护结构的热工性能参数不满足上述规定时，必须按照本标准第 4.3 节的规定进行围护结构热工性能的权衡判断。

表 4.2.2-1 严寒（A）区围护结构热工性能参数限值

围护结构部位	传热系数 K[W/(m²·K)]		
	≤3 层建筑	(4～8) 层的建筑	≥9 层建筑
屋面	0.20	0.25	0.25

续表

围护结构部位		传热系数 K[W/(m²·K)]		
		≤3 层建筑	(4～8) 层的建筑	≥9 层建筑
外墙		0.25	0.40	0.50
架空或外挑楼板		0.30	0.40	0.40
非采暖地下室顶板		0.35	0.45	0.45
分隔采暖与非采暖空间的隔墙		1.2	1.2	1.2
分隔采暖非采暖空间的户门		1.5	1.5	1.5
阳台门下部门芯板		1.2	1.2	1.2
外窗	窗墙面积比≤0.2	2.0	2.5	2.5
	0.2＜窗墙面积比≤0.3	1.8	2.0	2.2
	0.3＜窗墙面积比≤0.4	1.6	1.8	2.0
	0.4＜窗墙面积比≤0.4	1.5	1.6	1.8
围护结构部位		保温材料层热阻 R[(m²·K)/W]		
周边地面		1.70	1.40	1.10
地下室外墙（与土壤接触的外墙）		1.80	1.50	1.20

表 4.2.2-2　严寒（B）区围护结构热工性能参数限值

围护结构部位		传热系数 K[W/(m²·K)]		
		≤3 层建筑	(4～8) 层的建筑	≥9 层建筑
屋面		0.25	0.30	0.30
外墙		0.30	0.45	0.55
架空或外挑楼板		0.30	0.45	0.45
非采暖地下室顶板		0.35	0.50	0.50
分隔采暖与非采暖空间的隔墙		1.2	1.2	1.2
分隔采暖非采暖空间的户门		1.5	1.5	1.5
阳台门下部门芯板		1.2	1.2	1.2
外窗	窗墙面积比≤0.2	2.0	2.5	2.5
	0.2＜窗墙面积比≤0.3	1.8	2.2	2.2
	0.3＜窗墙面积比≤0.4	1.6	1.9	2.0
	0.4＜窗墙面积比≤0.45	1.5	1.7	1.8
围护结构部位		保温材料层热阻 R[(m²·K)/W]		
周边地面		1.40	1.10	0.83
地下室外墙（与土壤接触的外墙）		1.50	1.20	0.91

表 4.2.2-3 严寒（C）区围护结构热工性能参数限值

围护结构部位		传热系数 K [W/(m²·K)]		
		≤3层建筑	(4～8)层的建筑	≥9层建筑
屋面		0.30	0.40	0.40
外墙		0.35	0.50	0.60
架空或外挑楼板		0.35	0.50	0.50
非采暖地下室顶板		0.50	0.60	0.60
分隔采暖与非采暖空间的隔墙		1.5	1.5	1.5
分隔采暖非采暖空间的户门		1.5	1.5	1.5
阳台门下部门芯板		1.2	1.2	1.2
外窗	窗墙面积比≤0.2	2.0	2.5	2.5
	0.2<窗墙面积比≤0.3	1.8	2.2	2.2
	0.3<窗墙面积比≤0.4	1.6	2.0	2.0
	0.4<窗墙面积比≤0.45	1.5	1.8	1.8
围护结构部位		保温材料层热阻 R [(m²·K)/W]		
周边地面		1.10	0.83	0.56
地下室外墙（与土壤接触的外墙）		1.20	0.91	0.61

表 4.2.2-4 寒冷（A）区围护结构热工性能参数限值

围护结构部位		传热系数 K [W/(m²·K)]		
		≤3层建筑	(4～8)层的建筑	≥9层建筑
屋面		0.35	0.45	0.45
外墙		0.45	0.60	0.70
架空或外挑楼板		0.45	0.60	0.60
非采暖地下室顶板		0.50	0.65	0.65
分隔采暖与非采暖空间的隔墙		1.5	1.5	1.5
分隔采暖非采暖空间的户门		2.0	2.0	2.0
阳台门下部门芯板		1.7	1.7	1.7
外窗	窗墙面积比≤0.2	2.8	3.1	3.1
	0.2<窗墙面积比≤0.3	2.5	2.8	2.8
	0.3<窗墙面积比≤0.4	2.0	2.5	2.5
	0.4<窗墙面积比≤0.5	1.8	2.0	2.3
围护结构部位		保温材料层热阻 R [(m²·K)/W]		
周边地面		0.83	0.56	—
地下室外墙（与土壤接触的外墙）		0.91	0.61	—

表 4.2.2-5 寒冷（B）区围护结构热工性能参数限值

围护结构部位		传热系数 K [W/(m²·K)]		
		≤3 层建筑	(4～8) 层的建筑	≥9 层建筑
屋面		0.35	0.45	0.45
外墙		0.45	0.60	0.70
架空或外挑楼板		0.45	0.60	0.60
非采暖地下室顶板		0.50	0.65	0.65
分隔采暖与非采暖空间的隔墙		1.5	1.5	1.5
分隔采暖非采暖空间的户门		2.0	2.0	2.0
阳台门下部门芯板		1.7	1.7	1.7
外窗	窗墙面积比≤0.2	2.8	3.1	3.1
	0.2<窗墙面积比≤0.3	2.5	2.8	2.8
	0.3<窗墙面积比≤0.4	2.0	2.5	2.5
	0.4<窗墙面积比≤0.5	1.8	2.0	2.3
围护结构部位		保温材料层热阻 R [(m²·K)/W]		
周边地面		0.83	0.56	—
地下室外墙（与土壤接触的外墙）		0.91	0.61	—

注：周边地面和地下室外墙的保温材料层不包括土壤和混凝土地面。

表 4.2.2-6 寒冷（B）区外窗综合遮阳系数限值

围护结构部位		遮阳系数 SC（东、西向/南、北向）		
		≤3 层建筑	(4～8) 层的建筑	≥9 层建筑
外窗	窗墙面积比≤0.2	—/—	—/—	—/—
	0.2<窗墙面积比≤0.3	—/—	—/—	—/—
	0.3<窗墙面积比≤0.4	0.45/—	0.45/—	0.45/—
	0.4<窗墙面积比≤0.5	0.35/—	0.35/—	0.35/—

【技术要点说明】

建筑围护结构热工性能直接影响居住建筑供暖和空调的负荷与能耗，必须予以严格控制。由于我国幅员辽阔，各地气候差异很大。为了使建筑物适应各地不同的气候条件，满足节能要求，应根据建筑物所处的建筑气候分区，确定建筑围护结构合理的热工性能参数。本标准按照 5 个子气候区，分别提出了建筑围护结构的传热系数限值以及外窗玻璃遮阳系数的限值。

确定建筑围护结构传热系数的限值时不仅应考虑节能率，而且也从工程实际的角度考虑了可行性、合理性。

严寒地区和寒冷地区的围护结构传热系数限值，是通过对气候子区的能耗分析和考虑现阶段技术成熟程度而确定的。根据各个气候区节能的难易程度，确定了不同的传热系数限值。我国严寒地区，在第二步节能时围护结构保温层厚度已经达到（6～10）cm 厚，再单纯靠通过加厚保温层厚度，获得的节能收益已经很小。因此需通过提高供暖管网输送热效率和提高锅炉运行效率来减轻对围护结构的压力。理论分析表明，达到同样的节能效果，锅炉效率每增加1%，则建筑物的耗热量指标可降低要求1.5%左右，室外管网输送热效率每增加1%，则建筑物的耗热量指标可降低要求1.0%左右，并且当锅炉效率和室外管网输送热效率都提高时，总的能耗降低和锅炉效率和室外管网输送热效率的提高呈线性关系。考虑到各地节能建筑的节能潜力和我国的围护结构保温技术的成熟程度，为避免各地采用统一的节能比例的做法，而采取同一气候子区，采用相同的围护结构限值的做法。对处于严寒和寒冷气候区的50个城市的多层建筑的建筑物耗热量指标的分析结果表明，采用的管网输送热效率为92%，锅炉平均运行效率为70%时，平均节能率约为65%左右。此时，最冷的海拉尔的节能率为58%，伊春的节能率为61%。这对于经济不发达且到目前建筑节能刚刚起步的这些地区来讲，该指标是合适的。

为解决以往节能标准中高层和小高层居住建筑容易达到节能标准要求，而低层居住建筑难于达到节能标准要求的状况，分析中将建筑物分别按照≤3层的建筑、(4～8)层的建筑、(9～13)层的建筑和≥14层的建筑进行建筑物耗热量指标计算，分析中所采用的典型建筑条件见表11.1-1及表11.1-2。由于本标准室内计算温度与原标准JGJ 26-95有所不同，在本标准分析中，已经将原标准规定的80～81年的通用建筑的耗热量指标按照下式进行了折算。

$$q'_{H1} = (q_{H1} + 3.8)\frac{t'_i - t_e}{t_i - t_e} - 3.8 \tag{11.1-1}$$

表11.1-1 体形系数

	建筑层数			
	3层	6层	11层	14层
严寒地区	0.41	0.32	0.28	0.23
寒冷地区	0.41	0.32	0.28	0.23

表11.1-2 窗墙面积比

		建筑层数			
		3层	6层	11层	14层
严寒地区	南	0.40	0.30～0.40	0.35～0.40	0.35～0.40
	东西	0.03	0.05	0.05	0.25
	北	0.15	0.20～0.25	0.20～0.25	0.25～0.30
寒冷地区	南	0.40	0.45	0.45	0.40
	东西	0.03	0.06	0.06	0.30
	北	0.15	0.30～0.40	0.30～0.40	0.35

严寒和寒冷地区冬季室内外温差大，采暖期长，提高围护结构的保温性能对降低供暖能耗作用明显。

各个朝向窗墙面积比是指不同朝向外墙面上的窗、阳台门的透明部分的总面积与所在朝向外墙面的总面积（包括该朝向上的窗、阳台门的透明部分的总面积）之比。

窗墙面积比的确定要综合考虑多方面的因素，其中最主要的是不同地区冬、夏季日照情况（日照时间长短、太阳总辐射强度、阳光入射角大小）、季风影响、室外空气温度、室内采光设计标准以及外窗开窗面积与建筑能耗等因素。一般普通窗户（包括阳台门的透明部分）的保温隔热性能比外墙差很多，而且窗和墙连接的周边又是保温的薄弱环节，窗墙面积比越大，供暖和空调能耗也越大。因此，从降低建筑能耗的角度出发，必须限制窗墙面积比。本条文规定的围护结构传热系数和遮阳系数限值表中，窗墙面积比越大，对窗的热工性能要求越高。

窗（包括阳台门的透明部分）对建筑能耗高低的影响主要有两个方面，一是窗的传热系数影响冬季供暖、夏季空调时的室内外温差传热；另外就是窗受太阳辐射影响而造成室内得热。冬季，通过窗户进入室内的太阳辐射有利于建筑节能，因此，减小窗的传热系数抑制温差传热是降低窗热损失的主要途径之一；而夏季，通过窗口进入室内的太阳辐射热成为空调降温的负荷，因此，减少进入室内的太阳辐射以及减小窗或透明幕墙的温差传热都是降低空调能耗的途径。

在严寒和寒冷地区，采暖期室内外温差传热的热量损失占主要地位。因此，对窗的传热系数的要求较高。

本标准对窗的传热系数要求与窗墙比的大小联系在一起，由于窗墙比是按开间计算的，一栋建筑肯定会出现若干个窗墙比，因此就会出现一栋建筑要求使用多种不同传热系数窗的情况。这种情况的出现在实际工程中处理起来并没有大的困难。为简单起见可以按最严的要求选用窗户产品，当然也可以按不同要求选用不同的窗产品。事实上，同样的玻璃，同样的框型材，由于窗框比的不同，整窗的传热系数本身就是不同的。另外，现在的玻璃选择也非常多，外观完全相同的窗，由于玻璃的不同，传热系数差别也可以很大。

与土壤接触的地面的内表面，由于受二维、三维传热的影响，冬季时比较容易出现温度较低的情况，一方面造成大量的热量损失，另一方面也不利于底层居民的健康，甚至发生地面结露现象，尤其是靠近外墙的周边地面更是如此。因此要特别注意这一部分围护结构的保温、防潮。

在严寒地区周边地面一定要增设保温材料层。在寒冷地区周边地面也应该增设保温材料层。

地下室虽然不作为正常的居住空间，但也常会有人的活动，也需要维持一定的温度。另外增强地下室的墙体保温，也有利于减小地面房间和地下室之间的传热，特别是提高一层地面与墙角交接部位的表面温度，避免墙角结露。因此本条文也规定了地下室与土壤接触的墙体要设置保温层。

本标准中表 4.2.2-1～表 4.2.2-5 中周边地面和地下室墙面的保温层热阻要求，大致相当于（2～6）cm 厚的挤压聚苯板的热阻。挤压聚苯板不吸水，抗压强度高，用在地下比较适宜。

【实施与检查控制】

（1）实施

目前，我国的建筑节能设计标准一般都给出两种指标判定方法，即规定性指标和性能性指标。居住建筑的节能设计提倡符合规定性指标的达标途径（图 11.1-1）。

本条给出了各部分围护结构传热系数限值，作为建筑物节能的核心内容，是居住建筑

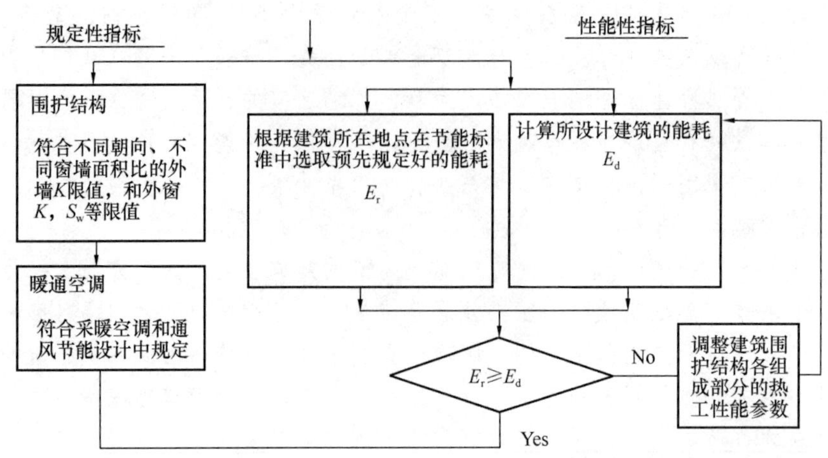

图 11.1-1　规定性指标和性能性指标判定方法

节能设计的主要依据之一。

围护结构传热系数 K 应按下列规定确定：

① 外墙和屋顶的 K 值应是考虑了热桥影响后计算得到的平均传热系数，按本标准附录 C 计算确定。

② 楼板、分隔供暖与非供暖空间隔墙、变形缝墙的 K 值按主断面传热系数确定。

③ 门窗的 K 值应为主体部分（包括透明玻璃和非透明门芯板）和窗（门）框等的整体传热系数，根据产品提供的数据确定。

④ 周边地面是指室内距内墙面 2m 以内的地面，周边地面的传热系数应按标准附录 C 的规定计算。

⑤ 窗的综合遮阳系数应按下式计算：

$$SC = SCC \times SD = SCB \times (1 - FK/FC) \times SD$$

式中　SC——窗的综合遮阳系数；

SCC——窗本身的遮阳系数；

SCB——玻璃的遮阳系数；

FK——窗框的面积；

FC——窗的面积，FK/FC 为窗框面积比，PVC 塑钢窗或木窗窗框比可取 0.30，铝合金窗窗框比可取 0.20；

SD——外遮阳的遮阳系数，按标准附录 D 的规定计算。

另外，如需进行建筑围护结构的总体热工性能权衡判断，则以设计建筑物耗热量指标是否大于标准给出的耗热量指标限值为判据。若设计建筑的耗热量指标不大于本标准中规定耗热量指标限值，即可判定此建筑满足要求。判断设计建筑是否满足要求的步骤如下：

① 判断设计建筑是否满足现行行业标准《严寒和寒冷地区居住建筑节能设计标准》JGJ 26－2010 第 4.1.3 条、第 4.1.4 条、第 4.2.2 条有关体形系数、窗墙比、围护结构热工性能的要求。若完全满足这三条要求，则判定该建筑满足要求。

② 若设计建筑有任意一项不满足标准中第 4.1.3 条、第 4.1.4 条、第 4.2.2 条的有关规定，则需要对围护结构的总体热工性能进行权衡判断。按照标准第 4.3.3 条中规定的耗热量指标计算方法计算设计建筑的耗热量指标。若设计建筑的耗热量指标小于或等于标准附录 A 中给出的该地区的耗热量指标限值，则判定该建筑满足要求。否则判定该建筑不满足要求。

判断设计建筑是否满足要求的流程图见图 11.1-2。

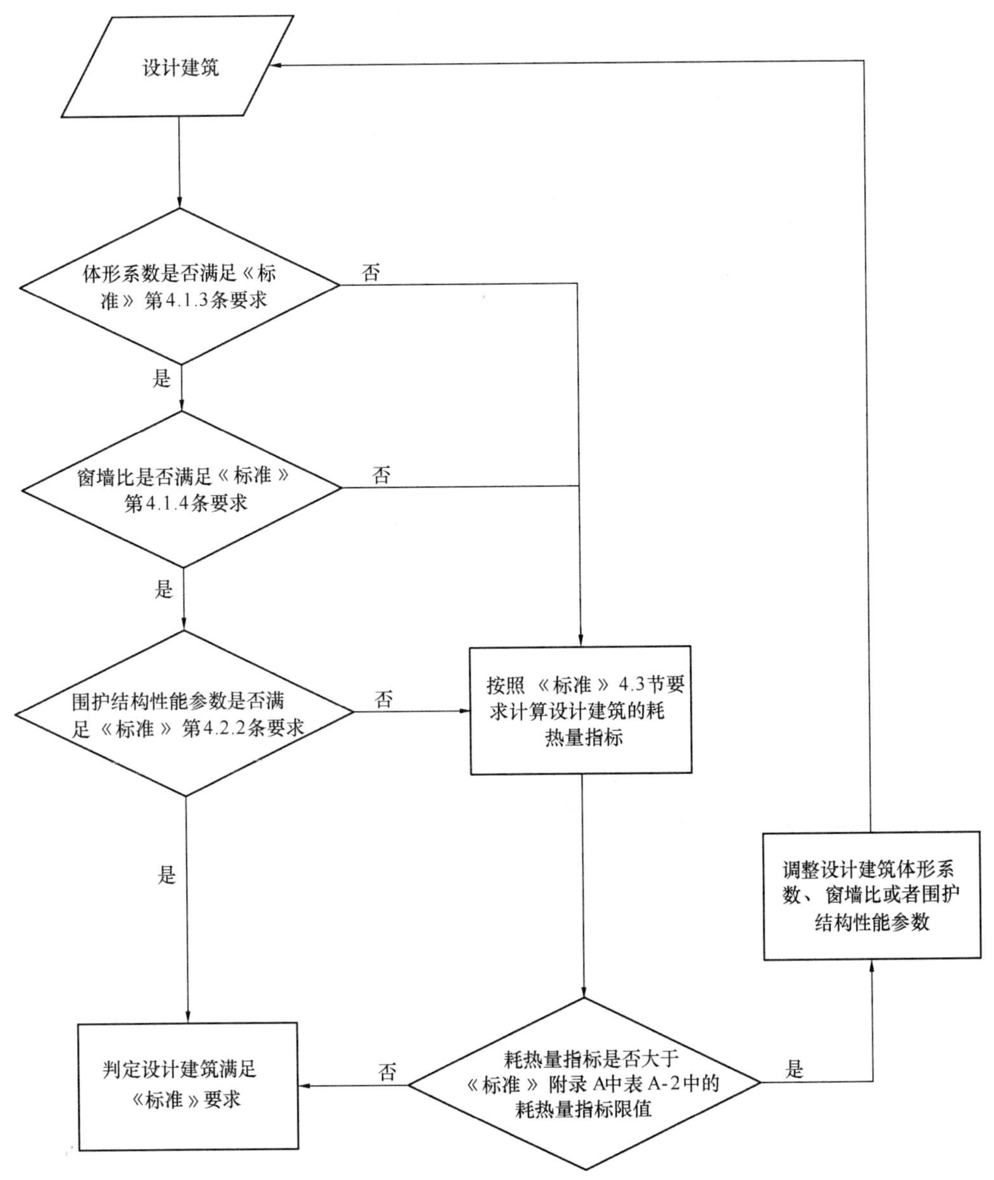

图 11.1-2　围护结构权衡判断法的判断流程

（2）检查

建筑围护结构的热工参数等指标在设计过程中主要是查看、审核设计施工图，节能计算书是否满足标准的规定；在施工验收环节主要是通过现场检查，例如查看保温材料，检测材料厚度，外窗（透明幕墙）型材是否断桥、中空玻璃空气间层厚度、测试玻璃的遮阳系数是否满足施工图的要求等。

在审查节能建筑设计文件时，查阅设计施工图纸，核算节能计算书（包括权衡判断技术分析报告）是否满足标准的规定，以及施工图技术措施、各节点构造的做法设计是否合理。

4.2.6 外窗及敞开式阳台门应具有良好的密闭性能。严寒地区外窗及敞开式阳台门的气密性等级不应低于国家标准《建筑外门窗气密、水密、抗风压性能分级及检测方法》GB/T 7106－2008 中规定的 6 级。寒冷地区 1～6 层的外窗及敞开式阳台门的气密性等级不应低于国家标准《建筑外门窗气密、水密、抗风压性能分级及检测方法》GB/T 7106－2008 中规定的 4 级，7 层及 7 层以上不应低于 6 级。

【技术要点说明】

为了保证建筑节能，要求外窗具有良好的气密性能，以避免冬季室外空气过多地向室内渗漏。《建筑外门窗气密、水密、抗风压性能分级及检测方法》GB/T 7106－2008 中规定的 6 级对应的性能是：在 10Pa 压差下，每小时每米缝隙的空气渗透量不大于 1.5m^3，且每小时每平方米面积的空气渗透量不大于 4.5m^3。4 级对应的性能是：在 10Pa 压差下，每小时每米缝隙的空气渗透量不大于 2.5m^3，且每小时每平方米面积的空气渗透量不大于 7.5m^3。

【实施与检查控制】

（1）实施

查看、审核设计施工图，节能计算书。主要是查看和审核工程资料和外窗性能检测报告。

（2）检查

在节能建筑设计评价时查阅设计施工图纸是否满足标准的规定。查看和审核竣工验收资料是否满足节能计算书、建筑节能专项分析报告的要求。

5.1.1 集中采暖和集中空气调节系统的施工图设计，必须对每一个房间进行热负荷和逐项逐时的冷负荷计算。

【技术要点说明】

目前国内一些工程设计普遍存在用初步设计时的冷、热负荷指标作为施工图设计的冷、热负荷计算依据的情况。从实际情况的统计来看，其冷、热负荷均偏大，导致装机容量大、管道尺寸大、水泵和风机配置大、末端设备大的“四大”现象。这使得初投资增加，能源负荷上升，设备运行效率下降，不利于节省运行能耗，因此特作此规定。居住建筑采用集中空调与供暖时，其负荷计算与集中供冷供热的公共建筑要求是相同的。目前一些居住建筑中，设计了采用了户式空调（通常为风管式、水管式和冷媒管式三种方式）系统，这些系统从原理上来讲也属于集中空调系统的形式（只是规模比较小而已）。因此，设计采用这些系统的居住建筑时，也应执行本条规定。

在实际工程中，供暖或空调系统有时是按照“分区域”来设置的，在一个供暖或空调区域中可能存在多个房间，如果按照区域来计算，对于每个房间的热负荷或冷负荷仍然没有明确的数据。为了防止设计人员对"区域"的误解，这里强调的是对每一个房间进行计算而不是按照供暖或空调区域来计算。

【实施与检查控制】

（1）实施

供暖负荷计算应根据热平衡原则，按以下各项进行综合计算：

① 围护结构传热耗热量；

② 加热渗入冷空气或通风的耗热量；

③ 其他途径获得的热量，如管道或设备发热量等；

④ 其他途径损失的热量，如加热大量进入的冷物料或运输工具的耗热量等；

⑤ 考虑热源状况、间歇性采暖等因素的热量修正。

对于供暖，即使是采用户用燃气炉的分散式系统，也应对每个房间进行计算，才能正确选用散热器、进行户内管路平衡计算、确定管道管径。而对于仅预留空调设施位置和条件（电源等）的情况，分散式空调设备经常由用户自理，因此不做要求。

（2）检查

本条重点审查设计计算书和暖通主要设备表。

5.1.6 除当地电力充足和供电政策支持、或者建筑所在地无法利用其他形式的能源外，严寒和寒冷地区的居住建筑内，不应设计直接电热采暖。

【技术要点说明】

根据《住宅建筑规范》GB 50368－20057 中第 8.3.5 条（强制性条文）："除电力充足和供电政策支持外，严寒地区和寒冷地区的居住建筑内不应采用直接电热采暖"。

建设节约型社会已成为全社会的责任和行动，用高品位的电能直接转换为低品位的热能进行供暖，热效率低，是不合适的。同时，必须指出，"火电"并非清洁能源。在发电过程中，不仅对大气环境造成严重污染；而且，还产生大量温室气体（CO_2），对保护地球、抑制全球气候变暖非常不利。

严寒、寒冷地区全年有（4～6）个月采暖期，时间长，供暖能耗占有较高比例。近些年来由于供暖用电所占比例逐年上升，致使一些省市冬季尖峰负荷也迅速增长，电网运行困难，出现冬季电力紧缺。盲目推广没有蓄热配置的电锅炉，直接电热供暖，将进一步劣化电力负荷特性，影响民众日常用电。因此，应严格限制应用直接电热进行集中供暖的方式。

当然，作为自行配置供暖设施的居住建筑来说，并不限制居住者选择直接电热方式自行进行分散形式的供暖。

本条内容与国家标准《民用建筑供暖通风与空气调节设计规范》GB 50736－2012 强制性条文第 5.5.1 条部分等效。

【实施与检查控制】

（1）实施

直接供暖的电热设备包括电散热器、电暖风机、电热水炉、加热电缆等。北方地区供暖时间长，供暖能耗占有较高比例，应严格限制设计直接电热集中供暖。但本标准并不限制作为非主体热源使用，例如：居住者在户内自行配置过渡季使用的移动式电热供暖设备，卫生间设置“浴霸”等临时电供暖设施，远离主体热源的地下车库值班室等预留的电热供暖设备电源等。

（2）检查

本条重点审查设计计算书和暖通主要设备表。

5.2.4 锅炉的选型，应与当地长期供应的燃料种类相适应。锅炉的设计效率不应低于表 5.2.4 中规定的数值。

表 5.2.4 锅炉的最低设计效率（%）

锅炉类型、燃料种类及发热值			在下列锅炉容量（MW）下的设计效率（%）						
			0.7	1.4	2.8	4.2	7.0	14.0	>28.0
燃煤	烟煤	Ⅱ	—	—	73	74	78	79	80
		Ⅲ	—	—	74	76	78	80	82
燃油、燃气			86	87	87	88	89	90	90

【技术要点说明】

本标准制定时，通过我国供暖负荷的变化规律及锅炉的特性分析，提出了锅炉设计效率达到 70%时设计者所选用的锅炉的最低设计效率，最后根据目前国内企业生产的锅炉的设计效率确定表 5.2.4 的数据。

【实施与检查控制】

（1）实施

锅炉运行效率是长期、监测和记录数据为基础，统计时期内全部瞬时效率的平均值。本标准中规定的锅炉运行效率是以整个采暖季作为统计时间的，它是反映各单位锅炉运行管理水平的重要指标。它既和锅炉及其辅机的状况有关，也和运行制度等因素有关。在《民用建筑节能设计标准》JGJ 26－95 中规定锅炉运行效率为 68%，实际上早在 20 世纪 90 年代我国有些单位锅炉房的锅炉运行效率就已经超过了 73%。本标准在分析锅炉设计效率时，将运行效率取为 70%。近些年我国锅炉设计制造水平有了很大的提高，锅炉房的设备配置也发生了很大的变化，已经为运行单位的管理水平的提高提供了基本条件，只要选择设计效率较高的锅炉，合理组织锅炉的运行，就可以使运行效率达到 70%。表中限定值是必须达到的最低要求。

（2）检查

本条重点审查设计计算书、暖通专业施工图设计说明和暖通主要设备表。

5.2.9 锅炉房和热力站的总管上，应设置计量总供热量的热量表（热量计量装置）。集中采暖系统中建筑物的热力入口处，必须设置楼前热量表，作为该建筑物采暖耗热量的热量结算点。

【技术要点说明】

2005 年 12 月 6 日由原建设部、发改委、财政部、人事部、民政部、劳动和社会保障部、国家税务总局、国家环境保护总局八部委发文《关于进一步推进城镇供热体制改革的意见》（建城［2005］220 号），文件明确提出，“新建住宅和公共建筑必须安装楼前热计量表和散热器恒温控制阀，新建住宅同时还要具备分户热计量条件”。文件中楼前热表可以理解为是进行与供热单位进行热费结算的依据，楼内住户可以依据不同的方法（设备）进行室内参数（比如，热量，温度）测量，然后，结合楼前热表的测量值对全楼的用热量进行住户间分摊。

由于楼前热表为该楼所用热量的结算表，要求有较高的精度及可靠性，价格相应较高，可以按栋楼设置热量表，即每栋楼作为一个计量单元。对于建筑用途相同、建设年代相近、建筑形式、平面、构造等相同或相似、建筑物耗热量指标相近、户间热费分摊方式一致的小区（组团），也可以若干栋建筑，统一安装一块热量表。

有时，在管路走向设计时一栋楼会有 2 个以上入口，但此时 2 个以上热表的读数宜相加以代表整栋楼的耗热量。

对于既有居住建筑改造时，在不具备住户热费条件而只根据住户的面积进行整栋楼耗热量按户分摊时，每栋楼应设置各自的热量表。

【实施与检查控制】

（1）实施

行业标准《供热计量技术规程》JGJ 173－2009 中第 3.0.1 条（强制性条文）："集中供热的新建建筑和既有建筑的节能改造必须安装热量计量装置"；第 3.0.2 条（强制性条文）："集中供热系统的热量结算点必须安装热量表"。明确表明供热企业和终端用户间的热量结算，应以热量表作为结算依据。用于结算的热量表应符合相关国家产品标准，且计量检定证书应在检定的有效期内。

（2）检查

本条重点审查暖通专业施工图设计说明、热量分户计量系统图。

5.2.13　室外管网应进行严格的水力平衡计算。当室外管网通过阀门截流来进行阻力平衡时，各并联环路之间的压力损失差值，不应大于 15%。当室外管网水力平衡计算达不到上述要求时，应在热力站和建筑物热力入口处设置静态水力平衡阀。

【技术要点说明】

供热系统水力不平衡的现象现在依然很严重，而水力不平衡是造成供热能耗浪费的主要原因之一，同时，水力平衡又是保证其他节能措施能够可靠实施的前提，因此对系统节能而言，首先应该做到水力平衡，而且必须强制要求系统达到水力平衡。

当热网采用多级泵系统（由热源循环泵和用户泵组成）时，支路的比摩阻与干线比摩阻相同，有利于系统节能。当热源（热力站）循环水泵按照整个管网的损失选择时，就应考虑环路的平衡问题。

环路压力损失差意味着环路的流量与设计流量有差异，也就是说，会导致各环路房间的室温有差异。

【实施与检查控制】

（1）实施

《采暖居住建筑节能检验标准》JGJ/T 132－2009 中第 11.2.1 条规定，热力入口处的水力平衡度应达到 0.9～1.2。当实际水量在 90%～120%时，室温在 17.6℃～18.7℃范围内，可以满足实际需要。但是，由于设计计算时，与计算各并联环路水力平衡度相比，计算各并联环路间压力损失比较方便，这里采取规定并联环路压力损失差值，要求应在

15%之内。

除规模较小的供热系统经过计算可以满足水力平衡外，一般室外供热管线较长，计算不易达到水力平衡。对于通过计算不易达到环路压力损失差要求的，为了避免水力不平衡，应设置静态水力平衡阀，否则出现不平衡问题时将无法调节。而且，静态平衡阀还可以起到测量仪表的作用。静态水力平衡阀应在每个入口（包括系统中的公共建筑在内）均设置。

（2）检查

本条重点审查设计计算书和暖通主要设备表。

5.2.19 当区域供热锅炉房设计采用自动监测与控制的运行方式时，应满足下列规定：

1 应通过计算机自动监测系统，全面、及时地了解锅炉的运行状况。

2 应随时测量室外的温度和整个热网的需求，按照预先设定的程序，通过调节投入燃料量实现锅炉供热量调节，满足整个热网的热量需求，保证供暖质量。

3 应通过锅炉系统热特性识别和工况优化分析程序，根据前几天的运行参数、室外温度，预测该时段的最佳工况。

4 应通过对锅炉运行参数的分析，作出及时判断。

5 应建立各种信息数据库，对运行过程中的各种信息数据进行分析，并应能够根据需要打印各类运行记录，贮存历史数据。

6 锅炉房、热力站的动力用电、水泵用电和照明用电应分别计量。

【技术要点说明】

锅炉房采用计算机自动监测与控制不仅可以提高系统的安全性，确保系统能够正常运行；而且，还可以取得以下效果：

（1）全面监测并记录各运行参数，降低运行人员工作量，提高管理水平；

（2）对燃烧过程和热水循环过程能有效地控制调节，提高并使锅炉在高效率运行，大幅度的节省运行能耗，并减少大气污染。

（3）能根据室外气候条件和用户需求变化及时改变供热量，提高并保证供暖质量，降低供暖能耗和运行成本。

因此，在锅炉房设计时，除小型固定炉排的燃煤锅炉外，应采用计算机自动监测与控制。

【实施与检查控制】

（1）实施

条文中提出的五项要求，是确保安全、实现高效、节能与经济运行的必要条件。它们的具体监控内容分别为：

① 实时检测：通过计算机自动检测系统，全面、及时地了解锅炉的运行状况，如运行的温度、压力、流量等参数，避免凭经验调节和调节滞后。全面了解锅炉运行工况，是实施科学的调节控制的基础。

② 自动控制：在运行过程中，随室外气候条件和用户需求的变化，调节锅炉房供热量（如改变出水温度，或改变循环水量，或改变供汽量）是必不可少的，手动调节无法保证精度。

计算机自动监测与控制系统，可随时测量室外的温度和整个热网的需求，按照预先设定的程序，通过调节投入燃料量（如炉排转速）等手段实现锅炉供热量调节，满足整个热网的热量需求，保证供暖质量。

③ 按需供热：计算机自动监测与控制系统可通过软件开发，配置锅炉系统热特性识别和工况优化分析程序，根据前几天的运行参数、室外温度，预测该时段的最佳工况，进而实现对系统的运行指导，达到节能的目的。

④ 安全保障：计算机自动监测与控制系统的故障分析软件，可通过对锅炉运行参数的分析，作出及时判断，并采取相应的保护措施，以便及时抢修，防止事故进一步扩大，设备损坏严重，保证安全供热。

⑤ 健全档案：计算机自动监测与控制系统可以建立各种信息数据库，能够对运行过程中的各种信息数据进行分析，并根据需要打印各类运行记录，贮存历史数据，为量化管理提供了物质基础。

（2）检查

本条重点审查暖通专业施工图设计说明、暖通主要设备表和锅炉房设计施工图。

5.2.20 对于未采用计算机进行自动监测与控制的锅炉房和换热站，应设置供热量控制装置。

【技术要点说明】

本条文对锅炉房及热力站的节能控制提出了明确的要求。设置供热量控制装置（比如，气候补偿器）的主要目的是对供热系统进行总体调节，使锅炉运行参数在保持室内温度的前提下，随室外空气温度的变化随时进行调整，始终保持锅炉房的供热量与建筑物的需热量基本一致，实现按需供热；达到最佳的运行效率和最稳定的供热质量。

气候补偿器正常工作的前提，是供热系统已达到水力平衡要求，各房间散热器均装置了恒温阀，否则，即使采用了供热量控制装置也很难保持均衡供热。

【实施与检查控制】

（1）实施

设置供热量控制装置后，还可以通过在时间控制器上设定不同时间段的不同室温，节省供热量；合理地匹配供水流量和供水温度，节省水泵电耗，保证恒温阀等调节设备正常工作；还能够控制一次水回水温度，防止回水温度过低减少锅炉寿命。

由于不同企业生产的气候补偿器的功能和控制方法不完全相同，但必须具有能根据室外空气温度变化自动改变用户侧供（回）水温度、对热媒进行质调节的基本功能。结合气候补偿装置的系统调节做法比较多也比较灵活，监测的对象除了用户侧供水温度之外，还可能包含回水温度和代表房间室内温度，控制的对象可以是热源侧的电动调节阀，也可以是水泵的变频器。

（2）检查

本条重点审查暖通专业施工图设计说明、暖通主要设备表和锅炉房设计施工图。

5.3.3 集中采暖（集中空调）系统，必须设置住户分室（户）温度调节、控制装置及分户热计量（分户热分摊）的装置或设施。

【技术要点说明】

楼前热量表是该栋楼与供热（冷）单位进行用热（冷）量结算的依据，而楼内住户则进行按户热（冷）量分摊，所以，每户应该有相应的装置作为对整栋楼的耗热（冷）量进行户间分摊的依据。

由于严寒地区和寒冷地区的“供热体制改革”已经开展，近年来已开发应用了一些户间采暖“热量分摊”的方法，并且有较大规模的应用。下面对目前在国内已经有一定规模应用的供暖系统“热量分摊”方法的原理和应用时需要注意的事项加以介绍，供选用时参考。

(1) 散热器热分配计方法

该方法是利用散热器热分配计所测量的每组散热器的散热量比例关系，来对建筑的总供热量进行分摊。散热器热量分配计分为蒸发式热量分配计与电子式热量分配计两种基本类型。蒸发式热量分配计初投资较低，但需要入户读表。电子式热量分配计初投资相对较高，但该表具有入户读表与遥控读表两种方式可供选择。热分配计方法需要在建筑物热力入口设置的楼栋热量表，在每台散热器的散热面上安装一台散热器热量分配计。在供暖开始前和供暖结束后，分别读取分配计的读数，并根据楼前热量表计量得出的供热量，进行每户住户耗热量计算。应用散热器热量分配计时，同一栋建筑物内应采用相同形式的散热器；在不同类型散热器上应用散热器热量分配表时，首先要进行刻度标定。由于每户居民在整幢建筑中所处位置不同，即便同样住户面积，保持同样室温，散热器热量分配计上显示的数字却是不相同的。所以，收费时，要将散热器热量分配计获得的热量进行住户位置的修正。

该方法适用于以散热器为散热设备的室内供暖系统，尤其适用于采用垂直采暖系统的既有建筑的热计量收费改造，比如将原有垂直单管顺流系统，加装跨越管，但这种方法不适用于地面辐射供暖系统。

原建设部已批准《蒸发式热分配表》CJ/T 271－2007为城镇建设行业产品标准。

欧洲标准EN 834、835中分配表的原文为Heat cost allocators，直译应为“热费分配器”，所以也可以理解为散热器热费分配计方法。

(2) 温度面积方法

该方法是利用所测量的每户室内温度，结合建筑面积来对建筑的总供热量进行分摊。其具体做法是，在每户主要房间安装一个温度传感器，用来对室内温度进行测量，通过采集器采集的室内温度经通信线路送到热量采集显示器；热量采集显示器接收来自采集器的信号，并将采集器送来的用户室温送至热量采集显示器；热量采集显示器接收采集显示器、楼前热量表送来的信号后，按照规定的程序将热量进行分摊。

这种方法的出发点是按照住户的平均温度来分摊热费。如果某住户在供暖期间的室温维持较高，那么该住户分摊的热费也较多。它与住户在楼内的位置没有关系，收费时不必进行住户位置的修正。应用比较简单，结果比较直观，它也与建筑内供暖系统没有直接关系。所以，这种方法适用于新建建筑各种供暖系统的热计量收费，也适合于既有建筑的热计量收费改造。

住房和城乡建设部现有工业产品行业标准《温度法热计量分摊装置》JG/T 362－2012。

(3) 流量温度方法

这种方法适用于共用立管的独立分户系统和单管跨越管供暖系统。该户间热量分摊系统由流量热能分配器、温度采集器处理器、单元热能仪表、三通测温调节阀、无线接收器、三通阀、计算机远程监控设备以及建筑物热力入口设置的楼栋热量表等组成。通过流量热能分配器、温度采集器处理器测量出的各个热用户的流量比例系数和温度系数，测算出各个热用户的用热比例，按此比例对楼栋热量表测量出的建筑物总供热量进行户间热量分摊。但是这种方法不适合在垂直单管顺流式的既有建筑改造中应用，此时温度测量误差难以消除。

该方法也需对住户位置进行修正。

(4) 通断时间面积方法

该方法是以每户的供暖系统通水时间为依据，分摊总供热量的方法。具体做法是，对于分户水平连接的室内供暖系统，在各户的分支支路上安装室温通断控制阀，用于对该用户的循环水进行通断控制来实现该户室温控制。同时在各户的代表房间里放置室内控制器，用于测量室内温度和供用户设定温度，并将这两个温度值传输给室温通断控制阀。室温通断控制阀根据实测室温于设定值之差，确定在一个控制周期内通断阀的开停比，并按照这一开停比控制通断调节阀的通断，以此调节送入室内热量，同时记录和统计各户通断控制阀的接通时间，按照各户的累计接通时间结合采暖面积分摊整栋建筑的热量。

这种方法适用于水平单管串联的分户独立室内供暖系统，但不适合用于采用传统垂直采暖系统的既有建筑的改造。可以分户实现温控，但是不能分室温控。

住房和城乡建设部现有工业产品行业标准《通断时间面积法热计量装置技术条件》JG/T 379－2012。

(5) 户用热量表方法

该分摊系统由各户用热量表以及楼栋热量表组成。

户用热量表安装在每户供暖环路中，可以测量每个住户的供暖耗热量。热量表由流量传感器、温度传感器和计算器组成。根据流量传感器的形式，可将热量表分为：机械式热量表、电磁式热量表、超声波式热量表。机械式热量表的初投资相对较低，但流量传感器对轴承有严格要求，以防止长期运转由于磨损造成误差较大；对水质有一定要求，以防止流量计的转动部件被阻塞，影响仪表的正常工作。电磁式热量表的初投资相对机械式热量表要高，但流量测量精度是热量表所用的流量传感器中最高的、压损小。电磁式热量表的流量计工作需要外部电源，而且必须水平安装，需要较长的直管段，这使得仪表的安装、拆卸和维护较为不便。超声波热量表的初投资相对较高，流量测量精度高、压损小、不易堵塞，但流量计的管壁锈蚀程度、水中杂质含量、管道振动等因素将影响流量计的精度，有的超声波热量表需要直管段较长。

这种方法也需要对住户位置进行修正。它适用于分户独立式室内供暖系统及分户地面辐射供暖系统，但不适合用于采用传统垂直系统的既有建筑的改造。

原建设部已批准《热量表》CJ 128－2007 为城镇建设行业产品标准。

(6) 户用热水表方法

这种方法以每户的热水循环量为依据，进行分摊总供热量。

该方法的必要条件是每户必须为一个独立的水平系统，也需要对住户位置进行修正。由于这种方法忽略了每户供暖供回水温差的不同，在散热器系统中应用误差较大。所以，通常适用于温差较小的分户地面辐射供暖系统，已在西安市有应用实例。

【实施与检查控制】

（1）实施

根据《供热计量技术规程》的要求，户间热量分摊方法的选择确定，应从技术、经济、维护和推动节能效果等方面综合考虑，可由各地自主选择。而楼栋计量、按户分摊是近年来的重要成果，楼栋计量可以抓住供热节能的主要症结对症下药，按户分摊可以使得住户热费的计量计算灵活化和选择多样化。因此分摊方法应该可以让地方政府甚至业主用户自主选择，不应该全盘一刀切而失去其灵活性。分摊方法的选择基本原则为用户能够接受且鼓励用户主动节能，还有技术可行、经济合算、维护简便等方面。

（2）检查

本条重点审查暖通专业施工图设计说明、热量分户计量系统图。

5.4.3 当采用电机驱动压缩机的蒸气压缩循环冷水（热泵）机组或采用名义制冷量大于7100W的电机驱动压缩机单元式空气调节机作为住宅小区或整栋楼的冷热源机组时，所选用机组的能效比（性能系数）不应低于现行国家标准《公共建筑节能设计标准》GB 50189中的规定值；当设计采用多联式空调（热泵）机组作为户式集中空调（采暖）机组时，所选用机组的制冷综合性能系数不应低于国家标准《多联式空调（热泵）机组综合性能系数限定值及能源效率等级》GB 21454－2008中规定的第3级。

【技术要点说明】

居住建筑可以采取多种空调供暖方式，如集中方式或者分散方式。如果采用集中式空调供暖系统，比如，本条文所指的采用电力驱动、由空调冷热源站向多套住宅、多栋住宅楼、甚至住宅小区提供空调采暖冷热源（往往采用冷、热水）；或者，由用户式集中空调机组（户式中央空调机组）向一套住宅提供空调冷热源（冷热水、冷热风）进行空调供暖。

集中空调供暖系统中，冷热源的能耗是空调供暖系统能耗的主体。因此，冷热源的能源效率对节省能源至关重要。性能系数、能效比是反映冷热源能源效率的主要指标之一，为此，将冷热源的性能系数、能效比作为必须达标的项目。对于设计阶段已完成集中空调供暖系统的居民小区，或者按户式中央空调系统设计的住宅，其冷源能效的要求应该等同于公共建筑的规定。

【实施与检查控制】

（1）实施

本条重点评价冷水（热泵）机组制冷性能系数、单元式机组能效比、多联式空调（热泵）机组制冷综合性能系数。

国家质量监督检验检疫总局已发布实施的空调机组能效限定值及能源效率等级的标准有：《冷水机组能效限定值及能源效率等级》GB 19577－2004，《单元式空气调节机能效限定值及能源效率等级》GB 19576－2004，《多联式空调（热泵）机组能效限定值及能源效率等级》GB 21454－2008。产品的强制性国家能效标准，将产品根据机组的能源效率划分为5个等级，目的是配合我国能效标识制度的实施。能效等级的含义：1等级是企业努力的目标；2等级代表节能型产品的门槛（按最小寿命周期成本确定）；3、4等级代表我国的平均水平；5等级产品是未来淘汰的产品。

为了方便应用，表11.1-3为规定的冷水（热泵）机组制冷性能系数（COP）值和表11.1-4规定的单元式空气调节机能效比（EER）值，这是根据国家标准《公共建筑节能设计标准》GB 50189－2005中第5.4.5、5.4.8条强制性条文规定的能效限值。而表11.1-5为多联式空调（热泵）机组制冷综合性能系数（IPLV（C））值，是根据《多联式空调（热泵）机组能效限定值及能源效率等级》GB 21454－2008标准中规定的能效等级第3级。

表11.1-3　冷水（热泵）机组制冷性能系数（*COP*）

类型		额定制冷量（*CC*）kW	性能系数（*COP*）W/W
水冷	活塞式/涡旋式	*CC*≤528 528<*CC*≤1163 *CC*>1163	3.80 4.00 4.20
	螺杆式	*CC*≤528 528<*CC*≤1163 *CC*>1163	4.10 4.30 4.60
	离心式	*CC*≤528 528<*CC*≤1163 *CC*>1163	4.40 4.70 5.10
风冷或蒸发冷却	活塞式/涡旋式	*CC*≤50 *CC*>50	2.40 2.60
	螺杆式	*CC*≤50 *CC*>50	2.60 2.80

表11.1-4　单元式机组能效比（*EER*）

类型		能效比（*EER*）W/W
风冷式	不接风管	2.60
	接风管	2.30
水冷式	不接风管	3.00
	接风管	2.70

表11.1-5　多联式空调（热泵）机组制冷综合性能系数（*IPLV*（*C*））

名义制冷量（*CC*） W	综合性能系数（*IPLV*（*C*）） （能效等级第3级）
CC≤28000	3.20
28000<*CC*≤84000	3.15
84000<*CC*	3.10

（2）检查

本条重点审查冷水（热泵）机组制冷性能系数、单元式机组能效比、多联式空调（热泵）机组制冷综合性能系数计算书、暖通专业施工图、设计说明和暖通主要设备表、设备检测报告。

5.4.8 当选择土壤源热泵系统、浅层地下水源热泵系统、地表水（淡水、海水）源热泵系统、污水水源热泵系统作为居住区或户用空调（热泵）机组的冷热源时，严禁破坏、污染地下资源。

【技术要点说明】

国家标准《地源热泵系统工程技术规范》GB 50366 中对于“地源热泵系统”的定义为“以岩土体、地下水或地表水为低温热源，由水源热泵机组、地热能交换系统、建筑物内系统组成的供热空调系统。根据地热能交换系统形式的不同，地源热泵系统分为地埋管地源热泵系统、地下水地源热泵系统和地表水地源热泵系统。”。2006 年 9 月 4 日由财政部、原建设部共同发文“关于印发《可再生能源建筑应用专项资金管理暂行办法》的通知”（财建[2006] 460 号）中第四条专项资金支持的重点领域：（1）与建筑一体化的太阳能供应生活热水、供热制冷、光电转换、照明；（2）利用土壤源热泵和浅层地下水源热泵技术供热制冷；（3）地表水丰富地区利用淡水源热泵技术供热制冷；（4）沿海地区利用海水源热泵技术供热制冷；（5）利用污水水源热泵技术供热制冷；（6）其他经批准的支持领域。

如果地源热泵系统采用地下埋管式换热器，要进行土壤温度平衡模拟计算，应注意并进行长期应用后土壤温度变化趋势的预测，以避免长期应用后土壤温度发生变化，出现机组效率降低甚至不能制冷或供热。

【实施与检查控制】

（1）实施

在应用地源热泵系统时，不能破坏地下水资源。这里引用《地源热泵系统工程技术规范》GB 50366－2005 的强制性条文：即“3.1.1 条：地源热泵系统方案设计前，应进行工程场地状况调查，并对浅层地热能资源进行勘察”。“5.1.1 条：地下水换热系统应根据水文地质勘察资料进行设计，并必须采取可靠回灌措施，确保置换冷量或热量后的地下水全部回灌到同一含水层，不得对地下水资源造成浪费及污染。系统投入运行后，应对抽水量、回灌量及其水质进行监测”。

（2）检查

本条重点审查设计计算书和暖通主要设备表。

《夏热冬冷地区居住建筑节能设计标准》JGJ 134－2010

4.0.3 夏热冬冷地区居住建筑的体形系数不应大于表 4.0.3 规定的限值。当体形系数大于表 4.0.3 规定的限值时，必须按照本标准第 5 章的要求进行建筑围护结构热工性能的综合判断。

表 4.0.3 夏热冬冷地区居住建筑的体形系数限值

建筑层数	≤3 层	（4～11）层	≥12 层
建筑的体形系数	0.55	0.40	0.35

【技术要点说明】

建筑物体形系数是指建筑物的外表面积与外表面积所包的体积之比。体形系数是表征建筑热工特性的一个重要指标，与建筑物的层数、体量、形状等因素有关。体形系数越大，则表现出建筑的外围护结构面积大，体形系数越小则表现出建筑外围护结构面积小。

体形系数的大小对建筑能耗的影响非常显著。体形系数越小，单位建筑面积对应的外表面积越小，外围护结构的传热损失越小。从降低建筑能耗的角度出发，应该将体形系数控制在一个较低的水平上。

但是，体形系数不只是影响外围护结构的传热损失，它还与建筑造型，平面布局，采光通风等紧密相关。体形系数过小，将制约建筑师的创造性，造成建筑造型呆板，平面布局困难，甚至损害建筑功能。因此应权衡利弊，兼顾不同类型的建筑造型，来确定体形系数。当体形系数超过规定时，则要求提高建筑围护结构的保温隔热性能，并按照本标准第5章的规定通过建筑围护结构热工性能综合判断，确保实现节能目标。

【实施与检查控制】

(1) 实施

表4.0.3中的建筑层数分为三类，是根据目前本地区大量新建居住建筑的种类来划分的。如（1～3）层多为别墅，（4～11）层多为板式结构楼，其中6层板式楼最常见，12层以上多为高层塔楼。考虑到这三类建筑本身固有的特点，即低层建筑的体形系数较大，高层建筑的体形系数较小，因此，在体形系数的限值上有所区别。这样的分层方法与现行国家标准《民用建筑设计通则》GB 50352－2005有所不同。在《民用建筑设计通则》中，（1～3）为低层，（4～6）为多层，（7～9）为中高层，10层及10层以上为高层。之所以不同是由于两者考虑如何分层的原因不同，节能标准主要考虑体形系数的变化，《民用建筑设计通则》则主要考虑建筑使用的要求和防火的要求，例如6层以上的建筑需要配置电梯，高层建筑的防火要求更严格等等。从使用的角度讲，本标准的分层与《民用建筑设计通则》的分层不同并不会给设计人员带来任何新增的麻烦。

(2) 检查

在审查节能建筑设计文件时，查阅设计施工图纸，核算节能计算书（包括权衡判断技术分析报告）是否满足标准的规定。

4.0.4 建筑围护结构各部分的传热系数和热惰性指标不应大于表4.0.4规定的限值。当设计建筑的围护结构中的屋面、外墙、架空或外挑楼板、外窗不符合表4.0.4的规定时，必须按照本标准第5章的规定进行建筑围护结构热工性能的综合判断。

表4.0.4 建筑围护结构各部分的传热系数（*K*）和热惰性指标（*D*）的限值

围护结构部位		传热系数 K [W/(m^2·K)]	
		热惰性指标 $D\leqslant 2.5$	热惰性指标 $D>2.5$
体形系数≤0.40	屋面	0.8	1.0
	外墙	1.0	1.5
	底面接触室外空气的架空或外挑楼板	1.5	
	分户墙、楼板、楼梯间隔墙、外走廊隔墙	2.0	

续表

围护结构部位		传热系数 K［W/（m²·K）］	
		热惰性指标 D≤2.5	热惰性指标 D>2.5
体形系数≤0.40	户门	3.0（通往封闭空间） 2.0（通往非封闭空间或户外）	
	外窗（含阳台门透明部分）	应符合本标准表 4.0.5-1、表 4.0.5-2 的规定	
体形系数>0.40	屋面	0.5	0.6
	外墙	0.80	1.0
	底面接触室外空气的架空或外挑楼板	1.0	
	分户墙、楼板、楼梯间隔墙、外走廊隔墙	2.0	
	户门	3.0（通往封闭空间） 2.0（通往非封闭空间或户外）	
	外窗（含阳台门透明部分）	应符合本标准表 4.0.5-1、表 4.0.5-2 的规定	

【技术要点说明】

本条文规定了墙体、屋面、楼地面及户门的传热系数和热惰性指标限值，其中分户墙、楼板、楼梯间隔墙、外走廊隔墙、户门的传热系数限值一定不能突破，外围护结构的传热系数如果超过限值，则必须按本标准第 5 章的规定进行围护结构热工性能综合判断。

按第 5 章的规定进行的围护结构热工性能综合判断只涉及屋面、外墙、外窗等与室外空气直接接触的外围护结构，与分户墙、楼板、楼梯间隔墙等无关。

【实施与检查控制】

（1）实施

在夏热冬冷地区冬夏两季的供暖和空调降温是居民的个体行为，基本上是部分时间、部分空间的供暖和空调，因此要减小房间和楼内公共空间之间的传热，减小户间的传热。

夏热冬冷地区是一个相当大的地区，区内各地的气候差异仍然很大。在进行节能建筑围护结构热工设计时，既要满足冬季保温，又要满足夏季隔热的要求。采用平均传热系数，是考虑了围护结构周边混凝土梁、柱、剪力墙等“热桥”的影响，以保证建筑在夏季空调和冬季供暖时通过围护结构的传热量小于标准的要求，不至于造成由于忽略了热桥影响而建筑耗热量或耗冷量的计算值偏小，使设计的建筑物达不到预期的节能效果。

将这一地区高于等于 6 层的建筑屋面和外墙的传热系数值统一定为 1.0(或 0.8)W/(m²·K)和 1.5(或 1.0)W/(m²·K)，并不是没有考虑这一地区的气候差异。重庆、成都、湖北(武汉)、江苏(南京)、上海等的地方节能标准反映了这一地区的气候差异，这些标准对屋面和外墙的传热系数的规定与本标准基本上是一致的。

本标准对 D 值做出规定是考虑了夏热冬冷地区的特点。在非稳态传热的条件下，围护结构的热工性能除了用传热系数这个参数之外，还应该用抵抗温度波和热流波在建筑围护结构中传播能力的热惰性指标 D 来评价。

目前围护结构采用轻质材料越来越普遍。当采用轻质材料时，虽然其传热系数满足标准的规定值，但热惰性指标 D 可能达不到标准的要求，从而导致围护结构内表面温度波幅过大。因此，对屋面和外墙的 D 值作出规定，是为了防止因采用轻型结构 D 值减小后，室内温度波幅过大以及在自然通风条件下，夏季屋面和东西外墙内表面温度可能高于夏季室外计算温度最高值，不能满足《民用建筑热工设计规范》GB 50176 的规定。将夏热冬冷地区外墙的平均传热系数 K_m 及热惰性指标分两个标准对应控制，这样更能切合目前外墙材料及结构构造的实际情况。

围护结构按体形系数的不同，分两档确定传热系数 K 限值和热惰性指标 D 值。建筑体形系数越大，则接受的室外热作用越大，热、冷损失也越大。因此，体形系数大者则理应保温隔热性能要求高一些，即传热系数 K 限值应小一些。

根据夏热冬冷地区实际的使用情况和楼地面传热系数便于计算考虑，对不属于同一户的层间楼地面和分户墙、楼底面接触室外空气的架空楼地面作了传热系数限值规定；底层为使用性质不确定的临街商铺的上层楼地面传热系数限值，可参照楼地面接触室外空气的架空楼地面执行。

由于供暖、空调房间的门对能耗也有一定的影响，因此，明确规定了供暖、空调房间通往室外的门（如户门、通往户外花园的门、阳台门）和通往封闭式空间（如封闭式楼梯间、封闭阳台等）或非封闭式空间（如非封闭式楼梯间、开敞阳台等）的门的传热系数 K 的不同限值。

（2）检查

在审查节能建筑设计文件时，查阅设计施工图纸，核算节能计算书（包括权衡判断技术分析报告）是否满足标准的规定，以及施工图技术措施、各节点构造的做法设计是否合理。

4.0.5　不同朝向外窗（包括阳台门的透明部分）的窗墙面积比不应大于表 4.0.5-1 规定的限值。不同朝向、不同窗墙面积比的外窗传热系数不应大于表 4.0.5-2 规定的限值；综合遮阳系数应符合表 4.0.5-2 的规定。当外窗为凸窗时，凸窗的传热系数限值应比表 4.0.5-2 规定的限值小 10%；计算窗墙面积比时，凸窗的面积应按洞口面积计算。当设计建筑的窗墙面积比或传热系数、遮阳系数不符合表 4.0.5-1 和表 4.0.5-2 的规定时，必须按照本标准第 5 章的规定进行建筑围护结构热工性能的综合判断。

表 4.0.5-1　不同朝向外窗的窗墙面积比限值

朝　　向	窗墙面积比
北	0.40
东、西	0.35
南	0.45
每套房间允许一个房间（不分朝向）	0.60

表 4.0.5-2 不同朝向、不同窗墙面积比的外窗传热系数和综合遮阳系数限值

建筑	窗墙面积比	传热系数 K [W/(m²·K)]	外窗综合遮阳系数 SC_w (东、西向/南向)
体形系数≤0.40	窗墙面积比≤0.20	4.7	—/—
	0.20<窗墙面积比≤0.30	4.0	—/—
	0.30<窗墙面积比≤0.40	3.2	夏季≤0.40/夏季≤0.45
	0.40<窗墙面积比≤0.45	2.8	夏季≤0.35/夏季≤0.40
	0.45<窗墙面积比≤0.60	2.5	东、西、南向设置外遮阳 夏季≤0.25 冬季≥0.60
体形系数>0.40	窗墙面积比≤0.20	4.0	—/—
	0.20<窗墙面积比≤0.30	3.2	—/—
	0.30<窗墙面积比≤0.40	2.8	夏季≤0.40/夏季≤0.45
	0.40<窗墙面积比≤0.45	2.5	夏季≤0.35/夏季≤0.40
	0.45<窗墙面积比≤0.60	2.3	东、西、南向设置外遮阳 夏季≤0.25 冬季≥0.60

注：1 表中的“东、西”代表从东或西偏北30°（含30°）至偏南60°（含60°）的范围；“南”代表从南偏东30°至偏西30°的范围。

2 楼梯间、外走廊的窗不按本表规定执行。

【技术要点说明】

普通窗户（包括阳台门的透明部分）的保温性能比外墙差很多，尤其是夏季白天通过窗户进入室内的太阳辐射热也比外墙多得多。一般而言，窗墙面积比越大，则供暖和空调的能耗也越大。因此，从节约的角度出发，必须限制窗墙面积比。在一般情况下，应以满足室内采光要求作为窗墙面积比的确定原则，表4.0.5-1中规定的数值能满足较大进深房间的采光要求。

在夏热冬冷地区，人们无论是过渡季节还是冬、夏两季普遍有开窗加强房间通风的习惯。一是自然通风改善了室内空气品质；二是夏季在两个连晴高温期间的阴雨降温过程或降雨后连晴高温开始升温过程的夜间，室外气候凉爽宜人，加强房间通风能带走室内余热和积蓄冷量，可以减少空调运行时的能耗。因此需要较大的开窗面积。此外，南窗大有利于冬季日照，可以通过窗口直接获得太阳辐射热。近年来居住建筑的窗墙面积比有越来越大的趋势，这是因为商品住宅的购买者大都希望自己的住宅更加通透明亮，尤其是客厅比较流行落地门窗。因此，规定每套房间允许一个房间窗墙面积比可以小于等于0.60。但当窗墙面积比增加时，应首先考虑减小窗户（含阳台透明部分）的传热系数和遮阳系数。夏热冬冷地区的外窗设置活动外遮阳的作用非常明显。提高窗的保温性能和灵活控制遮阳是夏季防热，冬季保温，降低夏季空调冬季供暖负荷的重要措施。

条文中对东、西向窗墙面积比限制较严，因为夏季太阳辐射在东、西向最大。不同朝

向墙面太阳辐射强度的峰值，以东、西向墙面为最大，西南（东南）向墙面次之，西北（东北）向又次之，南向墙更次之，北向墙为最小。因此，严格控制东、西向窗墙面积比限值是合理的，对南向窗墙面积比限值放得比较松，也符合这一地区居住建筑的实际情况和人们的生活习惯。

对外窗的传热系数和窗户的遮阳系数作严格的限制，是夏热冬冷地区建筑节能设计的特点之一。在放宽窗墙面积比限值的情况下，必须提高对外窗热工性能的要求，才能真正做到住宅的节能。技术经济分析也表明，提高外窗热工性能，比提高外墙热工性能的资金效益高3倍以上。同时，适当放宽每套房间允许一个房间有很大的窗墙面积比，采用提高外窗热工性能来控制能耗，给建筑师和开发商提供了更大的灵活性，以满足这一地区人们提高居住建筑水平和国家对建筑节能的要求。

【实施与检查控制】

（1）实施

按要求合理设置外窗。注意窗墙面积比是指窗户洞口面积与房间立面单元面积（即建筑层高与开间定位线围成的面积）之比，以及本条规定的几点限定。

（2）检查

查阅设计施工图纸，核算节能计算书（包括权衡判断技术分析报告）是否满足标准的规定，以及施工图技术措施、各节点构造的做法设计是否合理。

4.0.9 建筑物1～6层的外窗及敞开式阳台门的气密性等级，不应低于国家标准《建筑外门窗气密、水密、抗风压性能分级及检测方法》GB/T 7106－2008中规定的4级；7层及7层以上的外窗及敞开式阳台门的气密性等级，不应低于该标准规定的6级。

【技术要点说明】

为了保证建筑的节能，要求外窗具有良好的气密性能，以避免夏季和冬季室外空气过多地向室内渗漏。《建筑外门窗气密、水密、抗风压性能分级及检测方法》GB/T 7106－2008中规定的4级对应的性能是：在10Pa压差下，每小时每米缝隙的空气渗透量不大于2.5m^3，且每小时每平方米面积的空气渗透量不大于7.5m^3。6级对应的性能是：在10Pa压差下，每小时每米缝隙的空气渗透量不大于1.5m^3，且每小时每平方米面积的空气渗透量不大于4.5m^3。

本条文对位于不同层上的外窗及阳台门的要求分成两档，在建筑的低层，室外风速比较小，对外窗及阳台门的气密性要求低一些。而在建筑的高层，室外风速相对比较大，对外窗及阳台门的气密性要求则严一些。

【实施与检查控制】

查阅设计施工图纸是否满足标准的规定。

检查工程质量，核查国家认可的检测机构对外窗的气密、水密、抗风压性能的检测报告。

6.0.2 当居住建筑采用集中采暖、空调系统时，必须设置分室（户）温度调节、控制装置及分户热（冷）量计量或分摊设施。

【技术要点说明】

集中供暖和/或空调系统末端可调节是为了满足个人热舒适的差异需求。通过分室

（户）或者末端调节供暖空调系统的输出，可以避免用户通过开窗等不节能的调节方式对房间热环境进行调节。从而达到既满足用户热舒适需求，又节约能源的目的。

当居住建筑设计采用集中供暖、空调系统时，用户应该根据使用的情况缴纳费用。目前，严寒、寒冷地区的集中供暖系统用户正在进行供热体制改革，用户需根据其使用热量情况按户缴纳采暖费用。严寒、寒冷地区采暖计量收费的原则是，在住宅楼前安装热量表，作为楼内用户与供热单位的结算依据。而楼内住户则进行按户热量分摊，当然，每户应该有相应的设施作为对整栋楼的耗热量进行户间分摊的依据。要按照用户使用热量情况进行分摊收费，用户应该能够自主进行室温的调节与控制。在夏热冬冷地区则可以根据同样的原则和适当的方法，进行用户使用热（冷）量的计量和收费。

【实施与检查控制】

（1）实施

参考行业标准《严寒和寒冷地区居住建筑节能设计标准》JGJ 26－2010强制性条文第5.3.3条。未采用集中供暖系统或集中空调系统的居住建筑，则不考虑。

（2）检查

参考行业标准《严寒和寒冷地区居住建筑节能设计标准》JGJ 26－2010强制性条文第5.3.3条。

6.0.3 除当地电力充足和供电政策支持、或者建筑所在地无法利用其他形式的能源外，夏热冬冷地区居住建筑不应设计直接电热采暖。

【技术要点说明】

合理利用能源、提高能源利用率、节约能源是我国的基本国策。用高品位的电能直接用于转换为低品位的热能进行供暖，热效率低，运行费用高，是不合适的。近些年来由于供暖用电所占比例逐年上升，致使一些省市冬季尖峰负荷也迅速增长，电网运行困难，出现冬季电力紧缺。盲目推广没有蓄热装置的电锅炉，直接电热供暖，将进一步恶化电力负荷特性，影响民众日常用电。因此，应严格限制设计直接电热进行集中供暖的方式。

电蓄热供暖是转移高峰电力，开发低谷用电，优化资源配置，保护生态环境的一项重要措施。蓄能技术在中国20世纪90年代通过引进和发展，现已成为电力需求管理的一项成熟技术。在广大供热用户中得到了广泛的应用，并取得了显著效果，蓄热电锅炉供暖的应用不仅能转移高峰电力，而且对防治大气污染，改进城市用电消费结构有极大的好处。采用蓄热式电加热供暖，相比无蓄能设施的直接电供暖具有以下几点优势：

（1）对电力部门的电网负荷起到削峰填谷的作用。均衡电网的负荷，减少电厂机组的调峰操作，使机组运行负荷稳定。

（2）显著降低运行成本，锅炉年运行时间越长，投资回收越快。供电部门已对峰谷用电制定了不同价格，高峰电价是平价电150%，低谷电价是平价电50%。估测可以使用产生6t蒸汽的蓄热器（供1万m^2办公楼供热约6个小时），若用电差价达0.20/kWh，一个采暖期可节约12万元人民币，两个采暖季节可收回全部投资。

（3）供热质量提高，用户热负荷稳定，供热负荷波动小，可按用户需求进行调节，尤其是对间断供热用户，可以减少电热锅炉的启停次数，启动速度快而平稳。

当然，作为居住建筑来说，本标准并不限制居住者自行、分散地选择直接电热供暖的方式。

本条内容与国家标准《民用建筑供暖通风与空气调节设计规范》GB 50736－2012 强制性条文第 5.5.1 条部分等效。

【实施与检查控制】

（1）实施

参考行业标准《严寒和寒冷地区居住建筑节能设计标准》JGJ 26－2010 强制性条文第 5.1.6 条。

（2）检查

参考行业标准《严寒和寒冷地区居住建筑节能设计标准》JGJ 26－2010 强制性条文第 5.1.6 条。

6.0.5　当设计采用户式燃气采暖热水炉作为采暖热源时，其热效率应达到国家标准《家用燃气快速热水器和燃气采暖热水炉能效限定值及能效等级》GB 20665－2006 中的第 2 级。

【技术要点说明】

当以燃气为能源提供供暖热源时，可以直接向房间送热风，或经由风管系统送入；也可以产生热水，通过散热器、风机盘管进行供暖，或通过地下埋管进行低温地板辐射供暖。所应用的燃气机组的热效率应符合现行有关标准《家用燃气快速热水器和燃气采暖热水炉能效限定值及能效等级》GB 20665－2006 中的第 2 级。为了方便应用，表 11.1-6 列出了能效等级值。

表 11.1-6　《家用燃气快速热水器和燃气采暖热水炉能效限定值及能效等级》GB 20665－2006 中，表 1 热水器和采暖炉能效等级

类　型		热负荷	最低热效率值（%）		
			能效等级		
			1	2	3
热水器		额定热负荷	96	88	84
		≤50%额定热负荷	94	84	—
采暖炉（单采暖）		额定热负荷	94	88	84
		≤50%额定热负荷	92	84	—
热采暖炉（两用型）	供暖	额定热负荷	94	88	84
		≤50%额定热负荷	92	84	—
	热水	额定热负荷	96	88	84
		≤50%额定热负荷	94	84	—

【实施与检查控制】

（1）实施

本条重点评价户式燃气采暖热水炉能效等级。《家用燃气快速热水器和燃气采暖热水炉能效限定值及能效等级》GB 20665 适用于热负荷不大于 70kW 的燃气热水器和采暖炉，不适用于燃气容积式热水器，且本标准所指燃气是《城市燃气分类和基本特性》GB/T 13611 规定的燃气。

（2）检查

设计阶段审查暖通专业施工图，设备检测报告。

6.0.6 当设计采用电机驱动压缩机的蒸气压缩循环冷水（热泵）机组，或采用名义制冷量大于 7100W 的电机驱动压缩机单元式空气调节机，或采用蒸气、热水型溴化锂吸收式冷水机组及直燃型溴化锂吸收式冷（温）水机组作为住宅小区或整栋楼的冷热源机组时，所选用机组的能效比（性能系数）应符合现行国家标准《公共建筑节能设计标准》GB 50189 中的规定值；当设计采用多联式空调（热泵）机组作为户式集中空调（采暖）机组时，所选用机组的制冷综合性能系数（IPLV（C））不应低于国家标准《多联式空调（热泵）机组能效限定值及能源效率等级》GB 21454－2008 中规定的第 3 级。

【技术要点说明】

居住建筑可以采取多种空调供暖方式，如集中方式或者分散方式。如果采用集中式空调供暖系统，比如，本条文所指的采用电力驱动、由空调冷热源站向多套住宅、多栋住宅楼、甚至住宅小区提供空调供暖冷热源（往往采用冷、热水）；或者，应用户式集中空调机组（户式中央空调机组）向一套住宅提供空调冷热源（冷热水、冷热风）进行空调供暖。

集中空调供暖系统中，冷热源的能耗是空调供暖系统能耗的主体。因此，冷热源的能源效率对节省能源至关重要。性能系数、能效比是反映冷热源能源效率的主要指标之一，为此，将冷热源的性能系数、能效比作为必须达标的项目。对于设计阶段已完成集中空调供暖系统的居民小区，或者按户式中央空调系统设计的住宅，其冷源能效的要求应该等同于公共建筑的规定。

国家质量监督检验检疫总局和国家标准化管理委员会已发布实施的空调机组能效限定值及能源效率等级的标准有：《冷水机组能效限定值及能源效率等级》GB 19577－2004，《单元式空气调节机能效限定值及能源效率等级》GB 19576－2004，《多联式空调（热泵）机组能效限定值及能源效率等级》GB 21454－2008。产品的强制性国家能效标准，将产品根据机组的能源效率划分为 5 个等级，目的是配合我国能效标识制度的实施。能效等级的含义：1 等级是企业努力的目标；2 等级代表节能型产品的门槛（按最小寿命周期成本确定）；3、4 等级代表我国的平均水平；5 等级产品是未来淘汰的产品。目的是能够为消费者提供明确的信息，帮助其购买的选择，促进高效产品的市场。

为了方便应用，以表 11.1-7 为规定的冷水（热泵）机组制冷性能系数（COP）值，表 11.1-8 为规定的单元式空气调节机能效比（EER）值，表 11.1-9 为规定的溴化锂吸收式机组性能参数，这是根据国家标准《公共建筑节能设计标准》GB 50189－2005 中第 5.4.5 条和第 5.4.8 条强制性条文规定的能效限值。而表 11.1-10 为多联式空调（热泵）机组制冷综合性能系数（IPLV（C））值，是根据《多联式空调（热泵）机组能效限定值及能源效率等级》GB 21454－2008 标准中规定的能效等级第 3 级。

表 11.1-7 《公共建筑节能设计标准》GB 50189－2005 中，
表 5.4.5 冷水（热泵）机组制冷性能系数

类型		额定制冷量（kW）	性能系数（W/W）
水冷	活塞式/涡旋式	≤528 528～1163 >1163	3.80 4.00 4.20
	螺杆式	≤528 528～1163 >1163	4.10 4.30 4.60
	离心式	≤528 528～1163 >1163	4.40 4.70 5.10
风冷或蒸发冷却	活塞式/涡旋式	≤50 >50	2.40 2.60
	螺杆式	≤50 >50	2.60 2.80

表 11.1-8 《公共建筑节能设计标准》GB 50189－2005 中，
表 5.4.8 单元式机组能效比

类　型		能效比（W/W）
风冷式	不接风管	2.60
	接风管	2.30
水冷式	不接风管	3.00
	接风管	2.70

表 11.1-9 《公共建筑节能设计标准》GB 50189－2005 中，
表 5.4.9 溴化锂吸收式机组性能参数

机型	名义工况			性能参数		
	冷（温）水进/出口温度（℃）	冷却水进/出口温度（℃）	蒸汽压力（MPa）	单位制冷量蒸汽耗量 kg/（kW·h）	性能系数（W/W）	
					制冷	供热
蒸汽双效	18/13	30/35	0.25	≤1.40		
	12/7		0.4			
			0.6	≤1.31		
			0.8	≤1.28		
直燃	供冷 12/7	30/35			≥1.10	
	供热出口 60					≥0.90

注：直燃机的性能系数为：制冷量（供热量）/【加热源消耗量（以低位热值计）＋电力消耗量（折算成一次能）】。

表 11.1-10 《多联式空调（热泵）机组能效限定值及能源效率等级》GB 21454－2008 中，表 2 能源效率等级指标——制冷综合性能系数（*IPLV*（*C*））

名义制冷量（*CC*）W	能效等级第 3 级
CC≤28000	3.20
28000＜*CC*≤84000	3.15
84000＜*CC*	3.10

【实施与检查控制】

（1）实施

本条重点评价冷水（热泵）机组制冷性能系数、单元式机组能效比、多联式空调（热泵）机组制冷综合性能系数。未采用集中供暖系统或集中空调系统的居住建筑，本条不考虑。

（2）检查

设计阶段审查暖通专业施工图，设备检测报告，冷水（热泵）机组制冷性能系数、单元式机组能效比、多联式空调（热泵）机组制冷综合性能系数计算书。

6.0.7 当选择土壤源热泵系统、浅层地下水源热泵系统、地表水（淡水、海水）源热泵系统、污水水源热泵系统作为居住区或户用空调的冷热源时，严禁破坏、污染地下资源。

【技术要点说明】

国家标准《地源热泵系统工程技术规范》GB 50367－2005 中对于“地源热泵系统”的定义为“以岩土体、地下水或地表水为低温热源，由水源热泵机组、地热能交换系统、建筑物内系统组成的供热空调系统。根据地热能交换系统形式的不同，地源热泵系统分为地埋管地源热泵系统、地下水地源热泵系统和地表水地源热泵系统”。2006 年 9 月 4 日由财政部、建设部共同发文“关于印发《可再生能源建筑应用专项资金管理暂行办法》的通知”（财建［2006］460 号）中第四条专项资金支持的重点领域：为，①与建筑一体化的太阳能供应生活热水、供热制冷、光电转换、照明；②利用土壤源热泵和浅层地下水源热泵技术供热制冷；③地表水丰富地区利用淡水源热泵技术供热制冷；④沿海地区利用海水源热泵技术供热制冷；⑤利用污水水源热泵技术供热制冷；⑥其他经批准的支持领域。

【实施与检查控制】

（1）实施

应用地源热泵系统，不能破坏地下水资源。这里引用《地源热泵系统工程技术规范》GB 50366 的强制性条文：即“3.1.1 条：地源热泵系统方案设计前，应进行工程场地状况调查，并对浅层地热能资源进行勘察”。“5.1.1 条：地下水换热系统应根据水文地质勘察资料进行设计，并必须采取可靠回灌措施，确保置换冷量或热量后的地下水全部回灌到同一含水层，不得对地下水资源造成浪费及污染。系统投入运行后，应对抽水量、回灌量及其水质进行监测”。另外，如果地源热泵系统采用地下埋管式换热器的话，要进行土壤温度平衡模拟计算，应注意并进行长期应用后土壤温度变化趋势的预测，以避免长期应用后土壤温度发生变化，出现机组效率降低甚至不能制冷或供热。

（2）检查

设计阶段审查暖通专业施工图，可再生能源利用专项报告（含经济性分析），设计装机容量比例计算书。

《夏热冬暖地区居住建筑节能设计标准》JGJ 75－2012

4.0.4 各朝向的窗墙面积比，南、北向不应大于0.4；东、西向不应大于0.30。当设计建筑的外窗不符合上述规定时，其空调采暖年耗电指数（或耗电量）不应超过参照建筑的空调采暖年耗电指数（或耗电量）。

【技术要点说明】

普通窗户的保温隔热性能比外墙差很多，而且夏季白天太阳辐射还可以通过窗户直接进入室内。一般说来，窗墙面积比越大，建筑物的能耗也越大。

通过计算机模拟分析表明，通过窗户进入室内的热量（包括温差传热和辐射得热），占室内总得热量的相当大部分，成为影响夏季空调负荷的主要因素。以广州市为例，无外窗常规居住建筑物采暖空调年耗电量为30.6kW·h/m²，当装上铝合金窗，平均窗墙面积比*CMW*＝0.3时，年耗电量是53.02kW·h/m²，当*CMW*＝0.47时，年耗电量为67.19kW·h/m²，能耗分别增加了73.3%和119.6%。说明在夏热冬暖地区，外窗成为建筑节能很关键的因素。参考国家有关标准，兼顾到建筑师创作和住宅住户的愿望，从节能角度出发，对本地区居住建筑各朝向窗墙面积比作了限制。

本条文是强制性条文，对保证居住建筑达到节能的目标是非常关键的。如果所设计建筑的窗墙比不能完全符合本条的规定，则必须采用第5章的对比评定法来判定该建筑是否满足节能要求。采用对比评定法时，参照建筑的各朝向窗墙比必须符合本条文的规定。

本次修订，窗墙面积比采用了《民用建筑热工设计规范》的规定，各个朝向的墙面积应为各个朝向的立面面积。立面面积应为层高乘以开间定位轴线的距离。当墙面有凹凸时应忽略凹凸；当墙面整体的方向有变化时应根据轴线的变化分段处理。对于朝向的判定，各个省在执行时可以制订更详细的规定来解决朝向划分问题。

【实施与检查控制】

（1）实施

本标准对夏热冬暖地区各子气候区的建筑的体形系数和窗墙比提出了明确的限值要求，并对建筑围护结构提出了明确的热工性能要求，如果这些要求全部得到满足，则可认定设计的建筑满足本标准的节能设计要求。但是，随着住宅的商品化，开发商和建筑师越来越关注居住建筑的个性化，有时会出现所设计建筑不能全部满足标准限值要求的情况。在这种情况下，不能简单地判定该建筑不满足本标准的节能设计要求。因为每条文是对每一个部分分别提出热工性能要求，而实际上对建筑物空调采暖理论耗电指数的影响是所有建筑围护结构热工性能的综合结果。某一部分的热工性能差一些可以通过提高另一部分的热工性能弥补回来。例如某建筑的体形系数超过了第4.0.3条提出的限值，通过提高该建筑墙体和外窗的保温性能，完全有可能使传热损失仍旧得到很好的控制。为了尊重建筑师的创造性工作，同时又使所设计的建筑能够符合节能设计标准的要求，故引入建筑围护结构总体热工性能是否达到要求的权衡判断法。权衡判断法不拘泥于建筑围护结构各局部的热工性能，而是着眼于总体热工性能是否满足节能标准的要求。

夏热冬暖地区建筑物耗热量相对很小，建筑围护结构的总体热工性能权衡判断以夏季空调降温的需求为判据。

（2）检查

设计过程中主要是查看、审核设计施工图，节能计算书是否满足标准的规定。

4.0.5 建筑的卧室、书房、客厅等主要房间的房间窗地面积比不应小于1/7。当房间窗地面积比小于1/5时，外窗玻璃的可见光透射比不应小于0.4。

【技术要点说明】

本条规定取自《住宅建筑规范》GB 50368－2005第7.2.2条要求卧室、起居室（厅）、厨房应设置外窗，窗地面积比不应小于1/7。

当主要房间窗地面积比较小于1/5时，外窗玻璃的遮阳系数要求也不高。而这时因为窗户较小，玻璃的可见光透射比不能太小，否则采光很差，所以提出可见光透射比不小于0.4的要求。

另外，在JGJ 75－2003的使用过程中，一些住宅由于外窗面积大，为了达到节能要求，选用了透光性能差遮阳系数小的玻璃。虽然达到了节能标准的要求，却牺牲了建筑的采光性能，降低了室内环境品质。对玻璃的遮阳系数有要求的同时，可见光透射比必须达到一定的要求，因此本条文在此方面作出强制性规定。

【实施与检查控制】

（1）实施

本条文是对卧室、书房、起居室等主要房间提出上述要求，考虑到本地区的厨房、卫生间常设在内凹部位，朝外的窗主要用于通风，采光系数很低，所以不对厨房、卫生间提出要求。

（2）检查

设计过程中主要是查看、审核设计施工图。

4.0.6 居住建筑的天窗面积不应大于屋顶总面积的4%，传热系数不应大于4.0W/（m²·K），遮阳系数不应大于0.4。当设计建筑的天窗不符合上述规定时，其空调采暖年耗电指数（或耗电量）不应超过参照建筑的空调采暖年耗电指数（或耗电量）。

【技术要点说明】

天窗面积越大，或天窗热工性能越差，建筑物能耗也越大，对节能是不利的。随着居住建筑形式多样化和居住者需求的提高，在平屋面和斜屋面上开天窗的建筑越来越多。采用用DOE-2软件，对建筑物开天窗时的能耗做了计算，当天窗面积占整个屋顶面积4%，天窗传热系数K=4.0W/（m^2·K），遮阳系数SC=0.5时，其能耗只比不开天窗建筑物能耗多1.6%左右，对节能总体效果影响不大，但对开天窗的房间热环境影响较大。根据工程调研结果，原标准的0.5要求较低，本次提高要求，要求不应大于为0.4。

【实施与检查控制】

（1）实施

本条文是强制性条文，对保证居住建筑达到节能目标是非常关键的。对于那些需要增加视觉效果而加大天窗面积，或采用性能差的天窗的建筑，本条文的限制很可能被突破。如果所设计建筑的天窗不能完全符合本条的规定，则必须采用第5章的对比评定法来判定该建筑是否满足节能要求。采用对比评定法时，参照建筑的天窗面积和天窗热工性能必须符合本条文的规定。

（2）检查

设计过程中主要是查看、审核设计施工图。

4.0.7 居住建筑屋顶和外墙的传热系数和热惰性指标应符合表 4.0.7 的规定。当设计建筑的屋顶和外墙不符合表 4.0.7 的规定时，应在满足屋顶和东、西外墙的传热系数和热惰性指标符合表 4.0.7 的规定下，其空调采暖年耗电指数（或耗电量）不应超过参照建筑的空调采暖年耗电指数（或耗电量）。

表 4.0.7 屋顶和外墙的传热系数 K [W/ (m^2 · K)]、热惰性指标 D

屋　顶	外　墙
$0.4<K\leqslant0.9$，$D\geqslant2.5$	$2.0<K\leqslant2.5$，$D\geqslant3.0$ 或 $1.5<K\leqslant2.0$，$D\geqslant2.8$ 或 $0.7<K\leqslant1.5$，$D\geqslant2.5$
$K\leqslant0.4$	$K\leqslant0.7$

【技术要点说明】

本条文对保证居住建筑的节能舒适是非常关键的。如果所设计建筑的外墙不能完全符合本条的规定，在屋顶和东、西面外墙满足本条规定的前提下，可采用第 5 章的对比评定法来判定该建筑是否满足节能要求。

围护结构的 K、D 值直接影响建筑供暖空调房间冷热负荷的大小，也直接影响到建筑能耗。在夏热冬暖地区，一般情况下居住建筑南、北面窗墙比较大，建筑东、西面外墙开窗较少。这样，在东、西朝向上，墙体的 K、D 值对建筑保温隔热的影响较大。并且，东、西外墙和屋顶在夏季均是建筑物受太阳辐射量较大的部位，顶层及紧挨东、西外墙的房间较其他房间得热更多。用对比评定法来计算建筑能耗是以整个建筑为单位对全楼进行综合评价。当建筑屋顶及东、西外墙不满足表 4.0.7 中的要求，而使用对比评定法对其进行综合评价且满足要求时，虽然整个建筑节能设计满足《标准》要求，但顶层及靠近东、西外墙房间的能耗及热舒适度势必大大不如其他房间。这不论从技术角度保证每个房间获得基本一致的热舒适度，还是从保证每个住户获得基本一致的节能效果这一社会公正性方面来看都是不合适的。因此，有必要对顶层及东、西外墙规定一个最低限制要求。

本条文对使用重质材料的屋顶传热系数 K 值作了调整。目前，夏热冬暖地区屋顶隔热性能已获得极大改善，普遍采用了高效绝热材料。但是，对顶层住户而言，室内热环境及能耗水平相对其他住户仍显得较差。适当提高屋顶 K 值的要求，不仅在技术上容易实现，同时还能进一步改善屋顶住户的室内热环境，提高节能水平。因此，本条文将使用重质材料屋顶的传热系数 K 值调整为 $0.4<K\leqslant0.9$。

外墙采用轻质材料或非轻质自隔热节能墙材时，对达到标准所要求的 K 值比较容易，要达到较大的 D 值就比较困难。如果围护结构要达到较大的 D 值，只有采用自重较大的材料。围护结构 D 值和相关热容量的大小，主要影响其热稳定性。因此，过度以 D 值和相关热容量的大小来评定围护结构的节能性是不全面的，不仅会阻碍轻质保温材料的使用，还限制了非轻质自隔热节能墙材的使用和发展，不利于这一地区围护结构的节能政策导向和墙体材料的发展趋势。实践证明，按一般规定选择 K 值的情况下，D 值小一些，对于一般舒适度的空调房间也能满足要求。本条文对轻质围护结构只限制传热系数的K值，而不对D值做相应限定，并对非轻质围护结构的D值做了调整，就是基于上述原因。

【实施与检查控制】

（1）实施

夏热冬暖地区，外围护结构的自保温隔热体系逐渐成为一大趋势。如加气混凝土、页岩多孔砖、陶粒混凝土空心砌块、自隔热砌块等材料的应用越来越广泛。这类砌块本身就能满足本条文要求，同时也符合国家墙改政策。

（2）检查

将夏热冬暖地区外墙的平均传热系数K_m及热惰性指标分两个标准对应控制。使用重质外墙时，按三个级别予以控制。即：$2.0<K\leqslant2.5$，$D\geqslant3.0$或$1.5<K\leqslant2.0$，$D\geqslant2.8$或$0.7<K\leqslant1.5$，$D\geqslant2.5$。而使用重质材料屋顶的传热系数K值调整为$0.4<K\leqslant0.9$。

4.0.8 居住建筑外窗的平均传热系数和平均综合遮阳系数应符合表4.0.8-1和表4.0.8-2的规定。当设计建筑的外窗不符合表4.0.8-1和表4.0.8-2的规定时，建筑的空调采暖年耗电指数（或耗电量）不应超过参照建筑的空调采暖年耗电指数（或耗电量）。

表4.0.8-1 北区居住建筑建筑物外窗平均传热系数和平均综合遮阳系数限值

外墙	外窗平均传热系数 K [W/(m²·K)]	外窗加权平均综合遮阳系数 S_W			
		平均窗地面积比 $CMF\leqslant0.25$（或平均窗墙面积比 $CM_w\leqslant25\%$）	平均窗地面积比 $0.25<CMF\leqslant0.30$（或平均窗墙面积比 $25\%<CM_w\leqslant30\%$）	平均窗地面积比 $0.30<CMF\leqslant0.35$（或平均窗墙面积比 $30\%<CM\leqslant35\%$）	平均窗地面积比 $0.35<CMF\leqslant0.40$（或平均窗墙面积比 $35\%<CM\leqslant40\%$）
$K\leqslant2.0$ $D\geqslant2.8$	4.0	≤0.3	≤0.2	—	—
	3.5	≤0.5	≤0.3	≤0.2	—
	3.0	≤0.7	≤0.5	≤0.4	≤0.3
	2.5	≤0.8	≤0.6	≤0.6	≤0.4
$K\leqslant1.5$ $D\geqslant2.5$	6.0	≤0.6	≤0.3	—	—
	5.5	≤0.8	≤0.4	—	—
	5.0	≤0.9	≤0.6	≤0.3	—
	4.5	≤0.9	≤0.7	≤0.5	≤0.2
	4.0	≤0.9	≤0.8	≤0.6	≤0.4
	3.5	≤0.9	≤0.9	≤0.7	≤0.5
	3.0	≤0.9	≤0.9	≤0.8	≤0.6
	2.5	≤0.9	≤0.9	≤0.9	≤0.7
$K\leqslant1.0$ $D\geqslant2.5$ 或 $K\leqslant0.7$	6.0	≤0.9	≤0.9	≤0.6	≤0.2
	5.5	≤0.9	≤0.9	≤0.7	≤0.4
	5.0	≤0.9	≤0.9	≤0.8	≤0.6
	4.5	≤0.9	≤0.9	≤0.8	≤0.7
	4.0	≤0.9	≤0.9	≤0.9	≤0.7
	3.5	≤0.9	≤0.9	≤0.9	≤0.8

表 4.0.8-2 南区居住建筑建筑物外窗平均综合遮阳系数限值

外墙 ($\rho \leqslant 0.8$)	外窗的加权平均综合遮阳系数 S_W				
	平均窗地面积比 $CMF \leqslant 0.25$ (或平均窗墙面积比 $CM_w \leqslant 0.25$)	平均窗地面积比 $0.25 < CMF \leqslant 0.30$ (或平均窗墙面积比 $0.25 < CM_w \leqslant 0.30$)	平均窗地面积比 $0.30 < CMF \leqslant 0.35$ (或平均窗墙面积比 $0.30 < CM \leqslant 0.35$)	平均窗地面积比 $0.35 < CMF \leqslant 0.40$ (或平均窗墙面积比 $0.35 < CM \leqslant 0.40$)	平均窗地面积比 $0.40 < CMF \leqslant 0.45$ (或平均窗墙面积比 $0.40 < CM \leqslant 0.45$)
$K \leqslant 2.5$ $D \geqslant 3.0$	$\leqslant 0.5$	$\leqslant 0.4$	$\leqslant 0.3$	$\leqslant 0.2$	—
$K \leqslant 2.0$ $D \geqslant 2.8$	$\leqslant 0.6$	$\leqslant 0.5$	$\leqslant 0.4$	$\leqslant 0.3$	$\leqslant 0.2$
$K \leqslant 1.5$ $D \geqslant 2.5$	$\leqslant 0.8$	$\leqslant 0.7$	$\leqslant 0.6$	$\leqslant 0.5$	$\leqslant 0.4$
$K \leqslant 1.0$ $D \geqslant 2.5$ 或 $K \leqslant 0.7$	$\leqslant 0.9$	$\leqslant 0.8$	$\leqslant 0.7$	$\leqslant 0.6$	$\leqslant 0.5$

注：1 外窗包括阳台门。

2 ρ 为外墙外表面的太阳辐射吸收系数。

【技术要点说明】

本条文对保证居住建筑达到现行节能目标是非常关键的，对于那些不能满足本条文规定的建筑，必须采用第 5 章的对比评定法来计算是否满足节能要求。

窗户的传热系数越小，通过窗户的温差传热就越小，对降低供暖负荷和空调负荷都是有利的。窗的遮阳系数越小，透过窗户进入室内的太阳辐射热就越小，对降低空调负荷有利，但对降低供暖负荷却是不利的。

本条文表 4.0.8-1 和表 4.0.8-2 对建筑外窗传热系数和平均综合遮阳系数的规定，是基于使用 DOE-2 软件对建筑能耗和节能率的计算分析提出的。在夏热冬暖地区，居住建筑物所处的纬度越低，对外窗的节能要求也越高。

本条文引入居住建筑平均窗地面积比 *CMF*(或平均窗墙面积比 *CMW*)参数，使其与外窗 *K*、*SW* 及外墙 *K*、*D* 等参数形成对应关系，使建筑节能设计简单化，给建筑师选择窗型带来方便。

用于北区的表 4.0.8-1 对外窗的传热系数 *K* 值有具体规定，而用于南区的表 4.0.8-2 对外窗 *K* 值没有具体规定。南区全年建筑总能耗以夏季空调能耗为主，夏季空调能耗中太阳辐射得热引起的空调能耗又占相当大的比例，而窗的温差传热引起的空调能耗只占小部分，因此南区建筑节能外窗遮阳系数起了主要作用，而与外窗传热性能关系甚小，而北区建筑节能率与外窗传热性能和遮阳性能均有关系。

建筑外墙面色泽，决定了外墙面太阳辐射吸收系数 ρ 的大小。外墙采用浅色表面，ρ 值小，夏季能反射较多的太阳辐射热，从而降低房间的得热量和外墙内表面温度，但在冬季会使供暖耗电量增大。北区建筑外墙表面太阳辐射吸收系数 ρ 的改变，对建筑全年总能耗影响不大，而南区 $\rho=0.6$ 和 0.8 时，与 $\rho=0.7$ 的建筑总能耗差别不大，而 $\rho<0.6$ 和 $\rho>0.8$ 时，建筑能耗总差别较大。当 $\rho<0.6$ 时，建筑总能耗平均降低 5.4%；当 $\rho>0.8$ 时，建筑总能耗平均增加 4.7%。因此表 4.0.8-1 对 ρ 使用范围不作限制，而表 4.0.8-2 规定 ρ 取值≤0.8。当 $\rho>0.8$ 时，则应采用第 5 章对比评定法来判定建筑物是否满足节能要求。

【实施与检查控制】

(1)实施

为了简化节能设计计算、方便节能审查等工作，本条文引入了平均窗地面积比 *CMF* 参数。考虑到夏热冬暖地区各省份的建筑节能设计习惯，且与这些地区现行节能技术规范不发生矛盾，本条文允许沿用平均窗墙面积比 *CMW* 进行节能设计及计算。

计算建筑物的 *CMF* 时，应只计算建筑物的地上居住部分，而不应包含建筑中的非居住部分，如商住楼的商业、办公部分。现在的居住建筑塔楼类的比较多，表面凹凸的比较多，所以 *CMF* 和 *CMW* 很接近。因此，窗墙面积比和窗地面积比均可作为判定指标，各省根据需要选择其一使用。

建筑平均窗地面积比 *CMF* 具体计算公式如下：

$$C_{\mathrm{MW}}=\frac{\text{外墙上的窗洞口及洞口总面积}}{\text{地上居住部分总建筑面积}}$$

外窗平均传热系数 K，是建筑各个朝向平均传热系数按各朝向窗面积加权平均的数值，按照以下公式计算：

$$K=\frac{A_{\mathrm{E}}\cdot K_{\mathrm{E}}+A_{\mathrm{S}}\cdot K_{\mathrm{S}}+A_{\mathrm{W}}\cdot K_{\mathrm{W}}+A_{\mathrm{N}}\cdot K_{\mathrm{N}}}{A_{\mathrm{E}}+A_{\mathrm{S}}+A_{\mathrm{W}}+A_{\mathrm{N}}}$$

式中：A_{E}、A_{S}、A_{W}、A_{N}——东、南、西、北朝向的窗面积；

K_{E}、K_{S}、K_{W}、K_{N}——东、南、西、北朝向窗的平均传热系数，按照下式计算：

$$K_{\mathrm{x}}=\frac{\sum_{i}A_{i}\cdot K_{i}}{\sum_{i}A_{i}}$$

式中：K_{x}——建筑某朝向窗的平均传热系数，即 K_{E}、K_{S}、K_{W}、K_{N}；

A_i——建筑某朝向单个窗的面积；

$S_{\mathrm{W},i}$——建筑某朝向单个窗的传热系数。

表中使用了“虚拟”窗替代具体的窗户。所谓“虚拟”窗即不代表具体型式的外窗(如我们常用的铝合金窗和 PVC 窗等)，它是由任意 K 值和 SW 值组合的抽象窗户。进行节能设计时，拟选用的具体窗户能满足表 4.0.8-1 和表 4.0.8-2 中 K 值和 SW 值的要求即可。

建筑外表面的太阳辐射吸收系数 ρ 值参见《民用建筑热工设计规范》GB 50176 附录。

(2)检查

设计过程中主要是查看、审核设计施工图。

4.0.10 居住建筑的东、西向外窗必须采取建筑外遮阳措施，建筑外遮阳系数(SD)不应大于 0.8。

【技术要点说明】

规定居住建筑东西向必须采取外遮阳措施，规定建筑外遮阳系数应大于0.8。目前居住建筑外窗遮阳设计中，出现了过分提高和依赖窗自身的遮阳能力轻视窗口建筑构造遮阳的设计势头，导致大量的外窗普遍缺少窗口应有的防护作用，特别是住宅开窗通风时窗口既不能遮阳也不能防雨，偏离了原标准对建筑外遮阳技术规定的初衷，行业负面反响很大，同时，在南方地区如上海、厦门、深圳等地近年来因住宅外窗形式引发的技术争议问题增多，有必要在本标准中进一步基于节能要求明确相关规定。窗口设计时应优先采用建筑构造遮阳，其次应考虑窗口采用安装构件的遮阳，两者都不能达到要求时再考虑提高窗自身的遮阳能力，原因在于单纯依靠窗自身的遮阳能力不能适应开窗通风时的遮阳需要，对自然通风状态来说窗自身遮阳是一种相对不可靠做法。

窗口设计时，可以通过设计窗眉(套)、窗口遮阳板等建筑构造，或在设计的凸窗洞口缩进窗的安装位置留出足够的遮阳挑出长度等一系列经济技术合理可行的做法满足本规定，即本条文在执行上普遍不存在技术难度，只有对当前流行的凸窗(飘窗)形式产生一定影响。由于凸窗可少许增大室内空间且按当前各地行业规定其不计入建筑面积，于是这种窗型流行很广，但因其相对增大了外窗面积或外围护结构的面积，导致了房间热环境的恶化和空调能耗增高以及窗边热涨开裂、漏雨等一系列问题也引起了行业的广泛关注。如在广州地区因安装凸窗，房间在夏季关窗时的自然室温最高可增加2℃，房间的空调能耗增加最高可达87.4%，在夏热冬暖地区设计简单的凸窗于节能不利已是行业共识。另外，为确保凸窗的遮阳性能和侧板保温能力符合现行节能标准要求所投入的技术成本也较大，大量凸窗必须采用Low-E玻璃甚至还要断桥铝合金的中空Low-E玻璃，并且凸窗板还要做保温处理才能达标，代价高昂。综合考虑，本标准针对窗口的建筑外遮阳设计，规定了遮阳构造的设计限值。

【实施与检查控制】

(1)实施

窗口的建筑外遮阳系数(*SD*)采用本标准附录A的简化方法计算，且北区建筑外遮阳系数应取冬季和夏季的建筑外遮阳系数的平均值；南区应取夏季的建筑外遮阳系数。窗口上方的上一楼层阳台或外廊应作为水平遮阳计算；同一立面对相邻立面上的多个窗口形成自遮挡时应逐一窗口计算。典型形式的建筑外遮阳系数可按表11.1-11取值。

表11.1-11　典型形式的建筑外遮阳系数*SD*

遮阳形式	建筑外遮阳系数(*SD*)
可完全遮挡直射阳光的固定百叶、固定挡板、遮阳板等	0.5
可基本遮挡直射阳光的固定百叶、固定挡板、遮阳板	0.7
较密的花格	0.7
可完全覆盖窗的不透明活动百叶、金属卷帘	0.5
可完全覆盖窗的织物卷帘	0.7

(2)检查

设计过程中主要是查看、审核设计施工图。

4.0.13 外窗(包含阳台门)的通风开口面积不应小于房间地面面积的10%或外窗面积的45%。

【技术要点说明】

本条文强调南方地区居住建筑应能依靠自然通风改善房间热环境、缩短房间空调设备使用时间，发挥节能作用。房间实现自然通风的必要条件是外门窗有足够的通风开口。因此本条文从通风开口方面规定了设计做法。

房间外门窗有足够的通风开口面积是非常重要。《住宅建筑规范》GB 50368－2005也规定了每套住宅的通风开口面积不应小于地面面积的5%。原标准条文要求房间外门窗的可开启面积不应小于房间地面面积的8%，深圳地区还在地方节能标准中把这一指标提高到了10%，并且随着用户节能意识的提高，使用需求已经逐渐从盲目追求大玻璃窗小开启扇，向追求门窗大开启加强自然通风效果转变，因此，为了逐步强化门窗通风的降温和节能作用，本条文提高了外门窗可开启比例的最低限值，深圳地方节能标准的经验也表明，这一指标由原来的8%提高到10%实践上不会困难。另外，根据原标准使用中反映出的情况来看，门窗的开启方式决定着“可开启面积”，而“可开启面积”一般不等于门窗的可通风面积，特别是对于目前的各式悬窗甚至平开窗等，当窗扇的开启角度小于45°时可开启窗口面积上的实际通风能力会下降1/2左右，因此，修改条文中使用了“通风开口面积”代替“可开启面积”，这样既强调了门窗应重视可用于通风的开启功能，对通风不良的门窗开启方式加以制约，也可以把通风路径上涉及的建筑洞口包括进来，还可以和《住宅建筑规范》GB 50368－2005的用词统一便于执行。

【实施与检查控制】

(1)实施

当平开门窗、悬窗、翻转窗的最大开启角度小于45°时，通风开口面积应按外窗可开启面积的1/2计算。

达到本标准4.0.5条要求的主要房间(卧室、书房、起居室等)外窗，其外窗的面积相对较大，通风开口面积应按不小于该房间地面面积的10%要求设计，而考虑到本地区的厨房、卫生间、户外公共走道外窗等，通常窗面积较小，满足不小于房间(公共区域)地面面积10%的要求很难做到，因此，对于厨房、卫生间、户外公共区域的外窗，其通风开口面积应按不小于外窗面积45%设计。

(2)检查

设计过程中主要是查看、审核设计施工图。

6.0.2 采用集中式空调(采暖)方式或户式(单元式)中央空调的住宅应进行逐时逐项冷负荷计算；采用集中式空调(采暖)方式的居住建筑，应设置分室(户)温度控制及分户冷(热)量计量设施。

【技术要点说明】

2008年10月1日起施行的《民用建筑节能条例》第十八条规定，“实行集中供热的建筑应当安装供热系统调控装置、用热计量装置和室内温度调控装置。”对于夏热冬暖地区采取集中式空调(采暖)方式时，也应计量收费，增强居民节能意识。在涉及具体空调(采暖)节能设计时，可以参考执行现行国家标准《公共建筑节能设计标准》GB 50189、行业标准《严寒和寒冷地区居住建筑节能设计标准》JGJ 26－2010 强制性条文第 5.3.3 条等有关规定。

【实施与检查控制】

(1)实施

参考行业标准《严寒和寒冷地区居住建筑节能设计标准》JGJ 26－2010 强制性条文第 5.3.3 条。

(2)检查

参考行业标准《严寒和寒冷地区居住建筑节能设计标准》JGJ 26－2010 强制性条文第 5.3.3 条。

6.0.4 设计采用电机驱动压缩机的蒸气压缩循环冷水(热泵)机组，或采用名义制冷量大于 7100W 的电机驱动压缩机单元式空气调节机，或采用蒸气、热水型溴化锂吸收式冷水机组及直燃型溴化锂吸收式冷(温)水机组作为住宅小区或整栋楼的冷热源机组时，所选用机组的能效比(性能系数)应符合现行国家标准《公共建筑节能设计标准》GB 50189 中的规定值。

【技术要点说明】

当居住区采用集中供冷(热)方式时，冷(热)源的选择，对于合理使用能源及节约能源是至关重要的。从目前的情况来看，不外乎采用电驱动的冷水机组制冷，电驱动的热泵机组制冷及供暖；直燃型溴化锂吸收式冷(温)水机组制冷及供暖，蒸汽(热水)溴化锂吸收式冷热水机组制冷及供暖；热、电、冷联产方式，以及城市热网供热；燃气、燃油、电热水机(炉)供热等。当然，选择哪种方式为好，要经过技术经济分析比较后确定。《公共建筑节能设计标准》GB 50189－2005 给出了相应机组的能效比(性能系数)。这些参数的要求在该标准中是强制性条款，是必须达到的。

【实施与检查控制】

(1)实施

本条重点评价冷水(热泵)机组制冷性能系数、单元式机组能效比、直燃型溴化锂吸收式冷(温)水机组制冷综合性能系数。未采用集中供暖系统或集中空调系统的居住建筑，本条不参评。

(2)检查

设计阶段审查暖通专业施工图，设备检测报告。

6.0.5 采用多联式空调(热泵)机组作为户式集中空调(采暖)机组时，所选用机组的制冷综合性能系数(*IPLV*(*C*))不应低于现行国家标准《多联式空调(热泵)机组能效限定值及能源效率等级》GB 21454 中规定的第 3 级。

【技术要点说明】

为了方便应用，表 11.1-12 为多联式空调(热泵)机组制冷综合性能系数(*IPLV*(*C*))值，是根据《多联式空调(热泵)机组能效限定值及能源效率等级》GB 21454－2008 标准中规定的能效等级第 3 级。

表 11.1-12 多联式空调(热泵)机组制冷综合性能系数($IPLV(C)$)

名义制冷量(CC) W	综合性能系数($IPLV(C)$) (能效等级第3级)
CC≤28000	3.20
28000<CC≤84000	3.15
84000<CC	3.10

【实施与检查控制】

(1)实施

本条重点评价冷水(热泵)机组制冷性能系数、单元式机组能效比、多联式空调(热泵)机组制冷综合性能系数。未采用集中供暖系统或集中空调系统的居住建筑，本条不参评。设计中未采用房间空调器的居住建筑，本条不参评。

(2)检查

设计阶段审查暖通专业施工图，设备检测报告，多联式空调(热泵)机组制冷综合性能系数计算书。

6.0.8 当选择土壤源热泵系统、浅层地下水源热泵系统、地表水(淡水、海水)源热泵系统、污水水源热泵系统作为居住区或户用空调(采暖)系统的冷热源时，应进行适宜性分析。

【技术要点说明】

现行国家标准《地源热泵系统工程技术规范》GB 50366－2005 中对于“地源热泵系统”的定义为：“以岩土体、地下水或地表水为低温热源，由水源热泵机组、地热能交换系统、建筑物内系统组成的供热空调系统。根据地热能交换形式的不同，地源热泵系统分为地埋管地源热泵系统、地下水地源热泵系统和地表水地源热泵系统”。地表水包括河流、湖泊、海水、中水或达到国家排放标准的污水、废水等。地源热泵系统可利用浅层地热能资源进行供热与空调，具有良好的节能与环境效益，近年来在国内得到了日益广泛的应用。但在夏热冬暖地区应用地源热泵系统时不能一概而论，应针对项目冷热需求特点、项目所处的资源状况选择合适的系统形式，并对选用的地源热泵系统类型进行适宜性分析，包括技术可行性和经济合理性的分析，只有在技术经济合理的情况下才能选用。

这里引用《地源热泵系统工程技术规范》GB 50366－2005 的部分条文进行说明，第3.1.1条：“地源热泵系统方案设计前，应进行工程场地状况调查，并应对浅层地热能资源进行勘察”；第4.3.2条：“地埋管换热系统设计应进行全年动态负荷计算，最小计算周期宜为1年。计算周期内，地源热泵系统总释热量宜与其总吸热量相平衡”；第5.1.2条：“地下水的持续出水量应满足地源热泵系统最大吸热量或释热量的要求”；第6.1.1条：“地表水换热系统设计前，应对地表水地源热泵系统运行对水环境的影响进行评估”。

特别地，全年冷热负荷基本平衡是土壤源热泵开发利用的基本前提，当计划采用地埋管换热系统形式时，要进行土壤温度平衡的模拟计算，保证全年向土壤的供冷量和取冷量相当，保持地温的稳定。

【实施与检查控制】

(1)实施

参考行业标准《夏热冬冷地区居住建筑节能设计标准》JGJ 134－2010 强制性条文第6.0.7 条。

(2)检查

设计阶段审查暖通专业施工图，可再生能源利用专项报告(含经济性分析)，设计装机容量比例计算书。

6.0.13 居住建筑公共部位的照明应采用高效光源、灯具并应采取节能控制措施。

【技术要点说明】

本条文引自全文强制的《住宅建筑规范》GB 50368－2005。

【实施与检查控制】

(1)实施

在住宅建筑能耗中，照明能耗也占有较大的比例，因此要注重照明节能。考虑到住宅建筑的特殊性，套内空间的照明受居住者的控制，不易干预，因此不对套内空间的照明做出规定。住宅公共场所和部位的照明主要受设计和物业管理的控制，因此本条明确要求采用高效光源和灯具并采取节能控制措施。住宅建筑的公共场所和部位有许多是有天然采光的，例如大部分住宅的楼梯间都有外窗。在天然采光的区域为照明系统配置定时或光电控制设备，可以合理控制照明系统的开关，在保证使用的前提下同时达到节能的目的。

(2)检查

设计阶段审查电气专业施工图。

11.2 公共建筑节能设计

《公共建筑节能设计标准》GB 50189－2015

3.2.1 严寒和寒冷地区公共建筑体形系数应符合表 3.2.1 的规定。

表 3.2.1 严寒和寒冷地区公共建筑体形系数

单栋建筑面积 A(m^2)	建筑体形系数
300＜A≤800	≤0.50
A＞800	≤0.40

【技术要点说明】

本条不允许通过围护结构权衡判断的途径满足本条要求；同时为增加条文的合理性，根据实际工程情况略放宽了对体形系数的要求。

建筑体形系数是指建筑物与室外空气直接接触的外表面积与其所包围的体积的比值，外表面积中，不包括地面和不供暖楼梯间内墙的面积。建筑面积，应按各层外墙外包线围成的平面面积的总和计算。包括半地下室的面积，不包括地下室的面积。建筑体积，应按与计算建筑面积所对应的建筑物外表面和底层地面所围成的体积计算。本条建筑面积的划分是按照建筑地上建筑面积划分的。

严寒和寒冷地区建筑体形的变化直接影响建筑供暖能耗的大小。建筑体形系数越大，单位建筑面积对应的外表面面积越大，传热损失就越大。但是，体形系数的确定还与建筑造型、平面布局、采光通风等条件相关。

随着公共建筑的建设规模不断增大，采用合理的建筑设计方案的单栋建筑面积小于 800m^2 其体形系数一般不会超过 0.40。研究表明，2～4 层的低层建筑的体形系数基本在 0.40 左右，5～8 层的多层建筑体形系数在 0.30 左右，高层和超高层建筑的体形系数一般小于 0.25，实际工程中，单栋面积 300m^2 以下的小规模建筑，或者形状奇特的极少数建筑有可能体形系数超过 0.50。因此根据建筑体形系数的实际分布情况，从降低建筑能耗的角度出发，对严寒和寒冷地区建筑的体形系数进行控制，制定本条文。在夏热冬冷和夏热冬暖地区，建筑体形系数对空调和供暖能耗也有一定的影响，但由于室内外的温差远不如严寒和寒冷地区大，尤其是对部分内部发热量很大的商场类建筑，还存在夜间散热问题，所以不对体形系数提出具体的要求。但也应考虑建筑体形系数对能耗的影响。

因此建筑师在确定合理的建筑形状时，必须考虑本地区的气候条件，冬、夏季太阳辐射强度、风环境、围护结构构造等多方面因素，综合考虑，兼顾不同类型的建筑造型，尽可能地减少房间的外围护结构，使体形不要太复杂，凹凸面不要过多，以达到节能的目的。

【实施与检查控制】

在公共建筑设计阶段，设计单位应在图纸中注明所设计建筑的建筑面积、体形系数，并提供计算文件。施工图审图机构应对建筑面积和体形系数进行核算，检查计算过程，同时检查其体形系数是否满足本标准的要求。

应以设计文件中的计算内容作为判定的依据。

【示例】

例如严寒或寒冷地区某公共建筑的设计方案为两层，层高 3.3m，平面尺寸为 7m×25m。这种设计方案下建筑面积为 350m^2，建筑体形系数为 0.517，不符合本强制性条文的要求。应调整设计方案，如增加层高至 3.8m，其他设计均不变，则建筑体形系数为 0.497，可以满足本条要求。

3.2.7　甲类公共建筑的屋顶透光部分面积不应大于屋顶总面积的 20%。当不能满足本条的规定时，必须按本标准规定的方法进行权衡判断。

【技术要点说明】

夏季屋顶水平面太阳辐射强度最大，屋顶的透明面积越大，相应建筑的能耗也越大，因此对屋顶透明部分的面积和热工性能应予以严格的限制。

由于公共建筑形式的多样化和建筑功能的需要，许多公共建筑设计有室内中庭，希望在建筑的内区有一个通透明亮，具有良好的微气候及人工生态环境的公共空间。但从目前已经建成工程来看，大量的建筑中庭的热环境不理想且能耗很大，主要原因是中庭透明围护结构的热工性能较差，传热损失和太阳辐射得热过大。夏热冬暖地区某公共建筑中庭进行测试结果显示，中庭四层内走廊气温达到 40℃以上，平均热舒适值 $PMV \geqslant 2.63$，即使采用空调室内也无法达到人们所要求的舒适温度。

透光部分面积是指实际透光面积，不含窗框面积，应通过计算确定。对于那些需要视觉、采光效果而加大屋顶透光面积的建筑，如果所设计的建筑满足不了规定性指标的要求，突破了限值，则必须按本标准第 3.4 节的规定对该建筑进行权衡判断。权衡判断时，参照建筑的屋顶透光部分面积应符合本条的规定。

【实施与检查控制】

设计单位在设计时，应对建筑屋顶的透光部分面积进行计算，透光面积是指实际透光面积，不含窗框面积。应确定是否满足屋顶透光部分面积不应大于屋顶总面积的 20%并提供计算文件。当透光部分面积不能满足要求时，应在图纸中明确注明，并应进行权衡判断。进行权衡判断时，参照建筑的形状、大小、朝向、窗墙面积比、内部的空间划分和使用功能应与设计建筑完全一致。当设计建筑的屋顶透光部分的面积大于 20%时，参照建筑的屋顶透光部分的面积应按比例缩小到 20%。建筑围护结构热工性能的权衡判断应按本标准附录 B 的规定进行，并应按本标准附录 C 提供相应的原始信息和计算结果。

审图机构应对设计图纸或计算书进行复核，对于进行权衡判断计算的建筑应检查其权衡判断计算是否符合附录 B 的规定，并对提交的原始信息和计算结果进行检查。

应以设计文件或计算书作为判定依据。

3.3.1 根据建筑热工设计的气候分区，甲类公共建筑的围护结构热工性能应分别符合表 3.3.1-1～表 3.3.1-6 的规定。当不能满足本条的规定时，必须按本标准规定的方法进行权衡判断。

表 3.3.1-1 严寒 A、B 区甲类公共建筑围护结构热工性能限值

围护结构部位		体形系数≤0.30	0.30<体形系数≤0.50
		传热系数 K[W/(m²·K)]	
屋面		≤0.28	≤0.25
外墙(包括非透光幕墙)		≤0.38	≤0.35
底面接触室外空气的架空或外挑楼板		≤0.38	≤0.35
地下车库与供暖房间之间的楼板		≤0.50	≤0.50
非供暖楼梯间与供暖房间之间的隔墙		≤1.2	≤1.2
单一立面外窗(包括透光幕墙)	窗墙面积比≤0.20	≤2.7	≤2.5
	0.20<窗墙面积比≤0.30	≤2.5	≤2.3
	0.30<窗墙面积比≤0.40	≤2.2	≤2.0
	0.40<窗墙面积比≤0.50	≤1.9	≤1.7
	0.50<窗墙面积比≤0.60	≤1.6	≤1.4
	0.60<窗墙面积比≤0.70	≤1.5	≤1.4
	0.70<窗墙面积比≤0.80	≤1.4	≤1.3
	窗墙面积比>0.80	≤1.3	≤1.2
屋顶透光部分(屋顶透光部分面积≤20%)		≤2.2	
围护结构部位		保温材料层热阻 R[(m²·K)/W]	
周边地面		≥1.1	
供暖地下室与土壤接触的外墙		≥1.1	
变形缝(两侧墙内保温时)		≥1.2	

表 3.3.1-2 严寒C区甲类公共建筑围护结构热工性能限值

围护结构部位		体形系数≤0.30	0.30<体形系数≤0.50
		传热系数 K[W/(m²·K)]	
屋面		≤0.35	≤0.28
外墙(包括非透光幕墙)		≤0.43	≤0.38
底面接触室外空气的架空或外挑楼板		≤0.43	≤0.38
地下车库与供暖房间之间的楼板		≤0.70	≤0.70
非供暖楼梯间与供暖房间之间的隔墙		≤1.5	≤1.5
单一立面外窗(包括透光幕墙)	窗墙面积比≤0.20	≤2.9	≤2.7
	0.20<窗墙面积比≤0.30	≤2.6	≤2.4
	0.30<窗墙面积比≤0.40	≤2.3	≤2.1
	0.40<窗墙面积比≤0.50	≤2.0	≤1.7
	0.50<窗墙面积比≤0.60	≤1.7	≤1.5
	0.60<窗墙面积比≤0.70	≤1.7	≤1.5
	0.70<窗墙面积比≤0.80	≤1.5	≤1.4
	窗墙面积比>0.80	≤1.4	≤1.3
屋顶透光部分(屋顶透光部分面积≤20%)		≤2.3	
围护结构部位		保温材料层热阻 R[(m²·K)/W]	
周边地面		≥1.1	
供暖地下室与土壤接触的外墙		≥1.1	
变形缝(两侧墙内保温时)		≥1.2	

表 3.3.1-3 寒冷地区甲类公共建筑围护结构热工性能限值

围护结构部位		体形系数≤0.30		0.30<体形系数≤0.50	
		传热系数 K [W/(m²·K)]	太阳得热系数SHGC(东、南、西向/北向)	传热系数 K [W/(m²·K)]	太阳得热系数 *SHGC*(东、南、西向/北向)
屋面		≤0.45	—	≤0.40	—
外墙(包括非透光幕墙)		≤0.50	—	≤0.45	—
底面接触室外空气的架空或外挑楼板		≤0.50	—	≤0.45	—
地下车库与供暖房间之间的楼板		≤1.0	—	≤1.0	—
非供暖楼梯间与供暖房间之间的隔墙		≤1.5	—	≤1.5	—
单一立面外窗(包括透光幕墙)	窗墙面积比≤0.20	≤3.0	—	≤2.8	—
	0.20<窗墙面积比≤0.30	≤2.7	≤0.52/—	≤2.5	≤0.52/—
	0.30<窗墙面积比≤0.40	≤2.4	≤0.48/—	≤2.2	≤0.48/—
	0.40<窗墙面积比≤0.50	≤2.2	≤0.43/—	≤1.9	≤0.43/—
	0.50<窗墙面积比≤0.60	≤2.0	≤0.40/—	≤1.7	≤0.40/—
	0.60<窗墙面积比≤0.70	≤1.9	≤0.35/0.60	≤1.7	≤0.35/0.60
	0.70<窗墙面积比≤0.80	≤1.6	≤0.35/0.52	≤1.5	≤0.35/0.52
	窗墙面积比>0.80	≤1.5	≤0.30/0.52	≤1.4	≤0.30/0.52

续表

围护结构部位	体形系数≤0.30		0.30<体形系数≤0.50	
	传热系数 *K* [W/(m²·K)]	太阳得热系数 SHGC(东、南、西向/北向)	传热系数 *K* [W/(m²·K)]	太阳得热系数 *SHGC*(东、南、西向/北向)
屋顶透光部分(屋顶透光部分面积≤20%)	≤2.4	≤0.44	≤2.4	≤0.35
围护结构部位	保温材料层热阻 *R*[(m²·K)/W]			
周边地面	≥0.60			
供暖、空调地下室外墙(与土壤接触的墙)	≥0.60			
变形缝(两侧墙内保温时)	≥0.90			

表 3.3.1-4　夏热冬冷地区甲类公共建筑围护结构热工性能限值

围护结构部位		传热系数 *K* [W/(m²·K)]	太阳得热系数 *SHGC* (东、南、西向/北向)
屋面	围护结构热惰性指标 *D*≤2.5	≤0.40	—
	围护结构热惰性指标 *D*>2.5	≤0.50	
外墙(包括非透光幕墙)	围护结构热惰性指标 *D*≤2.5	≤0.60	—
	围护结构热惰性指标 *D*>2.5	≤0.80	
底面接触室外空气的架空或外挑楼板		≤0.70	—
单一立面外窗(包括透光幕墙)	窗墙面积比≤0.20	≤3.5	——
	0.20<窗墙面积比≤0.30	≤3.0	≤0.44/0.48
	0.30<窗墙面积比≤0.40	≤2.6	≤0.40/0.44
	0.40<窗墙面积比≤0.50	≤2.4	≤0.35/0.40
	0.50<窗墙面积比≤0.60	≤2.2	≤0.35/0.40
	0.60<窗墙面积比≤0.70	≤2.2	≤0.30/0.35
	0.70<窗墙面积比≤0.80	≤2.0	≤0.26/0.35
	窗墙面积比>0.80	≤1.8	≤0.24/0.30
屋顶透明部分(屋顶透明部分面积≤20%)		≤2.6	≤0.30

表 3.3.1-5　夏热冬暖地区甲类公共建筑围护结构热工性能限值

围护结构部位		传热系数 *K* [W/(m²·K)]	太阳得热系数 *SHGC* (东、南、西向/北向)
屋面	围护结构热惰性指标 *D*≤2.5	≤0.50	—
	围护结构热惰性指标 *D*>2.5	≤0.80	
外墙(包括非透光幕墙)	围护结构热惰性指标 *D*≤2.5	≤0.80	—
	围护结构热惰性指标 *D*>2.5	≤1.5	
底面接触室外空气的架空或外挑楼板		≤1.5	—

续表

围护结构部位		传热系数 K [W/(m²·K)]	太阳得热系数 SHGC（东、南、西向/北向）
单一立面外窗（包括透光幕墙）	窗墙面积比≤0.20	≤5.2	≤0.52/—
	0.20<窗墙面积比≤0.30	≤4.0	≤0.44/0.52
	0.30<窗墙面积比≤0.40	≤3.0	≤0.35/0.44
	0.40<窗墙面积比≤0.50	≤2.7	≤0.35/0.40
	0.50<窗墙面积比≤0.60	≤2.5	≤0.26/0.35
	0.60<窗墙面积比≤0.70	≤2.5	≤0.24/0.30
	0.70<窗墙面积比≤0.80	≤2.5	≤0.22/0.26
	窗墙面积比>0.80	≤2.0	≤0.18/0.26
屋顶透光部分（屋顶透光部分面积≤20%）		≤3.0	≤0.30

表 3.3.1-6 温和地区甲类公共建筑围护结构热工性能限值

围护结构部位		传热系数 K [W/(m²·K)]	太阳得热系数 SHGC（东、南、西向/北向）
屋面	围护结构热惰性指标 D≤2.5	≤0.50	—
	围护结构热惰性指标 D>2.5	≤0.80	
外墙（包括非透光幕墙）	围护结构热惰性指标 D≤2.5	≤0.80	—
	围护结构热惰性指标 D>2.5	≤1.5	
单一立面外窗（包括透光幕墙）	窗墙面积比≤0.20	≤5.2	—
	0.20<窗墙面积比≤0.30	≤4.0	≤0.44/0.48
	0.30<窗墙面积比≤0.40	≤3.0	≤0.40/0.44
	0.40<窗墙面积比≤0.50	≤2.7	≤0.35/0.40
	0.50<窗墙面积比≤0.60	≤2.5	≤0.35/0.40
	0.60<窗墙面积比≤0.70	≤2.5	≤0.30/0.35
	0.70<窗墙面积比≤0.80	≤2.5	≤0.26/0.35
	窗墙面积比>0.80	≤2.0	≤0.24/0.30
屋顶透光部分（屋顶透光部分面积≤20%）		≤3.0	≤0.30

注：传热系数 K 只适用于温和 A 区，温和 B 区的传热系数 K 不作要求。

3.3.2 乙类公共建筑的围护结构热工性能应符合表 3.3.2-1 和表 3.3.2-2 的规定。

表 3.3.2-1 乙类公共建筑屋面、外墙、楼板热工性能限值

围护结构部位	传热系数 K [W/(m²·K)]				
	严寒 A、B 区	严寒 C 区	寒冷地区	夏热冬冷地区	夏热冬暖地区
屋面	≤0.35	≤0.45	≤0.55	≤0.70	≤0.90
外墙（包括非透光幕墙）	≤0.45	≤0.50	≤0.60	≤1.0	≤1.5

续表

围护结构部位	传热系数 K[W/(m²·K)]				
	严寒 A、B 区	严寒 C 区	寒冷地区	夏热冬冷地区	夏热冬暖地区
底面接触室外空气的架空或外挑楼板	≤0.45	≤0.50	≤0.60	≤1.0	—
地下车库和供暖房间与之间的楼板	≤0.50	≤0.70	≤1.0	—	—

表 3.3.2-2　乙类公共建筑外窗(包括透光幕墙)热工性能限值

围护结构部位	传热系数 K[W/(m²·K)]					太阳得热系数 *SHGC*		
外窗(包括透光幕墙)	严寒 A、B 区	严寒 C 区	寒冷地区	夏热冬冷地区	夏热冬暖地区	寒冷地区	夏热冬冷地区	夏热冬暖地区
单一立面外窗(包括透光幕墙)	≤2.0	≤2.2	≤2.5	≤3.0	≤4.0	—	≤0.52	≤0.48
屋顶透光部分(屋顶透光部分面积≤20%)	≤2.0	≤2.2	≤2.5	≤3.0	≤4.0	≤0.44	≤0.35	≤0.30

【技术要点说明】

建筑外墙的传热系数是平均传热系数，计算时必须考虑围护结构周边混凝土梁、柱、剪力墙等“热桥”的影响，以保证建筑在冬季供暖和夏季空调时，围护结构的传热量不超过标准的要求。外墙平均转热系数的计算应按照本标准的附录 A 外墙平均传热系数的计算确定。

透光围护结构的太阳得热系数，又称太阳光总透射比(total solar energy transmittance)，是指通过玻璃、门窗或玻璃幕墙成为室内得热量的太阳辐射部分与投射到玻璃、门窗或玻璃幕墙构件上的太阳辐射照度的比值。成为室内得热量的太阳辐射部分包括太阳辐射通过辐射透射的得热量和太阳辐射被构件吸收再传入室内的得热量两部分。当使用外遮阳装置时，外窗(包括透光幕墙)的太阳得热系数等于外窗(包括透光幕墙)本身的太阳光总透射比与外遮阳装置的遮阳系数的乘积。外窗(包括透光幕墙)本身的太阳光总透射比和外遮阳的遮阳系数应按现行国家标准《建筑热工设计规范》GB 50176 的规定计算。

窗墙面积比是指单一立面窗墙面积比，其定义为建筑某一个立面的窗户洞口面积与建筑该立面总面积之比。本标准中窗墙面积比均是以单一立面为对象，同一朝向不同立面不能合在一起计算窗墙比。窗墙面积比计算时应对各单一立面分别计算。其中屋顶或顶棚面积，应按支承屋顶的外墙外包线围成的面积计算。外墙面积，应按不同朝向分别计算。某一朝向的外墙面积，由该朝向的外表面积减去外窗面积构成。外窗(包括阳台门上部透明部分)面积，应按不同朝向和有无阳台分别计算，取洞口面积。外门面积，应按不同朝向分别计算，取洞口面积。阳台门下部不透明部分面积，应按不同朝向分别计算，取洞口面积。

以供冷为主的南方地区越来越多的公共建筑采用轻质幕墙结构，其热工性能与重型墙体差异较大。本标准以围护结构热惰性指标 $D=2.5$ 为界，分别给出传热系数限值，通过热惰性指标和传热系数同时约束。围护结构热惰性指标(D)是表征围护结构反抗温度波动和热流波动能力的无量纲指标。单一材料围护结构热惰性指标 $D=R \cdot S$；多层材料围护结构热惰性指标 $D=\Sigma(R \cdot S)$。式中 R、S 分别为围护结构材料层的热阻和材料的蓄热系数。

当甲类建筑的热工性能不符合表 3.3.1-1～表 3.3.1-5 的要求时，必须按照本标准第 3.4 节进行权衡判断。使用建筑围护结构热工性能的权衡判断方法为了确保所设计的建筑能够符合节能设计标准的要求的同时尽量保证设计方案的灵活性和建筑师的创造性。权衡判断不拘泥于建筑围护结构各个局部的热工性能，而是着眼于建筑物总体热工性能是否满足节能标准的要求。优良的建筑围护结构热工性能是降低建筑能耗的前提，因此建筑围护结构的权衡判断只针对建筑围护结构，允许建筑围护结构热工性能的互相补偿(如建筑设计方案中的外墙的热工性能达不到本标准的要求，但外窗的热工性能高于本标准要求，最终使建筑物围护结构的整体性能达到本标准的要求)，不允许使用高效的暖通空调系统对不符合本标准要求的围护结构进行补偿。

本标准提供了窗墙比大于 0.6 的外窗的热工性能的要求，但建议严寒地区甲类建筑单一立面窗墙面积比(包括透光幕墙)均不宜大于 0.60；其他地区甲类建筑单一立面窗墙面积比(包括透光幕墙)均不宜大于 0.70。在公共建筑的实际设计中应合理设计窗墙比，当采用大窗墙比时，透光围护结构的热工性能应尽量使用规定性指标，减少权衡判断的使用，以降低设计的难度和工作量

对乙类建筑只要求满足表 3.3.2 规定性指标要求，不允许权衡判断。

对于严寒和寒冷地区建筑周边地面、地下室外墙、变形缝热工性能，为方便计算只对保温材料层的热阻性能提出要求。计算时，不包括土壤和混凝土地面。

温和地区气候温和，近年来，为满足旅游业和经济发展的需要，主要公共建筑都配置了供暖空调设施，公共建筑能耗逐年呈上升趋势。目前国家在大力推广被动建筑，提出被动优先、主动优化的原则，而在温和地区被动技术是最适宜的技术，因此，从控制供暖空调能耗和室内热环境角度，对围护结构提出一定的保温、隔热性能要求有利于该地区建筑节能工作，也符合国家提出的可持续发展理念。

温和 A 区的采暖度日数与夏热冬冷地区一致，温和 B 区的采暖度日数与夏热冬暖地区一致，因此，对于温和 A 区，从控制供暖能耗角度，其围护结构保温性能宜与具有相同采暖度日数的地区一致，一方面可以有效降低供暖能耗，另一方面围护结构热工性能的提升也将有效改善室内热舒适性，有利于减少供暖系统的设置和使用。温和地区空调度日数远小于夏热冬冷地区，但温和地区所处地理位置普遍海拔高、纬度低，太阳高度角较高、辐射强，空气透明度大，多数地区太阳年日照小时数为(2100～2300)小时，年太阳能总辐照量(4500～6000)MJ/m^2，太阳辐射是导致室内过热的主要原因。因此，要求其遮阳性能分别与相邻气候区一致，不仅能有效降低能耗，而且可以明显改善夏季室内热环境，为采用通风手段满足室内热舒适度、尽量减少空调系统的使用提供可能。但考虑到该地区经济社会发展水平相对滞后、能源资源条件有限，且温和地区建筑能耗总量占比较低，因此，本标准对温和 A 区围护结构保温性能的要求低于相同采暖度日数的夏热冬冷地区；对温和 B 区，也只对其遮阳性能提出要求，而对围护结构保温性能不作要求。

由于温和地区的乙类建筑通常不设置供暖和空调系统，因此未对其围护结构热工性能作出要求。

【实施与检查控制】

设计文件中应标明设计建筑采用的外墙、屋面、底面接触室外空气的架空或外挑楼板、地下车库与供暖房间之间的楼板、非供暖楼梯间与供暖房间之间的隔墙的构造和传热系数，各单一立面的窗墙比及相应外窗(包括透光幕墙)的构造、传热系数和太阳得热系数，屋顶透明部分的面积百分比及相应透光围护结构的构造传热系数和太阳得热系数，周边地面、供暖地下室外墙(与土壤接触的墙)、变形缝(两侧墙内保温时)的构造及保温材料层的厚度和热阻值。当有参数不符合表3.3.1-1～表3.3.1-5的要求时，应明确标明不符合要求的参数的围护结构的名称及相应热工参数，并按照本标准第3.4节的要求使用权衡判断计算软件进行权衡判断计算，并提供计算书。并应注意以下内容：

(1)外墙和屋面的传热系数是指平均传热系数，设计文件中应提供外墙平均传热系数的计算文件和计算过程。

(2)设计文件中应进行单一立面窗墙比的计算，并提供计算过程。

(3)设计文件中按照本标准的要求计算外窗(包括透光幕墙)的传热系数和太阳得热系数，并提供计算文件。

(4)当对建筑围护结构热工性能进行权衡判断计算时，应满足本标准第3.4节的要求。主要包括围护结构热工是否判定前提、参照建筑的设定、计算过程等。建筑围护结构热工性能的权衡判断应按本标准附录B的规定进行，并应按本标准附录C提供相应的原始信息和计算结果。

审图机构应该对条文中涉及的围护结构热工性能进行检查是否满足本条文要求，检查单一立面窗墙比、平均传热系数、外窗(包括透光幕墙)的传热系数和太阳得热系数的计算文件。对使用权衡判断的项目，应重点审查是否满足权衡判断计算的基本要求，不满足权衡判断前提条件的，应直接判定不符合本标准要求，设计单位应调整设计方案；满足权衡判断计算基本要求的，应审查是否使用专用的权衡判断计算软件，计算过程是否符合本标准要求，并对权衡判断计算的初始信息和计算结果进行检查。

以设计文件和计算书作为判定依据。

3.3.7 当公共建筑入口大堂采用全玻幕墙时，全玻幕墙中非中空玻璃的面积不应超过同一立面透光面积(门窗和玻璃幕墙)的15%，且应按同一立面透光面积(含全玻幕墙面积)加权计算平均传热系数。

【技术要点说明】

公共建筑入口大堂出于功能需要会使用一定面积的非中空玻璃幕墙。本条文仅对此种情况开一特例并通过强制性条文加以严格限值，避免非中空玻璃构成的全玻幕墙的滥用。

由于功能要求，公共建筑的入口大堂可能采用玻璃肋式的全玻幕墙，这种幕墙形式难于采用中空玻璃，为保证设计师的灵活性，本条仅对入口大堂的非中空玻璃构成的全玻幕墙进行特殊要求；为了保证围护结构的热工性能，必须对非中空玻璃的面积加以控制，底层大堂非中空玻璃构成的全玻幕墙的面积不应超过同一立面的门窗和透光玻璃幕墙总面积的15%，并对同一立面的透光围护结构按照面积加权计算平均传热系数，该传热系数应符合本标准第 3.3.1 条和第 3.3.2 条的要求。

【实施与检查控制】

设计单位应对全玻幕墙面积和透光面积进行计算，注明非中空玻璃构成的全玻幕墙的面积是否超过同一立面透光面积(门窗和玻璃幕墙)的 15%，并应按同一立面透明面积加权计算(含全玻幕墙)平均传热系数，该传热系数应符合第 3.3.1 条和第 3.3.2 条的要求。提供相应的计算文件。

审图机构应检查非中空玻璃构成的全玻幕墙的面积和透光面积、同一立面透光面积加权计算(含全玻幕墙)平均传热系数的计算，并校核面积是否满足不超过 15%，平均传热系数是否符合本标准第 3.3.1 条和第 3.3.2 条的要求。

以设计文件和计算书作为判定依据。

4.1.1 甲类公共建筑的施工图设计阶段，必须进行热负荷计算和逐项逐时的冷负荷计算。

【技术要点说明】

为防止有些设计人员错误地利用设计手册中供方案设计或初步设计时估算用的单位建筑面积冷、热负荷指标，直接作为施工图设计阶段确定空调的冷、热负荷的依据，特规定此条为强制要求。用单位建筑面积冷、热负荷指标估算时，由于总负荷偏大，从而导致了装机容量偏大、管道直径偏大、水泵配置偏大、末端设备偏大的"四大"现象。其结果是初投资增高、能量消耗增加，给国家和投资人造成巨大损失。国家标准《民用建筑供暖通风与空气调节设计规范》GB 50736－2012 中第 5.2 节和第 7.2 节分别对热负荷、空调冷负荷的计算进行了详细规定。对于仅安装房间空气调节器的房间，通常只做负荷估算，不做空调施工图设计，所以不需进行逐项逐时的冷负荷计算。

本条要求的负荷计算目的在于和末端选型相对应，因此，对于供暖负荷应按每个房间进行计算，冷负荷应按末端设备服务的空调区进行逐时计算。

【实施与检查控制】

设计文件中应包含冷热负荷计算书。热负荷应按房间计算，冷负荷应按空调区进行逐项逐时计算，计算结果与末端选型对应。施工图审图机构应复核其计算过程的正确性，并检查计算结果与末端选型一一对应。本条不适用于仅安装房间空气调节器，仅预留负荷的房间。

以设计文件和计算书为判定依据。

4.2.2 除符合下列条件之一外，不得采用电直接加热设备作为供暖热源：

1 电力供应充足，且电力需求侧管理鼓励用电时；

2 无城市或区域集中供热，采用燃气、煤、油等燃料受到环保或消防限制，且无法利用热泵提供供暖热源的建筑；

3 以供冷为主、供暖负荷非常小，且无法利用热泵或其他方式提供供暖热源的建筑；

4 以供冷为主、供暖负荷小，无法利用热泵或其他方式提供供暖热源，但可以利用低谷电进行蓄热，且电锅炉不在用电高峰和平段时间启用的空调系统；

5 利用可再生能源发电，且其发电量能满足自身电加热用电量需求的建筑。

【技术要点说明】

合理利用能源、提高能源利用率、节约能源是我国的基本国策。我国主要以燃煤发电为主，直接将燃煤发电生产出的高品位电能转换为低品位的热能进行供暖，能源利用效率低，应加以限制。考虑到国内各地区的具体情况，在只有符合本条所指的特殊情况时方可采用。

(1)随着我国电力事业的发展和需求的变化，电能生产方式和应用方式均呈现出多元化趋势。同时，全国不同地区电能的生产、供应与需求也是不相同的，无法做到一刀切的严格规定和限制。因此如果当地电能富裕、电力需求侧管理从发电系统整体效率角度，有明确的供电政策支持时，允许适当采用直接电热。

(2)对于一些具有历史保护意义的建筑，或者位于消防及环保有严格要求无法设置燃气、燃油或燃煤区域的建筑，由于这些建筑通常规模都比较小，在迫不得已的情况下，也允许适当地采用电进行供热，但应在征求消防、环保等部门的规定意见后才能进行设计。

(3)对于一些设置了夏季集中空调供冷的建筑，其个别局部区域(例如：目前在一些南方地区，采用内、外区合一的变风量系统且加热量非常低时——有时采用窗边风机及低容量的电热加热、建筑屋顶的局部水箱间为了防冻需求等)有时需要加热，如果为这些要求专门设置空调热水系统，难度较大或者条件受到限制或者投入非常高。因此，如果所需要的直接电能供热负荷非常小(不超过夏季空调供冷时冷源设备电气安装容量的20%)时，允许适当采用直接电热方式。

(4)夏热冬暖或部分夏热冬冷地区冬季供热时，如果没有区域或集中供热，那么热泵是一个较好的选择方案。但是，考虑到建筑的规模、性质以及空调系统的设置情况，某些特定的建筑，可能无法设置热泵系统。当这些建筑冬季供热设计负荷较小，当地电力供应充足，且具有峰谷电差政策时，可利用夜间低谷电蓄热方式进行供暖，但电锅炉不得在用电高峰和平段时间启用。为了保证整个建筑的变压器装机容量不因冬季采用电热方式而增加，要求冬季直接电能供热负荷不超过夏季空调供冷负荷的20%，且单位建筑面积的直接电能供热总安装容量不超过20W/m^2。

(5)如果该建筑内本身设置了可再生能源发电系统(例如利用太阳能光伏发电、生物质能发电等)，且发电量能够满足建筑本身的电热供暖需求，不消耗市政电能时，为了充分利用其发电的能力，允许采用这部分电能直接用于供暖。

国家标准《民用建筑供暖通风与空气调节设计规范》GB 50736－2012强制性条文第5.5.1条与本条内容类似。

【实施与检查控制】

对于符合本条规定各款条件之一的情况应按以下要求核查其证明材料：

第一款：出具当地电力供应充足或电力需求侧管理鼓励用电的文件；

第二款：出具无城市或区域集中供热的说明，出具采用燃气、煤、油等燃料受到环保或消防限值的文件，出具无法利用热泵提供供暖热源的技术文件；

第三款：出具无法利用热泵或其他方式提供供暖热源的技术文件，设计文件中包括计算书，显示建筑所需要的直接电能供热负荷不超过夏季空调供冷时冷源设备电气安装容量的20%；

第四款：出具无法利用热泵或其他方式提供供暖热源的技术文件，设计文件中包括计算书，显示建筑冬季直接电能供热负荷不超过夏季空调供冷负荷的20%且单位建筑面积的直接电能供热总安装容量不超过20W/m^2，设计说明中阐明建筑具备利用低谷电进行蓄热且电锅炉不在用电高峰和平段时间启用的条件；

第五款：提供可再生能源发电系统设计文件，发电量和建筑自身加热量需求计算书。

以设计文件、相关技术报告和政府部门文件为判定依据。

4.2.3　除符合下列条件之一外，不得采用电直接加热设备作为空气加湿热源：

1　电力供应充足，且电力需求侧管理鼓励用电时；

2　利用可再生能源发电，且其发电量能满足自身加湿用电量需求的建筑；

3　冬季无加湿用蒸汽源，且冬季室内相对湿度控制精度要求高的建筑。

【技术条件说明】

在冬季无加湿用蒸汽源、但冬季室内相对湿度的要求较高且对加湿器的热惰性有工艺要求（例如有较高恒温恒湿要求的工艺性房间），或对空调加湿有一定的卫生要求（例如无菌病房等），不采用蒸汽无法实现湿度的精度要求或卫生要求时，才允许采用电极（或电热）式蒸汽加湿器。

本条第三款针对两种情况，一为房间对湿度有较高精度要求，二为房间对加湿有卫生要求。

【实施与检查控制】

对于符合本条规定各款条件之一的情况应按以下要求核查其证明材料：

第一款：出具当地电力供应充足或电力需求侧管理鼓励用电的文件；

第二款：提供可再生能源发电系统设计文件，发电量和建筑自身加热量需求计算书；

第三款：设计文件说明无加湿用蒸汽热源，且对房间湿度的精度要求或卫生要求做特别说明，说明不采用蒸汽则无法实现的理由。

以设计文件、相关技术报告和政府部门文件为判定依据。

4.2.5　名义工况和规定条件下，锅炉的热效率不应低于表 4.2.5 的数值。

表 4.2.5　名义工况和规定条件下锅炉的热效率（%）

<table>
<tr><th colspan="2" rowspan="2">锅炉类型
及燃料种类</th><th colspan="6">锅炉额定蒸发量 D（t/h）/额定热功率 Q（MW）</th></tr>
<tr><th>$D<1$ / $Q<0.7$</th><th>$1\leqslant D\leqslant 2$ / $0.7\leqslant Q\leqslant 1.4$</th><th>$2<D<6$ / $1.4<Q<4.2$</th><th>$6\leqslant D\leqslant 8$ / $4.2\leqslant Q\leqslant 5.6$</th><th>$8<D\leqslant 20$ / $5.6<Q\leqslant 14.0$</th><th>$D>20$ / $Q>14.0$</th></tr>
<tr><td rowspan="3">燃油燃气
锅炉</td><td>重油</td><td colspan="2">86</td><td colspan="4">88</td></tr>
<tr><td>轻油</td><td colspan="2">88</td><td colspan="4">90</td></tr>
<tr><td>燃气</td><td colspan="2">88</td><td colspan="4">90</td></tr>
<tr><td>层状燃烧锅炉</td><td rowspan="3">Ⅲ类
烟煤</td><td>75</td><td>78</td><td colspan="2">80</td><td>81</td><td>82</td></tr>
<tr><td>抛煤机链条炉排锅炉</td><td>—</td><td>—</td><td>—</td><td colspan="2">82</td><td>83</td></tr>
<tr><td>流化床燃烧锅炉</td><td>—</td><td>—</td><td>—</td><td colspan="3">84</td></tr>
</table>

【技术要点说明】

中华人民共和国国家质量监督检验检疫总局颁布的特种设备安全技术规范《锅炉节能

技术监督管理规程》TSG G0002－2010 中，工业锅炉热效率指标分为目标值和限定值，达到目标值可以作为评价工业锅炉节能产品的条件之一。表中数值为该规程规定限定值，选用设备是必须要满足的。

【实施与检查控制】

设计单位应在设计说明中写明对所选锅炉的热效率要求。施工图审图机构应复核其数值符合表 4.2.5 的规定。

以设计文件为判定依据。

4.2.8 电动压缩式冷水机组的总装机容量，应按本标准第 4.1.1 条的规定计算的空调冷负荷值直接选定，不得另作附加。在设计条件下，当机组的规格不符合计算冷负荷的要求时，所选择机组的总装机容量与计算冷负荷的比值不得大于 1.1。

【技术要点说明】

本条与国家标准《民用建筑供暖通风与空气条件设计规范》GB 50736－2012 的强制性条文第 8.2.2 条一致。

从实际情况来看，目前舒适性集中空调建筑中，几乎都不存在冷源的总供冷量不够的问题，大部分情况下，所有安装的冷水机组一年中同时满负荷运行的时间没有出现过，甚至一些工程所有机组同时运行的时间也很短或者没有出现过。这说明相当多的制冷站房的冷水机组总装机容量过大，实际上造成了投资浪费。同时，由于单台机组装机容量也同时增加，还导致了其在低负荷工况下运行，能效降低。因此，对设计的装机容量作出了本条规定。

目前大部分主流厂家的产品，都可以按照设计冷量的需求来提供冷水机组，但也有一些产品采用的是“系列化或规格化”生产。为了防止冷水机组的装机容量选择过大，本条对总容量进行了限制。

对于一般的舒适性建筑而言，本条规定能够满足使用要求。对于某些特定的建筑必须设置备用冷水机组时（例如某些工艺要求必须 24 小时保证供冷的建筑等），其备用冷水机组的容量不统计在本条规定的装机容量之中。

应注意：本条提到的比值不超过 1.1，是一个限制值。设计人员不应理解为选择设备时的“安全系数”。

【实施与检查控制】

设计单位在计算书中写明电动压缩式冷水机组的总装机容量及按 4.1.1 条要求计算得出的空调冷负荷结果。施工图审图机构应复核其数据的一致性，并核算其所选择机组的总装机容量与计算冷负荷的比值不大于 1.1。

以设计文件和冷负荷计算书为判定依据。

4.2.10 采用电机驱动的蒸气压缩循环冷水（热泵）机组时，其在名义制冷工况和规定条件下的性能系数（COP）应符合下列规定：

1 水冷定频机组及风冷或蒸发冷却机组的性能系数（COP）不应低于表 4.2.10 的数值；

2 水冷变频离心式机组的性能系数（COP）不应低于表 4.2.10 中数值的 0.93 倍；

3 水冷变频螺杆式机组的性能系数（COP）不应低于表 4.2.10 中数值的 0.95 倍。

表 4.2.10 名义工况下冷水（热泵）机组的制冷性能系数（*COP*）

类型		名义制冷量 *CC* (kW)	性能系数 *COP* (W/W)					
			严寒 A、B区	严寒 C区	温和 地区	寒冷 地区	夏热冬 冷地区	夏热冬 暖地区
水冷	活塞式/涡旋式	*CC*≤528	4.10	4.10	4.10	4.10	4.20	4.40
	螺杆式	*CC*≤528	4.60	4.70	4.70	4.70	4.80	4.90
		528<*CC*≤1163	5.00	5.00	5.00	5.10	5.20	5.30
		CC>1163	5.20	5.30	5.40	5.50	5.60	5.60
	离心式	*CC*≤1163	5.00	5.00	5.10	5.20	5.30	5.40
		1163<*CC*≤2110	5.30	5.40	5.40	5.50	5.60	5.70
		CC>2110	5.70	5.70	5.70	5.80	5.90	5.90
风冷或蒸发冷却	活塞式/涡旋式	*CC*≤50	2.60	2.60	2.60	2.60	2.70	2.80
		CC>50	2.80	2.80	2.80	2.80	2.90	2.90
	螺杆式	*CC*≤50	2.70	2.70	2.70	2.80	2.90	2.90
		CC>50	2.90	2.90	2.90	3.00	3.00	3.00

【技术要点说明】

冷水机组是公共建筑集中空调系统的主要耗能设备，其能效很大程度上决定了空调系统的节能性。而我国地域辽阔，南北气候差异大，严寒地区公共建筑中的冷水机组夏季运行时间较短，从北到南，冷水机组的全年运行时间不断延长，而夏热冬暖地区部分公共建筑中的冷水机组甚至需要全年运行。在经济和技术分析的基础上，严寒寒冷地区冷水机组性能适当提升，建筑围护结构性能做较大幅度的提升；夏热冬冷和夏热冬暖地区，冷水机组性能提升较大，建筑围护结构热工性能做小幅提高。保证全国不同气候区达到一致的节能率，因此，本次标准修订根据冷水机组的实际运行情况及其节能潜力，对各气候区提出不同的限值要求。

该限值为名义工况下产品性能指标，名义工况应符合《蒸气压缩循环冷水（热泵）机组工商业用和类似用途的冷水（热泵）机组》GB/T 18430.1-2007 的规定，即：

(1) 使用侧：冷水出口水温 7℃，水流量为 0.172m^3/(h·kW)；

(2) 热源侧(或放热侧)：水冷式冷却水进口水温 30℃，水流量为 0.215m^3/(h·kW)；

(3) 蒸发器水侧污垢系数为 0.018m^2·℃/kW，冷凝器水侧污垢系数 0.044m^2·℃/kW。

当前我国的变频冷水机组主要集中于大冷量的水冷式离心机组和螺杆机组，冷水机组变频后，可有效地提升机组部分负荷的性能，尤其是变频离心式冷水机组，变频后其综合部分负荷性能系数 *IPLV* 通常可提升 30%左右；相应地，由于变频器功率损耗及其配用的电抗器、滤波器损耗，变频后机组的满负荷性能会有一定程度的降低，通常在 4%左右。因此，对于变频机组，本标准主要基于定频机组的研究成果，根据机组加变频后其满负荷和部分负荷性能的变化特征，计算其全年运行能耗，以全年能耗相当为原则，对变频机组的 *COP* 限值作出调整。

双工况制冷机组制造时需照顾到两个工况工作状况下的效率，会比单工况机组低，所以不按此表执行。对于风冷式机组，计算 *COP* 时，应考虑放热侧散热风机的消耗的电功率；对于蒸发冷却式机组，计算 *COP* 时，应考虑机组消耗的功率应包括放热侧水泵和风机消耗的电功率。

【实施与检查控制】

设计文件中应写明选用机组的制冷性能系数 *COP* 的数值和对应工况，对应工况应为名义工况。当机组的测试工况与名义工况不一致时，应修正到名义工况，再判定。

对于风冷式机组，计算 *COP* 时，应考虑放热侧散热风机的消耗的电功率；对于蒸发冷却式机组，计算 *COP* 时，应考虑机组消耗的功率应包括放热侧水泵和风机消耗的电功率。

施工图审图机构应复核其计算和工况的正确性，并复核计算结果满足表 4.2.10 中限值要求。

以设计文件为判定依据。

4.2.14 采用名义制冷量大于 7.1kW、电机驱动的单元式空气调节机、风管送风式和屋顶式空气调节机组时，其在名义工况下的能效比（*EER*）不应低于表 4.2.14 的数值。

表 4.2.14 名义工况下单元式空气调节机、风管送风式和屋顶式空气调节机组能效比（*EER*）

类型		名义制冷量 CC（kW）	能效比 *EER*（W/W）					
			严寒A、B区	严寒C区	温和地区	寒冷地区	夏热冬冷地区	夏热冬暖地区
风冷	不接风管	7.1<*CC*≤14.0	2.70	2.70	2.70	2.75	2.80	2.85
		CC>14.0	2.65	2.65	2.65	2.70	2.75	2.75
	接风管	7.1<*CC*≤14.0	2.50	2.50	2.50	2.55	2.60	2.60
		CC>14.0	2.45	2.45	2.45	2.50	2.55	2.55
水冷	不接风管	7.1<*CC*≤14.0	3.40	3.45	3.45	3.50	3.55	3.55
		CC>14.0	3.25	3.30	3.30	3.35	3.40	3.45
	接风管	7.1<*CC*≤14.0	3.10	3.10	3.15	3.20	3.25	3.25
		CC>14.0	3.00	3.00	3.05	3.10	3.15	3.20

【技术要点说明】

目前现行国家标准《单元式空气调节机》GB/T 17758－2010 已经开始采用制冷季节能效比 *SEER*、全年性能系数 *APF* 作为单元机的能效评价指标，但目前大部分厂家尚无法提供其机组的 *SEER*、*APF* 值，现行国家标准《单元式空气调节机能效限定值及能源效率等级》GB 19576－2004 仍采用 *EER* 指标，因此，本标准仍然沿用 *EER* 指标。*EER* 为名义制冷工况下，制冷量与消耗的电量的比值，名义制冷工况应符合现行国家标准《单元式空调机组》GB/T 17758 的规定。

【实施与检查控制】

设计文件中应写明单元式空气调节机、风管送风式和屋顶式空气调节机组类型、能效比和对应工况。施工图审图机构应复核其计算和工况的正确性，并复核其计算结果满足表 4.2.14 的要求。

以设计文件为判定依据。

4.2.17 采用多联式空调（热泵）机组时，其在名义工况下的制冷综合性能系数 *IPLV*（*C*）不应低于表 4.2.17 的数值。

表 4.2.17 名义工况下多联式空调（热泵）机组制冷综合性能系数 *IPLV*（*C*）

名义制冷量 *CC*（kW）	制冷综合性能系数 *IPLV*（*C*）					
	严寒 A、B 区	严寒 C 区	温和地区	寒冷地区	夏热冬冷地区	夏热冬暖地区
CC≤28	3.80	3.85	3.85	3.90	4.00	4.00
28<*CC*≤84	3.75	3.80	3.80	3.85	3.95	3.95
CC>84	3.65	3.70	3.70	3.75	3.80	3.80

【技术要点说明】

多联机近几年应用十分广泛，建筑节能设计标准中必须对其提出要求。

目前现行国家标准《多联式空调（热泵）机组》GB/T 18837－2002 正在修订中，现行国家标准《多联式空调（热泵）机组能效限定值及能源效率等级》GB 21454－2008 中仍以 *IPLV*（*C*）作为其能效考核指标。因此，本标准仍采用制冷综合性能指标 *IPLV*（*C*）作为能效评价指标。名义制冷工况和规定条件应符合现行国家标准《多联式空调（热泵）机组》GB/T 18837 的规定。

【实施与检查控制】

设计文件中应写明对于多联式空调（热泵）机组制冷综合性能系数 *IPLV*（*C*）和对应工况，对应工况应符合国家标准《多联式空调（热泵）机组》GB 18837 的规定。施工图审图机构应复核其计算和工况的正确性，并复核计算结果满足表 4.2.17 的要求。

以设计文件为判定依据。

4.2.19 采用直燃型溴化锂吸收式冷（温）水机组时，其在名义工况和规定条件下的性能参数应符合表 4.2.19 的规定。

表 4.2.19 名义工况和规定条件下直燃型溴化锂吸收式冷（温）水机组的性能参数

名义工况		性能参数	
冷（温）水进/出口温度（℃）	冷却水进/出口温度（℃）	性能系数（W/W）	
		制冷	供热
12/7（供冷）	30/35	≥1.20	—
—/60（供热）	—	—	≥0.90

【技术要点说明】

表 4.2.19 中规定的性能参数为名义工况的能效限定值。直燃机性能系数计算时，输入能量应包括消耗的燃气（油）量和机组自身的电力消耗两部分，计算方法应符合现行国家标准《直燃型溴化锂吸收式冷（温）水机组》GB/T 18362 的规定。

【实施与检查控制】

设计文件中应写明溴化锂吸收式机组性能参数和对应工况，施工图审图机构应复核其计算和工况的正确性，并复核计算结果满足表 4.2.19 的要求。

以设计文件为判定依据。

4.5.2 锅炉房、换热机房和制冷机房应进行能量计量，能量计量应包括下列内容：

1 燃料的消耗量；

2 制冷机的耗电量；

3 集中供热系统的供热量；

4 补水量。

【技术要点说明】

本条文根据《民用建筑节能条例》的规定，对机房的能量计量提出要求，保证《民用建筑节能条例》相关条文的技术实施。

加强建筑用能的量化管理，是建筑节能工作的需要，在冷热源处设置能量计量装置，是实现用能总量量化管理的前提和条件，同时在冷热源处设置能量计量装置利于相对集中，也便于操作。

供热锅炉房应设燃煤或燃气、燃油计量装置。

制冷机房内，制冷机组能耗是大户，同时也便于计量，因此要求对其单独计量。直燃型机组应设燃气或燃油计量总表，电制冷机组总用电量应分别计量；对于集中供热系统，《民用建筑节能条例》规定，实行集中供热的建筑应当安装供热系统调控装置、用热计量装置和室内温度调控装置，因此，对锅炉房、换热机房总供热量应进行计量，作为用能量化管理的依据。

目前水系统跑冒滴漏现象普遍，系统补水造成的能源浪费现象严重，因此对冷热源站总补水量也应采用计量手段加以控制。

国家标准《民用建筑供暖通风与空气调节设计规范》GB 50736－2012 强制性条文第9.1.5条与本条内容类似。

【实施与检查控制】

本条各款应按以下要点实施及检查设计文件：

第一款：按系统实际使用的燃料种类设置燃油表、燃气表、燃煤皮带秤等计量装置；

第二款：制冷机设置独立的电表计量其耗电量，各冷机单独计量或计量系统所有冷机用电总量均符合本条要求；

第三款：对于集中供热系统应设置热量计量装置计量总供热量；

第四款：设置水表计量系统补水量。

以设计文件为判定依据。

【示例】

本条要求锅炉房、换热机房和制冷机房的能量计量应包括四款内容。如某系统设计锅炉房、换热机房和制冷机房的能量计量包括燃料的消耗量、制冷机的耗电量、集中供热系统的供热量，仍旧不符合本条要求。设计方案应补充设置水表用于计量系统补水量，方满足本条要求。

4.5.4 锅炉房和换热机房应设置供热量自动控制装置。

【技术要点说明】

本条文与行业标准《供热计量技术规程》JGJ 173－2009 强制性条文第4.2.1条一致。

本条文对锅炉房及换热机房的节能控制提出了明确的要求。供热量自动控制装置的主要目的是对供热系统进行总体调节，使供水水温或流量等参数在保持室内温度的前提下，随室外空气温度的变化随时进行调整，始终保持锅炉房或换热机房的供热量与建筑物的需热量基本一致，实现按需供热；达到最佳的运行效率和最稳定的供热质量。

气候补偿器是供暖热源常用的供热量控制装置，设置气候补偿器后，还可以通过在时间控制器上设定不同时间段的不同室温，节省供热量；合理地匹配供水流量和供水温度，节省水泵电耗，保证散热器恒温阀等调节设备正常工作；还能够控制一次水回水温度，防止回水温度过低减少锅炉寿命。

由于不同企业生产的气候补偿器的功能和控制方法不完全相同，但必须具有能根据室外空气温度或负荷变化自动改变用户侧供（回）水温度或对热媒流量进行调节的基本功能。

【实施与检查控制】

设计文件中应在锅炉房和换热机房设置气候补偿器或其他形式的供热量自动控制装置，并说明供热量自动调节控制方式。施工图审图机构应复核是否具备自动调节基本功能。

以设计文件为判定依据。

4.5.6 供暖空调系统应设置室温调控装置；散热器及辐射供暖系统应安装自动温度控制阀。

【技术要点说明】

（1）本条文根据《中华人民共和国节约能源法》的相关规定保证其技术实施。

（2）按照《中华人民共和国节约能源法》第三十七条规定：使用空调供暖、制冷的公共建筑应当实行室内温度控制制度。用户能够根据自身的用热需求，利用空调供暖系统中的调节阀主动调节和控制室温，是实现按需供热、行为节能的前提条件。

（3）除末端只设手动风量开关的小型工程外，供暖空调系统均应具备室温自动调控功能。对末端只设手动风量开关的小型工程，现行国家标准《民用建筑供暖通风与空气调节设计规范》GB 50736 中规定，末端不设水路电动阀的定流量一级泵系统只能用于一台冷水机组和水泵的小型工程，除此以外，均应具备室温自动调控装置。

【实施与检查控制】

查阅施工图文件，确定控制阀设置位置是否满足室温调节需要；调控方式及是否可自动调节。

以设计文件为判定依据。

【示例】

本条规定公共建筑如采用散热器或辐射供暖系统必须安装自动温度控制阀，仅安装手动调节装置的不满足本条要求。

12 节能施工与验收

《建筑节能工程施工质量验收规范》GB 50411

3.1.2 工程设计变更后，建筑节能性能不得降低，且不得低于国家现行有关建筑节能设计标准的规定。

【技术要点说明】

由于材料采购供应、施工工艺改变等原因，建筑工程施工中可能需要改变节能设计。为了避免这些改变影响节能效果，本条对涉及节能的设计变更严格加以限制。本次修订，根据各地反馈的意见对本条表示严格程度的用词进行了适当调整。

本条规定有三层含义：第一，任何有关节能的设计变更，均须在施工前办理设计变更手续；第二，有关节能的设计变更不应降低建筑节能效果；第三，有关节能的设计变更还应报原节能设计审查机构审查。

本条规定节能设计变更必须严格审查，是为了避免节能设计变更降低建筑节能效果。

【实施与检查】

（1）实施

本条在实施中，节能设计变更应首先由设计单位计算校核，并报原施工图设计文件审查机构重新审查，出具书面审查文件，并按变更后的要求进行施工和验收。根据目前国家规定，该设计变更须由建设、监理、施工单位签署后方可实施。

（2）检查

对本条执行情况实施的检查，应检查设计变更文件和施工图设计审查文件，依据有无设计变更文件和施工图设计审查文件，以及两者是否一致作为判定依据。

4.2.2 墙体节能工程使用的材料进场时，应对其下列性能进行复验，复验应为见证取样检验：

1 保温隔热材料的导热系数、密度、压缩强度或抗压强度、垂直于板面方向的抗拉强度、吸水率、燃烧性能（不燃材料除外）；

2 复合保温板等墙体材料定型产品的传热系数或热阻、单位面积质量、拉伸粘结强度、燃烧性能（不燃材料除外）；

3 保温砌块等墙体材料定型产品的传热系数或热阻、抗压强度、吸水率；

4 反射隔热材料的太阳光反射比，半球发射率；

5 粘结材料的拉伸粘结强度；

6 抹面材料的拉伸粘结强度、压折比；

7 增强网的力学性能、抗腐蚀性能。

【技术要点说明】

本条在第4.2.1条规定的基础上，具体给出了墙体节能材料进场复验的项目、参数和抽样数量。试验方法应遵守相应产品的试验方法标准。复验指标是否合格应依据设计要求和产品标准判定。

复合保温板在进场验收时应提供芯材的导热系数、密度、压缩强度或抗压强度、垂直于板面方向的抗拉强度、吸水率、燃烧性能（不燃材料除外）的质量证明文件。

本次修订根据各地反馈意见，增加了对燃烧性能的复验，并对原标准中复验抽查数量进行了修改。对不同复验项目规定了不同的抽查数量：

各种复验项目均按照扣除门窗洞后的保温墙面面积抽查，最小抽样基数为 5000m^2，然后按照保温墙面面积的递增逐步增加抽查次数。

具体为：保温墙面面积 5000m^2 应至少抽查 1 次；超过时，燃烧性能按照每增加 10000 m^2 应至少增加抽查 1 次；除燃烧性能之外的其他各项参数，按照每增加 5000m^2 应至少增加抽查 1 次。增加的面积不足规定数量时也应增加抽查一次。

同一个工程项目、同施工单位且同时施工的多个单位工程（群体建筑），可合并计算保温墙面抽检面积。

此外，抽样只考虑厂家和品种，对于尺寸、规格可不必每种都抽查，只需选取有代表性的尺寸、规格即可。

考虑到同一个工程项目可能包括多个单位工程的情况，为了合理、适当降低检验成本，规定同工程项目、同施工单位且同时施工的多个单位工程（群体建筑），可合并计算保温墙面抽检面积。

【实施与检查】

（1）实施

进场复验是对进入施工现场的材料、设备等在进场验收合格的基础上，按照有关规定从施工现场抽样送至试验室进行部分或全部性能参数的检验。同时应见证取样送检，即施工单位在监理或建设单位代表见证下，按照有关规定从施工现场随机抽样，送至有相应资质的检测机构进行检测，并应形成相应的复验报告。

（2）检查

核查质量证明文件，核查复验报告，以有无复验报告以及质量证明文件与复验报告是否一致作为判定依据。

4.2.3 外墙外保温工程应采用预制构件、定型产品或成套技术，并应由同一供应商提供配套的组成材料，以及型式检验报告。型式检验报告中应包括耐候性和抗风压性检验项目及组成材料的名称、生产单位、规格型号、主要性能参数等。

【技术要点说明】

本条规定了对墙体节能工程的基本技术要求，即应采用预制构件、定型产品或成套技术，并应由供应方配套提供组成材料。其目的是防止采用不成熟工艺或质量不稳定的材料和产品。预制构件、定型产品为工厂化生产，质量较为稳定；成套技术则经过验证，可保证工程的节能效果。

采用非成套技术或采用不是同一个供应商提供的材料，其材料质量、施工工艺不易保持稳定可靠，也难以在施工现场进行检查，工程的耐久性在短期内更是难以判断。

要求供应商同时提供型式检验报告，是为了进一步确保节能工程的安全性和耐久性。

型式检验报告本应包含耐久性能检验，但是由于该项检验较复杂，现实中有部分不规范的型式检验报告不做该项检验。故本条强调型式检验报告的内容应包括耐久性检验。当供应方不能提供耐久性检验参数时，应由具备资质的检测机构予以补做。

【实施与检查】

（1）实施

外墙外保温工程严禁采用拼凑的办法供应其组成材料，应推广采用预制构件、定型产品或成套技术，而且应由供应商统一提供配套的组成材料和型式检验报告，进入施工现场的外墙外保温预制构件、定型产品或成套技术，应该经过技术鉴定。当在推广的过渡过程中当无型式检验报告时，应委托具备资质的检测机构对产品或工程的安全性能、耐久性能和节能性能进行现场抽样检验。抽样检验的方法、结果应符合相关标准和设计的要求。

（2）检查

按照构件、产品或成套技术的类型进行核查型式检验报告、抽样检验报告。

以有无型式检验报告以及进入施工现场的外墙外保温预制构件、定型产品或成套技术质量证明文件与型式检验报告是否一致作为判定依据。

4.2.7 墙体节能工程的施工质量，必须符合下列规定：

1 保温隔热材料的厚度不得低于设计要求。

2 保温板材与基层之间及各构造层之间的粘结或连接必须牢固。保温板材与基层的拉伸粘结强度应进行现场拉拔试验，且不得在界面破坏；粘结面积比应进行剥离检验，粘结面积比应符合设计要求，且不低于40%。

3 当采用保温浆料做外保温时，厚度大于20mm的保温浆料应分层施工。保温浆料与基层之间及各层之间的粘结必须牢固，不应脱层、空鼓和开裂。

4 当保温层采用锚固件固定时，锚固件数量、位置、锚固深度、胶结材料性能和锚固力应符合设计和施工方案的要求。锚固件锚固力或拉拔力应做拉拔试验。

【技术要点说明】

对墙体节能工程施工提出第4款基本要求，这些要求主要关系到安全和节能效果，十分重要。拉伸粘结强度和锚固力试验应委托具备见证资质的检测机构进行试验。

【实施与检查】

（1）实施

拉伸粘结强度和粘结面积比采用的试验方法见本规范附录B和附录C。本规范未列出的试验方法可以在承包合同中约定，也可选择现行行业标准、地方标准推荐的相关试验方法。对仅起辅助作用的锚固件，如：以粘接为主、以塑料铆钉为辅固定的保温隔热板材，可只进行数量、位置、锚固深度等检查，可不做锚固力现场拉拔试验。保温装饰板的锚固件应将保温装饰板的装饰面板固定牢固；锚栓拉拔力检验应按现行行业标准《外墙保温用锚栓》JG/T 366。

（2）检查

核查隐蔽工程验收记录和检验报告，以有无检验报告以及隐蔽工程验收记录与检验报告是否一致作为判定依据。

5.2.2 幕墙（含采光屋面）节能工程使用的材料、构件进场时，应对其下列性能进行复

验，复验应为见证取样检验：

1 保温材料的导热系数或热阻、密度、吸水率、燃烧性能（不燃材料除外）；

2 幕墙玻璃的可见光透射比、传热系数、遮阳系数，中空玻璃的密封性能；

3 隔热型材的抗拉强度、抗剪强度；

4 透光、半透光遮阳材料的太阳光透射比、太阳光反射比。

【技术要点说明】

幕墙材料、构配件等的热工性能是保证幕墙节能指标的关键，所以必须满足要求。保温材料的热工性能参数主要是导热系数，许多构件也是如此，但复合材料和复合构件的整体性能主要指标则是热阻。

对于非透光幕墙，保温材料的导热系数非常重要，而达到设计值往往并不困难，所以应要求不大于设计值。保温材料的密度与导热系数有很大关系，而且密度偏差过大，往往意味着材料的性能也发生了很大的变化，密度偏差应在一定的误差范围内。

玻璃的传热系数、遮阳系数、可见光透射比对于玻璃幕墙都是主要的节能指标要求，所以应该满足设计要求。玻璃的传热系数越大，对节能越不利；而遮阳系数越大，对空调的节能越不利（严寒地区由于冬季很冷，且供暖期特别长，情况正好相反）；可见光透射比对自然采光很重要，可见光透射比越大，对采光越有利。在玻璃的抽样复验中，没有特殊要求的玻璃是不必要复验的，如透明玻璃的遮阳系数、可见光透射比，单片玻璃的传热系数，等等，因为即使有一些偏差，对节能也没有太大的影响。

中空玻璃的密封应满足要求，以保证产品的密封质量和耐久性，因为密封性能不满足要求而使得中空玻璃失效的工程不在少数。在《中空玻璃》GB/T 11944 产品标准中，中空玻璃采用露点法进行测试可反映中空玻璃产品密封性能，露点测试不满足要求，产品的密封则不合格，其节能性能必然受到很大的影响。由于该标准中露点法测试是采用标准样品的，而工程玻璃不可能是标准样品，因而本规范参照该标准另外制定了一个类似的检测方法作为附录。

隔热型材的力学性能非常重要，直接关系到幕墙的安全，所以应符合设计要求和相关产品标准的规定。不能因为节能而影响到幕墙的结构安全，所以要对型材的力学性能进行复验。

遮阳装置遮阳主要靠遮阳材料，如板、帘、百叶等等。如果遮阳材料是透光的或半透光的，遮阳性能会受到很大影响，效果会大打折扣，如浅色遮阳帘等。因此，这些遮阳帘的透光特性应该复验。而不透光的遮阳材料则能取得很好的遮阳效果，不用再测试其光学性能。所有金属材料均属于不透光材料，木材、深色板材也基本上不透光，织物属于半透光的则比较多。

【实施与检查】

（1）实施

进场复验是对进入施工现场的材料、设备等在进场验收合格的基础上，按照有关规定从施工现场抽样送至试验室进行部分或全部性能参数的检验。同时应见证取样检验，即施工单位在监理或建设单位代表见证下，按照有关规定从施工现场随机抽样，送至有相应资质的检测机构进行检测，并应形成相应的复验报告。

（2）检查

核查材料性能指标是否符合质量证明文件，核查复验报告。以有无复验报告以及质量证明文件与复验报告是否一致作为判定依据。

6.2.2 门窗节能工程使用的材料、构件进场时，应按所属气候区对其下列性能进行复验，复验应为见证取样检验：

1 严寒、寒冷地区门窗的传热系数、气密性能；

2 夏热冬冷地区门窗的传热系数、气密性能，玻璃遮阳系数、玻璃可见光透射比；

3 夏热冬暖地区门窗的气密性能，玻璃遮阳系数、玻璃可见光透射比；

4 中空玻璃的密封性能；

5 透光、部分透光遮阳材料的太阳光透射比、反射比；

6 窗墙面积比、外窗可开启面积校验。

【技术要点说明】

建筑外窗的气密性、保温性能、中空玻璃露点、玻璃遮阳系数和可见光透射比都是重要的节能指标，所以应符合强制的要求。

为了保证进入工程用的门窗质量达到标准，保证门窗的性能，需要在建筑外窗进入施工现场时进行复验。由于在严寒、寒冷、夏热冬冷地区对门窗保温节能性能要求更高，门窗容易结露，所以需要对门窗的气密性能、传热系数进行复验；夏热冬暖地区由于夏天阳光强烈，太阳辐射对建筑空调能耗的影响很大，主要考虑门窗的夏季隔热，所以在此仅对气密性能进行复验。

建筑门窗节能性能标识是住建部在2006年试点推行的标识制度。2006年12月29日印发了《建筑门窗节能性能标识试点工作管理办法》（建科〔2006〕319号），开始在全国范围内实施建筑门窗节能性能标识试点工作。2010年6月18日，住房城乡建设部印发了《关于进一步加强建筑门窗节能性能标识工作的通知》（建科〔2010〕93号），要求“进一步加强门窗标识工作，促进门窗行业技术进步、确保建筑节能取得实效”。目前，全国已经有100多个企业，2000多个产品取得了标识。这些产品在标识时进行了严格的测试和大量的模拟计算，其性能是真实可靠的。验收时只需要对照标识证书和计算报告，核对相关的材料、附件、节点构造，复验玻璃的性能指标即可，不必再进行产品的传热系数和气密性能复验。

玻璃的遮阳系数、可见光透射比以及中空玻璃的露点是建筑玻璃的基本性能，应该进行复验。因为在夏热冬冷和夏热冬暖地区，遮阳系数是非常重要的。门窗的节能很大程度上取决于门窗所用玻璃的形式（如单玻、双玻、三玻等）、种类（普通平板玻璃、浮法玻璃、吸热玻璃、镀膜玻璃、贴摸玻璃）及加工工艺（如单道密封、双道密封等）。中空玻璃一般均应采用双道密封，为保证中空玻璃内部空气不受潮，需要再加一道丁基胶密封。有些暖边间隔条将密封和间隔两个功能置于一身，本身的密封效果很好，可以不受此限制。中空玻璃的密封应满足要求，以保证产品的密封质量和耐久性。在《中空玻璃》产品标准中，中空玻璃采用露点法测试的密封性能是反映中空玻璃产品质量的重要指标，露点测试不满足要求，产品的密封则不合格，其节能性能必然受到很大的影响。由于该标准中露点法测试是采用标准样品的，而工程玻璃不可能是标准样品，因而本规范根据该标准中的方法另外编了一个类似的检测方法作为附录E《中空玻璃密封性能检验方法》。

【实施与检查】

门窗产品的复验项目尽可能在一组试件完成，以减少抽样产品的样品成本。门窗抽样后可以先检测中空玻璃密封性能，3樘门窗一般都会有9块玻璃，如果不足10块，可以多抽1樘。然后检测气密性能（3樘），再检测传热系数（1樘），最后如果需要检测玻璃遮阳系数和玻璃传热系数则可在门窗上进行玻璃取样检测。

7.2.2 屋面节能工程使用的材料进场时，应对其下列性能进行复验，复验应为见证取样检验。

1 保温材料的导热系数、密度、压缩强度或抗压强度、吸水率、燃烧性能（不燃材料除外）；

2 反射隔热材料的太阳光反射比，半球发射率。

【技术要点说明】

在屋面保温隔热工程中，保温隔热材料的导热系数、密度或干密度、吸水率、燃烧性能以及隔热涂料的太阳光反射比、半球发射率等性能参数直接影响到屋面保温隔热效果，抗压强度或压缩强度影响到保温隔热层的施工质量，燃烧性能是防止火灾隐患的重要条件，因此应对保温隔热材料的导热系数、密度或干密度、抗压强度或压缩强度及燃烧性能进行严格的控制，必须符合节能设计要求、产品标准要求以及相关施工技术标准要求。材料复验结果作为屋面保温隔热工程质量验收的一个依据，复验报告必须是第三方见证取样，检验样品必须是按批量随机抽取。

【实施与检查】

（1）实施

进场复验是对进入施工现场的材料、设备等在进场验收合格的基础上，按照有关规定从施工现场抽样送至试验室进行部分或全部性能参数的检验。同时应见证取样检验，即施工单位在监理工程师见证下，按照有关规定从施工现场随机抽样，送至有相应资质的检测机构进行检测，并应形成相应的复验报告。

（2）检查

核查材料性能指标是否符合质量证明文件，核查复验报告。以有无复验报告以及质量证明文件与复验报告是否一致作为判定依据。

8.2.2 地面节能工程使用的保温材料进场时，应对其导热系数、密度、压缩强度或抗压强度、吸水率、燃烧性能（不燃材料除外）等性能进行复验，复验应为见证取样检验。

【技术要点说明】

在地面节能工程中，保温材料的导热系数、密度或干密度、燃烧性能等性能参数直接影响到地面保温效果，抗压强度或压缩强度影响到保温层的施工质量，燃烧性能是防止火灾隐患的重要条件，因此应对保温材料的导热系数、密度或干密度、抗压强度或压缩强度及燃烧性能进行严格的控制，必须符合节能设计要求、产品标准要求以及相关施工技术标准要求。材料复验结果作为地面保温工程质量验收的一个依据，复验报告必须是第三方见证取样，检验样品必须是按批量随机抽取。

【实施与检查】

（1）实施

进场复验是对进入施工现场的材料、设备等在进场验收合格的基础上，按照有关规定从施工现场抽样送至试验室进行部分或全部性能参数的检验。同时应见证取样检验，即施工单位在监理工程师见证下，按照有关规定从施工现场随机抽样，送至有相应资质的检测机构进行检测，并应形成相应的复验报告。

（2）检查

核查材料性能指标是否符合质量证明文件，核查复验报告。以有无复验报告以及质量证明文件与复验报告是否一致作为判定依据。

9.2.2　供暖节能工程采用的散热器和保温材料进场时，应对其下列性能进行复验，复验应为见证取样检验：

1　散热器的单位散热量、金属热强度；

2　保温材料的导热系数、密度、吸水率。

【技术要点说明】

供暖系统中散热器的单位散热量、金属热强度和保温材料的导热系数、密度、吸水率等技术参数，是供暖系统节能工程中的重要性能参数，它是否符合设计要求，将直接影响供暖系统的运行及节能效果。

"同一厂家、同材质的散热器"，是指由同一个生产厂家生产的相同材质的散热器。在对散热器进行抽检时，应包含不同结构形式、不同长度（片数）的散热器。

本次修订，对单位工程散热器复验数量进行了调整，是基于本规范发布实施以来，促进了散热器生产行业加强自身质量控制，产品质量得到了很大的提升，在进场复验时，可以减少复验数量；在修订时，也考虑到了群体建筑，当采用同一厂家的产品时，在保证加工工艺相同的情况下，重复复验，也存在浪费问题，因此做了修订。

【实施与检查】

（1）实施

在散热器和保温材料进场时，应对其热工等技术性能参数进行复验。进场复验是对进入施工现场的材料、设备等在进场验收合格的基础上，按照有关规定从施工现场抽样送至试验室进行部分或全部性能参数的检验。同时应见证取样检验，即施工单位在监理或建设单位代表见证下，按照有关规定从施工现场随机抽样，送至有相应资质的检测机构进行检测，并应形成相应的复验报告。

（2）检查

核查材料性能指标是否符合质量证明文件，核查复验报告。以有无复验报告以及质量证明文件与复验报告是否一致作为判定依据。

9.2.3　供暖系统安装的温度调控装置和热计量装置，应满足设计要求的分室（户或区）温度调控、分户（区）热计量和楼栋热计量功能。

【技术要点说明】

本条规定了设有室（户）温自动调控装置和热计量装置的供暖系统安装完毕后，应能实现设计要求的分室（户或区）温度调控和楼栋热计量及分户或分室（区）热量（费）分摊，这是国家有关节能标准所要求的，是供暖系统实现节能运行的关键和根本。

【实施与检查】

（1）实施

按照设计图纸进行施工的供暖系统，对设有室（户）温自动调控装置和热计量装置的供暖系统安装完毕后，检查是否能实现设计要求的分室（户或区）温度调控和楼栋热计量及分户或分室（区）热量（费）分摊。

（2）检查

以是否能实现设计要求的分室（户或区）温度调控和楼栋热计量及分户或分室（区）热量（费）分摊作为判定依据。

10.2.2 通风与空调节能工程风机盘管机组和绝热材料进场时，应对其下列性能进行复验，复验应为见证取样检验。

1 风机盘管机组的供冷量、供热量、风量、水阻力、功率及噪声；

2 绝热材料的导热系数、密度、吸水率。

【技术要点说明】

通风与空调节能工程中风机盘管机组和绝热材料的用量较多，且其供冷量、供热量、风量、出口静压、噪声、功率、水阻力及绝热材料的导热系数、材料密度、吸水率等技术性能参数是否符合设计要求，会直接影响通风与空调节能工程的节能效果和运行的可靠性。

《风机盘管机组》GB/T 19232－2003 对风机盘管的分类有：按“特征”分有单盘管、双盘管；按“安装形式”分有明装、暗装；按结构形式分有立式、卧式、卡式及壁挂式，考虑到实际工程中按照风机盘管不同结构形式进行抽检复验可以做到对其质量的控制，因此本条文规定应按风机盘管机组的“结构形式”不同进行统计和抽检。

【实施与检查】

本次修订，对单位工程风机盘管的复验数量进行了调整，是基于本规范发布实施以来，促进了风机盘管生产行业加强自身质量控制，产品质量得到了很大的提升，在进场复验时，可以减少复验数量；在修订时，也考虑到了群体建筑，当采用同一厂家的产品时，在保证加工工艺相同的情况下，重复复验，也存在浪费问题。因此，增加了对于由同一施工单位施工的同一建设单位的两个及以上单位工程的要求，当使用同一生产厂家、同批次加工的风机盘管时，为了减少不必要的浪费，不再对每个单位工程进行单独进行抽检。

11.2.2 空调与供暖系统冷热源及管网节能工程的绝热管道、绝热材料进场时，应对绝热材料的导热系数、密度、吸水率等性能进行复验，复验应为见证取样检验。

【技术要点说明】

绝热材料的导热系数、材料密度、吸水率等技术性能参数，是空调与供暖系统冷热源及管网节能工程的主要参数，它是否符合设计要求，将直接影响到空调与供暖系统冷热源及管网的绝热节能效果。

【实施与检查】

（1）实施

在绝热管道和绝热材料进场时，应对其热工等技术性能参数进行复验。进场复验是对进入施工现场的材料、设备等在进场验收合格的基础上，按照有关规定从施工现场抽样送至试验室进行部分或全部性能参数的检验。同时应见证取样送检，即施工单位在监理或建设单位代表见证下，按照有关规定从施工现场随机抽样，送至有相应资质的检测机构进行检测，并应形成相应的复验报告。

（2）检查

核查材料性能指标是否符合质量证明文件，核查复验报告。以有无复验报告以及质量证明文件与复验报告是否一致作为判定依据。

12.2.2 配电与照明节能工程采用的照明光源、照明灯具及其附属装置等进场时，应对其下列性能进行复验，复验应为见证取样检验：

1 照明光源初始光效；

2 照明灯具镇流器能效值；

3 照明灯具效率；

4 照明设备功率、功率因数和谐波含量值。

【技术要点说明】

照明耗电在各个国家的总发电量中占有很大的比例。目前，我国照明耗电大体占全国总发电量的10%～12%，2001年我国总发电量为14332.5亿度（kWh），年照明耗电达（1433.25～1719.9）亿度。为此，照明节电，具有重要意义。1998年1月1日我国颁布了《节约能源法》，其中包括照明节电。选择高效的照明光源、灯具及其附属装置直接关系到建筑照明系统的节能效果。如室内灯具效率的检测方法依据《室内灯具光度测试》GB/T 9467进行，道路灯具、投光灯具的检测方法依据其各自标准GB/T 9468和GB/T 7002进行。各种镇流器的谐波含量检测依据《低压电气及电子设备发出的谐波电流限值（设备每相输入电流≤16A）》GB 17625.1进行，各种镇流器的自身功耗检测依据各自的性能标准进行，如管形荧光灯用交流电子镇流器应依据《管形荧光灯用交流电子镇流器性能要求》GB/T 15144进行，气体放电灯和LED灯的整体功率因数检测依据国家相关标准进行。生产厂家应提供以上数据的性能检测报告。

【实施与检查】

（1）实施

见证取样检验产品应优先选择工程中使用量较大的规格。正文所列检验参数主要针对传统照明灯具，LED灯的检验项目应为灯具效能、功率、功率因数、色度参数（含色温、显色指数）。下列标准为部分检测参数的判定依据：《管型荧光灯镇流器能效限定值及节能评价值》GB 17896、《普通照明用双端荧光灯能效限定值及能效等级》GB 19043、《普通照明用自镇流荧光灯能效限定值及能效等级》GB 19044、《单端荧光灯能效限定值及节能评价值》GB 19415、《高压钠灯能效限定值及能效等级》GB 19573、《高压钠灯用镇流器能效限定值及节能评价值》GB 19574、《金属卤化物灯用镇流器能效限定值及能效等级》GB 20053、《金属卤化物灯能效限定值及能效等级》GB 20054等。

（2）检查

核查技术性能指标是否符合质量证明文件，核查复验报告。以有无复验报告以及质量证明文件与复验报告是否一致作为判定依据。

12.2.3 低压配电系统选择的电线、电缆进场时，应对其导体电阻值进行复验，复验应为见证取样检验。

【技术要点说明】

工程中使用伪劣电线电缆会造成发热，造成极大的安全隐患，同时增加线路损耗。为加强对建筑电气中使用的电线和电缆的质量控制，工程中使用的电线和电缆进场时均应进行抽样送检。相同材料、截面导体和相同芯数为同规格，如 VV3 * 185 与 YJV3 * 185 为同规格，BV6.0 与 BVV6.0 为同规格。一般电线、电缆导体电阻值的合格判定，应依据《电缆的导体》GB/T 3956 中对铜、铝导体不同标称截面单位长度电阻值的相关规定。合金材料线缆、封闭式母线根据工程规模与使用数量确定送检，检验结果应根据设计要求、合同约定及相关标准进行判定。

【实施与检查】

（1）实施

在电线、电缆进场时，应对其导体电阻值进行复验。进场复验是对进入施工现场的材料、设备等在进场验收合格的基础上，按照有关规定从施工现场抽样送至试验室进行部分或全部性能参数的检验。同时应见证取样送检，即施工单位在监理或建设单位代表见证下，按照有关规定从施工现场随机抽样，送至有相应资质的检测机构进行检测，并应形成相应的复验报告。

（2）检查

核查材料性能指标是否符合质量证明文件，核查复验报告。以有无复验报告以及质量证明文件与复验报告是否一致作为判定依据。

15.2.2 太阳能光热系统节能工程采用的集热设备、保温材料进场时，应对其下列性能进行复验，复验应为见证取样检验：

1 集热设备的热性能；

2 保温材料的导热系数、密度、吸水率。

【技术要点说明】

太阳能光热系统中集热器的热性能、保温材料的导热系数、密度、吸水率等技术参数，是太阳能光热系统节能工程的重要性能参数，它是否符合设计要求，将直接影响太阳能系统的运行及节能效果。

在集热设备（包括成品、热水器）和保温材料进场时，应对其技术性能参数进行复验。进场复验是对进入施工现场的材料、设备等在进场验收合格的基础上，按照有关规定从施工现场抽样送至试验室进行部分或全部性能参数的检验。同时应见证取样送检，即施工单位在监理或建设单位代表见证下，按照有关规定从施工现场随机抽样，送至有相应资质的检测机构进行检测，并应形成相应的复验报告。

【实施与检查】

（1）实施

①平板型太阳能集热器的瞬时效率截距、总热损系数应符合《平板型太阳能集热器》GB/T 6424 的要求，真空管型太阳能集热器的瞬时效率截距、总热损系数应符合《真空管型太阳能集热器》GB/T 17581 的要求；

②家用太阳能热水系统的热性能应符合《家用太阳能热水系统技术条件》GB/T 19141 的要求，其能效等级应符合《家用太阳能热水系统能效等级及能效限定值》GB 26969 的要求；

（2）检查

核查材料性能指标是否符合质量证明文件，核查复验报告。以有无复验报告以及质量证明文件与复验报告是否一致作为判定依据。

15.2.1 辅助能源加热设备为电加热器时，接地保护必须可靠固定，并应加装防漏电、防干烧等保护装置。

【技术要点说明】

辅助能源加热设备为电加热器时，有人身安全问题，所以安装时应按设计要求进行施工安装，在施工现场对照设计图纸进行检查。

【实施与检查】

以有无接地保护和防漏电、防干烧等保护装置的测试检查报告，以及核查实际工程与检查报告是否一致作为判定依据。

18.0.5 建筑节能分部工程质量验收合格，应符合下列规定：

1 分项工程应全部合格；

2 质量控制资料应完整；

3 外墙节能构造现场实体检验结果应符合设计要求；

4 建筑外窗气密性现场实体检验结果应符合设计要求；

5 建筑设备系统节能性能检测结果应合格。

【技术要点说明】

考虑到建筑节能工程的重要性，建筑节能工程分部工程质量验收，除了应在各相关分项工程验收合格的基础上进行技术资料检查外，增加了对主要节能构造、性能和功能的现场实体检验。在分部工程验收之前进行的这些检查，可以更真实地反映工程的节能性能。具体检查内容在各章均有规定。

【实施与检查】

（1）分项工程应全部合格；是指在工程中的所以分项工程都应该合格。即：墙体节能工程、幕墙节能工程、门窗节能工程、屋面节能工程、地面节能工程、供暖节能工程、通风与空调节能工程、空调与供暖系统冷热源及管网节能工程、配电与照明节能工程、监测与控制节能工程、地源热泵换热系统、太阳能光热系统节能工程、太阳能光伏节能工程。

（2）质量控制资料应完整；即：承担建筑节能工程的施工企业应具备相应的资质，施工现场应建立相应的质量管理体系、施工质量控制和检验制度，具有相应的施工技术标准。

（3）外墙节能构造现场实体检验结果应符合设计要求；

建筑围护结构施工完成后，应由建设单位（监理）组织并委托有资质的检测机构对围护结构的外墙节能构造进行现场实体检验，并出具报告。

建筑外墙节能构造带有保温层的现场实体检验，应按照本规范附录 E 对下列内容进行检查验证：

①墙体保温材料的种类是否符合设计要求；

②保温层厚度是否符合设计要求；

③保温层构造做法是否符合设计和施工方案要求。

当条件具备时，也可直接对围护结构的传热系数或热阻进行检验。

建筑外墙节能构造采用保温砌块、预制构件、定型产品的现场实体检验应按照国家现行有关标准的规定对其主体部位的传热系数或热阻进行检测。验证建筑外墙主体部位的传热系数或热阻是否符合节能设计要求和国家有关标准的规定。

（4）严寒、寒冷、夏热冬冷地区和夏热冬暖地区有集中供冷供暖系统建筑的外窗气密性现场实体检验结果应合格；

建筑围护结构施工完成后，应由建设单位（监理）组织并委托有资质的检测机构对严寒、寒冷、夏热冬冷地区和夏热冬暖地区有集中供冷供暖系统建筑的外窗气密性进行现场实体检验，并出具报告。

严寒、寒冷、夏热冬冷地区和夏热冬暖地区有集中供冷供暖系统建筑的外窗现场实体检验应按照国家现行有关标准的规定执行。验证建筑外窗气密性是否符合节能设计要求和国家有关标准的规定。

（5）建筑设备工程系统节能性能检测结果应合格。

供暖、通风与空调、配电与照明工程安装完成后，应进行系统节能性能的检测，且应由建设单位委托具有相应检测资质的检测机构检测并出具报告。受季节影响未进行的节能性能检测项目，应在保修期内补做。

检查有相应检测资质的检测机构出具的报告。

以有无检测报告并且检测报告应符合本规范表 17.2.2 的规定，以及对照设计图纸和施工单位的调试记录与检测报告是否一致作为判定依据。

《硬泡聚氨酯保温防水工程技术规范》GB 50404－2007

3.0.10 喷涂硬泡聚氨酯施工时，应对作业面外易受飞散物料污染的部位采取遮挡措施。

【技术要点说明】

由于喷涂聚氨酯施工受气候条件影响较大，若操作不慎会引起材料飞散，污染环境。由于聚氨酯的粘结性很强，粘污物很难清除，故在屋面或外墙喷涂施工时应对作业面外易受飞散物污染的部位，如屋面边缘、屋面上的设备及外墙门窗洞口等采取遮挡措施。

【实施与检查控制】

（1）实施

施工中，应根据施工的现场环境，风向等因素，在施工周围设置有效的围挡措施，尽量把施工物下怕污染的物品移走，不能移走的物品要采取覆盖遮挡。设置警示标志。

（2）检查

检查施工现场防污措施落实情况。

3.0.13 硬泡聚氨酯保温及防水工程所采用的材料应有产品合格证书和性能检测报告，材料的品种、规格、性能等应符合设计要求和本规范的规定。

材料进场后，应按规定抽样复验，提出试验报告，严禁在工程中使用不合格的材料。

注：硬泡聚氨酯及其主要配套辅助材料的检测除应符合有关标准规定外，尚应按本规范附录 A～附录 E 的规定执行。

【技术要点说明】

屋面、外墙工程采用的保温、防水材料，除有产品出厂质量证明文件外，防水涂膜、现喷硬泡聚氨酯是施工把原材料加工成保温材料，现场成型的设备好坏、人员的熟练程度直接影响防水材料、保温材料的性能。施工企业在材料进场后，由施工单位按规定进行抽样复验，并提出试验报告。抽样数量、检验项目和检验方法，应符合国家产品标准和本规范的有关规定。

【实施与检查控制】

(1) 实施

施工企业在施工材料进场后，必须按规定进行抽样复验，并提出试验报告。由监理单位（建设单位）监督执行。

(2) 检查

工程竣工后质量验收时，检查主要材料的产品合格证、出厂检验报告、进场复验报告和现场验收记录。

4.1.3 硬泡聚氨酯保温层上不得直接进行防水材料热熔、热粘法施工。

【技术要点说明】

Ⅰ型硬泡聚氨酯保温层必须另做防水层。屋面防水等级为Ⅰ级或Ⅱ级的屋面采用多道防水设防时，其防水层应选用冷施工。应泡聚氨酯属于化工材料，高温下易分解，失去保温防水作用，因此严禁在硬泡聚氨酯表面直接用明火热熔、热粘防水卷材或刮涂温度高于100℃的热熔型防水涂料做防水层，以免烫坏硬泡聚氨酯。

【实施与检查控制】

(1) 实施

查看设计是否合理，发现问题，及时处理。

(2) 检查

检查施工过程。

4.3.3 平屋面排水坡度不应小于 2%，天沟、檐沟的纵向坡度不应小于 1%。

【技术要点说明】

本条文内容引用了《屋面工程技术规范》GB 50345 的有关规定。适用于现喷硬泡聚氨酯屋面，现喷时，更不易找平，坡度过小，不利于把水迅速排走，造成积水、引起渗漏。

【实施与检查控制】

(1) 实施

在施工中要查看设计是否符合要求，如不满足“平屋面排水坡度不应小于 2%，天沟、檐沟的纵向坡度不应小于 1%”的要求，向设计部门提出变更；施工严格按照要求施工。

（2）检查

施工现场检查，查看设计文件和施工记录。

4.6.2 主控项目的验收应符合下列规定：

4 硬泡聚氨酯保温层厚度必须符合设计要求。

【技术要点说明】

硬泡聚氨酯保温层的厚度直接影响建筑节能，现喷硬泡聚氨酯又是现场成型，平整度不易控制，自身1m偏差在（0～5）mm，为保证保温效果，规定“硬泡聚氨酯保温层厚度必须符合设计要求”。

【实施与检查控制】

（1）实施

现场喷涂施工时，分层喷涂，边喷边插针检查，保证施工厚度。

（2）检查

质量验收时，采用插针法检查现场喷涂硬泡聚氨酯保温层的厚度，检查预制硬泡聚氨酯板的出厂合格证、质量检验报告，检查隐蔽工程验收记录和复验报告。

5.2.4 胶粘剂的物理性能应符合表5.2.4的要求。

表5.2.4 胶粘剂物理性能

试验项目		性能要求	试验方法
可操作时间，h		1.5～4.0	JG 149
拉伸粘结强度，MPa，（与水泥砂浆）	原强度	≥0.60	本规范附录D
拉伸粘结强度，MPa，（与聚氨酯板）	耐水	≥0.40	
	常温常态	≥0.10，破坏界面位于聚氨酯板内	
	耐水		

【技术要点说明】

胶粘剂用来粘贴硬泡聚氨酯复合板，聚氨酯复合板粘结牢固才能聚氨酯外墙外保温系统的安全，硬泡聚氨酯复合板粘贴是否牢固，取决于胶粘剂的物理性能指标。

【实施与检查控制】

（1）实施

施工时检查胶粘剂出厂报告，材料进场时抽样送检。

（2）检查

质量验收时检查胶粘剂出厂报告，复检报告、施工记录。

5.3.3 硬泡聚氨酯板外墙外保温工程施工应符合下列要求：

3 粘贴硬泡聚氨酯时，应将胶粘剂涂在板材背面，粘结层厚度应为3～6mm，粘结面积不得小于硬泡聚氨酯板材面积的40%。

【技术要点说明】

将胶粘剂涂抹在硬泡聚氨酯板背面并与墙体基层进行粘结。为保证其粘结牢固，考虑到受风荷载作用、安全要求以及现场施工的不确定性、因此要求胶粘剂的粘结面积不得小于硬泡聚氨酯板材面积的40%。

【实施与检查控制】

（1）实施

施工时按点框法将胶粘剂涂抹在硬泡聚氨酯板背面，按板的面积布点，即在复合板周边涂抹宽（40～50）mm，厚10mm聚合物砂浆胶粘剂，然后在板的中间部位均匀分布涂8～10个直径为100mm厚10mm的圆粘结点。见图12-1。

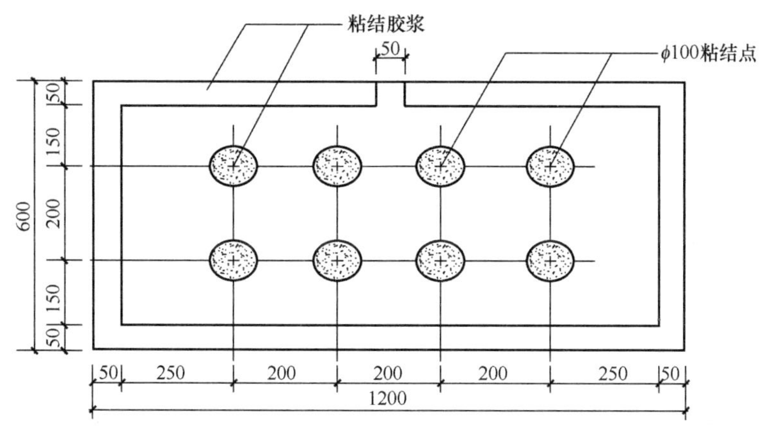

图12-1 A1200×600mm复合板点框法示意图

（2）检查

质量验收时检查施工记录、隐蔽工程记录。现场检查。

5.6.2 主控项目的验收应符合下列规定：

4 硬泡聚氨酯保温层厚度必须符合设计要求。

【技术要点说明】

硬泡聚氨酯保温层的厚度直接影响建筑节能，现喷硬泡聚氨酯又是现场成型，平整度不易控制，自身1m偏差在（0～5）mm，为保证保温效果，规定“硬泡聚氨酯保温层厚度必须符合设计要求”。

【实施与检查控制】

（1）实施

现场喷涂施工时，分层喷涂，边喷边插针检查，保证施工厚度。

（2）检查

质量验收时，采用插针法检查现场喷涂硬泡聚氨酯保温层的厚度，检查预制硬泡聚氨酯板的出厂合格证、质量检验报告、检查隐蔽工程验收记录、验收记录和复验报告。

《无机轻集料砂浆保温系统技术规程》JGJ 253－2011

4.1.1 当无机轻集料砂浆保温系统用于外墙外保温时，必须进行耐候性检验，耐候性性能必须符合下列规定：

1 涂料面经80次高温（70℃）、淋水（15℃）和5次加热（50℃）、冷冻（－20℃）循环后不得出现开裂、空鼓和脱落。

2 面砖饰面经80次高温（70℃）、淋水（15℃）和30次加热（50℃）、冷冻（−20℃）循环后不得出现开裂、空鼓和脱落。

3 抗裂面层与保温层拉伸粘结强度：Ⅰ型保温砂浆不应小于0.10MP，Ⅱ型保温砂浆不应小于0.15MPa，Ⅲ型保温砂浆不应小于0.25MPa；且破坏部位位于保温层内。

4 经耐候性试验后，面砖饰面系统的拉伸粘结强度不应小于0.4MPa。

【技术要点说明】

外墙外保温工程在实际使用中会受到相当大的热应力作用，这种热应力主要表现在抗裂防护层上。由于无机轻集料保温砂浆具有一定的隔热性能，其抗裂防护层温度在夏季可高达80℃。夏季持续晴天后突然暴雨所引起的表面温度变化可达50℃。夏季的高温还会加速保护层的老化。抗裂防护层中的有机高分子聚合物材料会由于紫外线辐射、空气中的氧化和水分作用而遭到破坏。

外墙外保温工程要求能够经受住周期性热湿和热冷气候条件的长期作用。耐候性试验模拟夏季墙面经高温日晒后突降暴雨和冬季昼夜温度的反复作用，对于大尺寸的外保温墙体进行加速气候老化试验，是检验和评价外保温系统质量的最重要的试验项目。耐候性试验与实际工程有很好的相关性，能很好地反映实际外保温工程的耐候性。

耐候性试验条件的组合是十分严格的。通过该试验，不仅可检验外保温系统的长期耐候性能，而且还可对设计、施工和材料性能进行综合检验。如果材料质量不符合要求，设计不合理或施工质量不好，都不可能经受住这样的考验。

对比现行行业标准《外墙外保温工程技术规程》JGJ 144，本标准特别是为提高面砖饰面系统的安全性，在耐候性能指标中增加了30次加热（50℃）、冷冻（−20℃）循环的要求。

同时针对不同型号的无机轻集料砂浆的外保温系统，提出了耐候性试验后，抗裂面层与保温层的拉伸粘结强度的不同数值，而且破坏部位应位于保温层内的技术要求。耐候性试验后，面砖饰面系统的拉伸粘结强度≥0.40MPa，目的就是确保外保温系统的安全性。

【实施与检查控制】

（1）实施

作为无机轻集料砂浆保温系统地系统供应商，必须针对自己所生产和供应的特定型号的外保温系统，按标准条文所规定的技术要求，进行耐候性能检验，检验结果必须合格。

（2）检查

应核查进入施工现场的无机轻集料砂浆保温系统的设计型号的合格耐候性能检验报告。其中针对标准条文所规定的试验条件、循环次数、产品型号和检验结果进行核对。同时必须是两年内的有效检验报告。

当检验报告为复印件时，应加盖证明其真实性的相关单位印章和经手人签字，并应注明原件存放处。必要时，还应核对原件。

6.1.1 外墙外保温工程施工期间以及完工后24h内，在夏季，应避免阳光暴晒。在5级以上大风天气和雨天不得施工。

【技术要点说明】

无机轻集料砂浆保温系统中的界面砂浆、无机轻集料保温砂浆、抗裂砂浆都是需要在现场搅拌后进行施工的干粉砂浆，由于无机轻集料保温砂浆强度相对较低，特别是早期强度发展较慢，因此湿度过低会影响保温层强度的发展。

在高湿度和低温天气下，抗裂面层与保温砂浆层干燥过程可能需要几天的时间。新抹砂浆层表面看似硬化和干燥，但往往仍需要采取保护措施使其在整个厚度内充分养护，特别是在冻结温度、雨、雪或其他有害气候条件很可能出现的情况下。

另一方面，尚未凝结硬化的界面砂浆、无机轻集料保温砂浆、抗裂砂浆在雨天会影响表面质量，严重时会被冲刷。在情况允许时，可采取遮阳、防雨和防风措施。

外墙内保温工程施工，受阳光暴晒、在5级以上大风天气和雨天施工的因素影响较小，可以根据工程实际情况决定。

【实施与检查控制】

（1）实施

在无机轻集料砂浆保温系统的施工组织设计中，对于施工期间以及完工后24h内，做好夏季气候条件下，防止阳光暴晒的技术措施，做好成品养护技术措施。严格禁止在5级以上大风天气和雨天施工。

（2）检查

应核查编制的无机轻集料砂浆保温系统施工组织设计中特殊气候条件下施工的要求及施工成品的养护制度，检查施工日记中关于上述内容的记录情况。

6.1.2 无机轻集料砂浆保温系统外墙保温工程的施工，应符合下列规定：

1 保温砂浆层厚应符合设计要求。

2 保温砂浆层应分层施工。保温砂浆层与基层之间及各层之间应粘结牢固。

3 采用塑料锚栓时，塑料锚栓的数量、位置、锚固深度和拉拔力应符合设计要求，塑料锚栓应进行现场拉拔试验。

【技术要点说明】

无机轻集料保温砂浆层施工厚度，直接影响到墙体传热系数是否满足节能设计的要求，是重要的控制指标。

无机轻集料保温砂浆需要进行分层施工，轻质的保温砂浆一次性粉刷过厚，容易导致湿的保温砂浆坠裂、空鼓、渗水等现象，影响保温砂浆层与基层之间的粘结。分层施工也是保证保温砂浆施工质量的控制手段。

对于墙体保温工程施工提出第3款基本要求，这些要求关系到安全和节能效果，十分重要。

【实施与检查控制】

（1）实施

根据设计图纸的设计产品型号和设计厚度，进行外墙无机轻集料砂浆保温系统的施工，根据相关标准要求，对规定批次和项目的无机轻集料保温砂浆进行复检。无机轻集料保温砂浆施工前，对于在墙面设置的灰饼厚度进行核对，同时施工完毕的保温层厚度可以采用钢针插入或剖开尺量检查。粘结强度和现场拉拔试验可以委托具备见证资质的检测机构进行试验。隐蔽工程的内容不仅应有详细的文字记录，还应有必要的图像资料。

（2）检查

施工前应核查的无机轻集料砂浆保温系统的设计型号和设计厚度，检查隐蔽工程的记录资料，核查保温层厚度、各构造层的粘结强度和塑料锚栓的现场拉拔试验报告。

《采光顶与金属屋面技术规程》JGJ 255－2012

3.1.6 采光顶与金属屋面工程的隔热、保温材料，应采用不燃性或难燃性材料。

【技术要点说明】

近些年，由于对节能性能有较高要求，使得保温、隔热材料在建筑上获得普遍应用。但一些采用易燃或可燃隔热、保温材料的工程，发生严重的火灾，造成很大损失。因此考虑到采光顶与金属屋面的重要性，对隔热、保温材料应提高防火性能要求，应采用岩棉、矿棉、玻璃棉、防火板等不燃或难燃材料。岩棉、矿棉应符合现行国家标准《建筑用岩棉、矿渣棉绝热制品》GB/T 19686 的规定，玻璃棉应符合现行国家标准《建筑绝热用玻璃棉制品》GB/T 17795 的规定。根据公安部、住房和城乡建设部联合发布的《民用建筑外保温系统及外墙装饰防火暂行规定》（公通字［2009］46 号）的文件精神："对于屋顶基层采用耐火极限不小于 1.00h 的不燃烧体的建筑，其屋顶的保温材料不应低于 B2 级；其他情况，保温材料的燃烧性能不应低于 B1 级"制定本条文。

【实施与检查控制】

（1）实施

在采光顶与金属屋面设计阶段，隔热、保温材料应符合本要求；在施工图阶段，一些地区有施工图审查要求，应检查本条的执行情况；在工程现场，应对材料进行检查并复检；在工程验收阶段，应检查存档资料，符合本条的规定。

（2）检查

在材料安装前应检查材料合格证，并确认燃烧等级符合本条要求。根据相关标准要求进行见证抽样，进行复检，复检结果符合本条要求。

4.5.1 有热工性能要求时，公共建筑金属屋面的传热系数和采光顶的传热系数、遮阳系数应符合表 4.5.1-1 的规定，居住建筑金属屋面的传热系数应符合表 4.5.1-2 的规定。

表 4.5.1-1 公共建筑金属屋面传热系数和采光顶的传热系数、遮阳系数限值

围护结构	区域	传热系数（$W/m^2 \cdot K$）		遮阳系数 *SC*
		体型系数≤0.3	0.3≤体型系数≤0.4	
金属屋面	严寒地区 A 区	≤0.35	≤0.30	—
	严寒地区 B 区	≤0.45	≤0.35	—
	寒冷地区	≤0.55	≤0.45	—
	夏热冬冷	≤0.7	—	
	夏热冬暖	≤0.9	—	
采光顶	严寒地区 A 区	≤2.5	—	
	严寒地区 B 区	≤2.6	—	
	寒冷地区	≤2.7	≤0.50	
	夏热冬冷	≤3.0	≤0.40	
	夏热冬暖	≤3.5	≤0.35	

表 4.5.1-2 居住建筑金属屋面传热系数限值

<table>
<tr><th rowspan="3">区域</th><th colspan="8">传热系数(W/m²·K)</th></tr>
<tr><th rowspan="2">3层数及
3层以下</th><th rowspan="2">3层数
以上</th><th colspan="2">体型系数≤0.4</th><th colspan="2">体型系数>0.4</th><th rowspan="2">D<2.5</th><th rowspan="2">D≥2.5</th></tr>
<tr><th>D≤2.5</th><th>D>2.5</th><th>D≤2.5</th><th>D>2.5</th></tr>
<tr><td>严寒地区A区</td><td>0.20</td><td>0.25</td><td>—</td><td>—</td><td>—</td><td>—</td><td>—</td><td>—</td></tr>
<tr><td>严寒地区B区</td><td>0.25</td><td>0.30</td><td>—</td><td>—</td><td>—</td><td>—</td><td>—</td><td>—</td></tr>
<tr><td>严寒地区C区</td><td>0.30</td><td>0.40</td><td>—</td><td>—</td><td>—</td><td>—</td><td>—</td><td>—</td></tr>
<tr><td>寒冷地区A区
寒冷地区B区</td><td>0.35</td><td>0.45</td><td>—</td><td>—</td><td>—</td><td>—</td><td>—</td><td>—</td></tr>
<tr><td>夏热冬冷</td><td>—</td><td>—</td><td>≤0.8</td><td>≤1.0</td><td>≤0.5</td><td>≤0.6</td><td>—</td><td>—</td></tr>
<tr><td>夏热冬暖</td><td>—</td><td>—</td><td>—</td><td>—</td><td>—</td><td>—</td><td>≤0.5</td><td>≤1.0</td></tr>
</table>

注：表 4.5.1-2 中 D 为热惰性系数。

【技术要点说明】

现行国家标准《公共建筑节能设计标准》GB 50189 针对公共建筑围护结构包括屋面、屋面透明部分提出强制规定，因此公共建筑采光顶与金属屋面的热工设计必须符合其要求。

居住建筑较少采用采光顶、金属屋面，因此在现行行业标准《严寒和寒冷地区居住建筑节能设计标准》JGJ 26、《夏热冬冷地区居住建筑节能设计标准》JGJ 134、《夏热冬暖地区居住建筑节能设计标准》JGJ 75 尚未对透明屋面（采光顶）作出具体规定，但针对屋面提出较高要求。金属屋面是比较理想的屋面围护结构，性能优异，应满足不同地区居住建筑节能设计标准的要求。

【实施与检查控制】

（1）实施

在设计阶段，通过节能审查，确认采光顶与金属屋面的热工性能符合本条的规定；在施工阶段，检查采光顶与金属屋面的构造是否按本条的规定执行；在验收阶段确认存档资料符合本条的规定。

（2）检查

检查热工计算书或热工试验报告，确认采光顶与金属屋面的传热系数、遮阳系数符合本条要求。

13 节能改造

《公共建筑节能改造技术规范》JGJ 176－2009

5.1.1 公共建筑外围护结构进行节能改造后，所改部位的热工性能应符合现行国家标准《公共建筑节能设计标准》GB5 0189 的规定性指标限值的要求。

【技术要点说明】

公共建筑的外围护结构节能改造是一项复杂的系统工程，一般情况下，其难度大于新建建筑。其难点在于需要在原有建筑基础上进行完善和改造，而既有公共建筑体系复杂、外围护结构的状况也千差万别，出现问题的原因也多种多样，改造难度、改造成本都很大。但经确认需要进行节能改造的建筑，要求外围护结构进行节能改造后，所改部位的热工性能需至少达到新建公共建筑节能水平。

现行国家标准《公共建筑节能设计标准》GB 50189 对外围护结构的性能要求有两种方法：一是规定性指标要求，即不同窗墙比条件下的限值要求；二是性能性指标要求，即当不满足规定性指标要求时，需要通过权衡判断法进行计算确定建筑物整体节能性能是否满足要求。第二种方法相对复杂，不便于实施和监督。

为了便于判断改造后的公共建筑外围护结构是否满足要求，本规范要求公共建筑外围护结构经节能改造后，其热工性能限值需满足现行国家标准《公共建筑节能设计标准》GB 50189 的规定性指标要求，而不能通过权衡判断法进行判断。

【实施与检查控制】

应由具备资质的设计单位进行公共建筑外围护结构节能改造设计，设计图纸应按施工图审查程序，由具有资质的审图单位审查，确认符合《公共建筑节能设计标准》GB 50189 的规定性指标要求后，方可进行公共建筑外围护结构节能改造。进行施工的单位必须具备施工资质，并且严格按照图纸和现行规范施工。

6.1.6 公共建筑节能改造后，采暖空调系统应具备室温调控功能。

【技术要点说明】

室温调控是建筑节能的前提及手段，《中华人民共和国节约能源法》要求，“使用空调采暖、制冷的公共建筑应当实行室内温度控制制度。”因此，节能改造后，公共建筑供暖空调系统应具有室温调控手段。

对于全空气空调系统可采用电动两通阀变水量和风机变速的控制方式；风机盘管系统可采用电动温控阀和三档风速相结合的控制方式。采用散热器供暖时，在每组散热器的进水支管上，应安装散热器恒温控制阀或手动散热器调节阀。采用地板辐射供暖系统时，房间的室内温度也应有相应控制措施。

【实施与检查控制】

应由具备资质的设计单位进行公共建筑供暖空调系统节能改造设计，设计图纸必须明确供暖空调系统的室温调控装置和方式，由具有资质的审图单位审查通过后，方可进行公共建筑供暖空调系统节能改造。进行施工的单位必须具备施工资质，并且严格按照图纸和现行规范施工。

14 可再生能源

14.1 太阳能

《民用建筑太阳能热水系统应用技术规范》GB 50364－2005

3.0.4 在既有建筑上增设或改造已安装的太阳能热水系统，必须经建筑结构安全复核，并应满足建筑结构及其他相应的安全性要求。

【技术要点说明】

既有建筑结构类型多样，情况复杂，使用年限和承载能力及维护情况各有不同，在既有建筑上改造、安装太阳能热水系统，会给建筑物增加一定荷载甚至造成结构变化，这将给建筑结构安全带来不同程度的影响。改造和增设太阳能热水系统的前提是不影响建筑物的质量和安全，为此，一定要经建筑结构安全复核。

【实施与检查】

建筑结构安全复复核可由原设计单位或根据原施工图、竣工图、计算书等由有资质的建筑设计单位进行，或经法定的检测机构检测，确认能实施后方可进行。

3.0.5 建筑物上安装太阳能热水系统，不得降低相邻建筑的日照标准。

【技术要点说明】

建筑间距分为正面间距和侧面间距，凡泛称的建筑间距，一般指正面间距。决定建筑间距的因素很多，根据我国所处的地理位置与气候条件，绝大部分地区只要满足日照要求，其他要求基本都能达到。本规范建筑间距仍以满足日照要求为基础，综合考虑采光、通风、消防、管线埋设和视觉卫生与空间环境等要求为原则。

当在屋面上安装较大面积的太阳能集热器时，无论是新建建筑，还是既有建筑都要考虑影响相邻建筑的日照标准问题，不得降低相邻建筑的日照标准。

【实施与检查】

相邻建筑的日照间距是以建筑高度计算，建筑高度是指建筑物室外地面到建筑物屋面、檐口或女儿墙的高度。平屋面是按照室外地面至屋面或女儿墙顶面的高度计算。坡屋面按室外屋檐和屋脊的平局高度计算。下列屋面上的突出物不计入建筑高度：

（1）局部突出屋面的楼梯间、电梯机房、水箱间等辅助用房占屋顶平面面积不超过1/4者；

（2）突出屋面的通风道、烟道、装饰构件、花架、通信设备等；

（3）空调冷却塔等设备。

各地建筑的日照间距，由于建筑所处的纬度和所处城市规模大小不同，包括新建和既有的旧区改造具体的日照间距，见《城市居住区规划设计规范》GB 50180。太阳能热水器虽不计入建筑高度，但对于集中太阳能热水系统工程，由于太阳能集热器面积较大，计算建筑的日照间距时应考虑突出建筑物后集热器的高度对建筑日照的影响（图 14.1-1）。

图 14.1-1 安装在屋面的集中太阳能热水系统

4.3.2 太阳能热水系统应安全可靠，内置加热系统必须带有保证安全的装置，并应根据不同地区采取防冻、防结露、防过热、防雷、抗雹、抗风、抗震等技术措施。

【技术要点说明】

由于我国幅员辽阔，各地气候差异及太阳能辐照量的不同，这些因素都会对太阳能热水系统造成不良影响。

本条对太阳能热水系统的安全性能和可靠性能作了规定。

安全性能是太阳能热水系统中各项技术性能中最重要的一项。太阳能热水系统的运行从集热—储热—补热—介质输送—控制等经过多个过程，较为复杂，介质热媒流程长，转换环节多，受建筑和天气影响较大，也存在较多的安全节点。

太阳能热水系统有电加热装置作为辅助热源和防冻伴热，为此，电加热伴热带或短路则可能引发漏电等安全事故，也带来漏电隐患。

由于太阳能集热器和其他部件露天安装，一般容易暴露在建筑物防雷范围外，存在雷雨天气引发雷击造成集热器和其他部件损坏或传导伤人的安全隐患。

可靠性能是太阳能热水系统抗击各种自然条件的能力，根据所处地区的不同，应有可靠的防冻、防结露、防过热、防雷、抗雹、抗风、抗震等技术措施，保证其安全运行。

（1）安装固定强制标准缺失，坠落伤人

事故案例：2008 年 10 月，九江吴女士路过某化工厂时，被从天而降的太阳能热水器及支架砸中而致背部受伤；2009 年 6 月，江阴创业园内的一台太阳能热水器被风刮落，当场将一位 65 岁老人砸死。

（2）内胆材质工艺标准缺失，漏水伤人

事故案例：2005年2月，哈尔滨李姓居民在行走时，被房楼顶坠落的冰块砸伤头部，抢救无效死亡，经调查是楼顶太阳能热水器漏水形成冰柱坠落所致；2008年1月，葫芦岛一楼顶上的太阳能热水器管路冻裂漏水，形成十多米高的冰瀑布；2009年3月，大庆某小区因太阳能热水器漏水，淹了6楼到1楼所有居民家；2010年7月，枣庄马姓消费者家的太阳能热水器管路开裂漏水，被热水灼伤背部。

【实施与检查】

常见的安全隐患有全玻璃真空管集热器因真空管应力未完全消除或因漏气真空消失而引发炸管、集热器联箱漏水；平板型集热器因水垢堵塞集热管道或因严寒冻裂；U形真空管集热管内受水质腐蚀等隐患；热管集热器导热头高温粘接或传导介质衰减等隐患。因此太阳能热水系统尤其是集热器应采取措施消除安全隐患。

严寒和寒冷地区冬季随时检查集热器和管路，避免集热器冻堵，甚至管路冻裂。针对这种情况可采用防冻液作为传热介质，管路加伴热带或采用管路排空等应对措施，防止问题的发生。

对于各种类型的太阳能集热器应严格按国家标准，检查产品在入场时是否有合格证等。在生产制造环节对原材料质量严格把关，生产过程严格按照产品工艺要求及标准进行生产制造，严控检验和抽检环节，杜绝质量瑕疵和设计缺陷，并实施太阳能产品的认证制度。

4.4.13 安装在建筑上或直接构成建筑围护结构的太阳能集热器，应有防止热水渗漏的安全保障设施。

【技术要点说明】

太阳能热水系统漏水表现在全玻璃真空管炸管、用户忘记关闭阀门（或阀门失灵）、管路接头老化损坏等都会造成漏水，况且都是热水。热水的渗漏会伤人，也会造成建筑物屋面损坏。在严寒和寒冷地区，漏水结冰可能造成屋面防水层破坏，引发屋顶漏水。当结冰后冰柱悬挂在屋檐下，可能造成冰柱坠落伤人。因此，太阳能集热器，应有防止热水渗漏的安全保障设施（图14.1-2）。

【实施与检查】

检查全玻璃真空管真空度，当真空度消失应及时更换新管，避免造成系统漏水，尤其是在入冬前真空消失，入冬后应及时更换新管。

当控制系统中的传感器故障，也会造成控制器失灵而引发太阳能热水系统漏水或管路冻堵。故应随时检查，对系统的控制系统进行管理和维护。

市场上的控制器多采用单片机集成电路控制、工业仪器仪表控制和PLC可编程控制器控制。PLC以其稳定的运行性能和可靠快捷运算速度，以及可实现人机对话和进行升级，逐渐将成为太阳能热水系统主流的控制产品。随着PLC成本的降低和功能的加强，在使用上更加方便。

5.3.3 在安装太阳能集热器的建筑部位，应设置防止太阳能集热器损坏后部件坠落伤人的安全防护设施。

【技术要点说明】

太阳能集热器安装在建筑物上，除满足提供生活热水功能外，全玻璃真空管、平板集

图 14.1-2 太阳能热水器和管道冬季冻裂漏水后结成冰柱

热器的透明玻璃盖板，可能会由于各种外因或内因等原因造成损坏，需考虑损坏后从高空坠落及热水泄露伤人的措施。本条是从保证人员安全考虑。

图 14.1-3 为太阳能集热器安装在墙面上，墙面下部为建筑出入口，为避免集热器损坏后从高空坠落及热水泄露伤人，入口上方设置了宽大的雨篷。

图 14.1-3 太阳能集热器安装在墙面

【实施与检查】

防护措施如在相应的位置设置挑檐、入口处设雨篷或在建筑周围种植绿化等，使人不宜进入坠落区域。当然，保证产品质量和集热器与建筑连接牢固是防止太阳能集热器损坏后部件坠落伤人的关键。

5.3.8 设置太阳能集热器的阳台应符合下列要求：

1 设置在阳台栏板上的太阳能集热器支架应与阳台栏板上的预埋件牢固连接；

2 由太阳能集热器构成的阳台栏板，应满足其刚度、强度及防护功能要求。

【技术要点说明】

低层、多层住宅的阳台栏板高度不应低于 1.05m，高层住宅不应低于 1.10m。

由太阳能集热器构成的阳台栏板应坚固、耐久，并能承受荷载规范规定的水平荷载(图 14.1-4、图 14.1-5)。

图 14.1-4　集热器安装在阳台上　　　　图 14.1-5　集热器作阳台栏杆

【实施与检查】

检查太阳能热水器支架与预埋件焊接是否牢固，焊缝是否为满焊。

检查栏板的高度。阳台栏板宜为实体栏板。

安装在阳台上的太阳能集热器宜有适当的倾角，最大限度地满足集热器接收更多的太阳辐照。

5.4.2　太阳能热水器的结构设计应为太阳能热水系统安装埋设预埋件或其他连接件。连接件与主体结构的锚固承载力设计值应大于连接件本身的承载力设计值。

【技术要点说明】

任何情况不允许发生锚固破坏，以保证连接件与主体结构锚固牢固。

【实施与检查】

采用锚栓连接时，应有可靠的防松、防滑措施；采用挂件或插接时，应有可靠的防脱、防滑措施。

当土建施工中未设置预埋件、预埋件漏放、预埋件偏离设计位置太远、设计变更，或既有建筑安装太阳能热水系统时，往往要使用后锚固螺栓进行连接。采用后锚固螺栓（机械膨胀螺栓或化学螺栓）时，应采取多种措施，保证连接的可靠性和安全性，其构造应符合现行行业标准《混凝土结构后锚固技术规程》JGJ 145 的规定。

5.4.4　轻质填充墙不应作为太阳能集热器的支撑结构。

【技术要点说明】

轻质填充墙承载力合变形能力低，砌体结构平面外承载能力低，太阳能热水系统难以与之直接连接。应采取措施确保太阳能热水系统与墙体连接牢固。

【实施与检查】

在轻质填充墙和砌体墙上应增设混凝土结构或钢结构构件。

5.6.2　太阳能热水系统中使用的电器设备应有剩余电流保护、接地和断电等安全措施。

【技术要点说明】

本条文强调太阳能热水系统中使用电器设备的设计和安全要求。

电气设备出现问题轻则造成系统故障，重则造成财产损失甚至危及人身安全。当系统中有电气设备时，电气设备应有剩余电流保护、接地和断电等安全措施，内置辅助加热设备必须带有保证使用安全的装置。

（1）电加热材质标准缺失，漏电伤人

事故案例：2003年8月，浙江车姓消费者在楼顶查看太阳能热水器时触电身亡。经鉴定，这台太阳能热水器在质量和安装上存在热水器辅助电加热器漏电问题，同时，室内电源开关未接地线、未安装漏电保护器。

（2）电伴热带材质标准缺失，漏电着火

事故案例：2010年1月，山东淄博翟姓消费者家的太阳能热水器电伴热带起火，把相邻的4台太阳能热水器全部引燃，顶楼居民家具严重受损；2011年3月，山东德州任姓消费者家的新盖大瓦房被烧得面目全非，起因是太阳能热水器的电伴热带漏电起火引燃保温材料；2012年元月，江西婺源一位消费者家的太阳能热水器起火，导致家里的洗衣机等家电被毁。

【实施与检查】

太阳能热水系统的电气设备安全应符合现行国家标准《家用和类似用途电器的安全　第1部分：通用要求》GB 4706.1、《家用和类似用途电器的安全　储水式电热水器的特殊要求》GB 4706.12的要求。

6.3.4　支承太阳能热水系统的钢支架应与建筑物接地系统可靠连接。

【技术要点说明】

太阳能热水系统大部分都设置在屋顶，往往超过了建筑物原有的防雷装置高度，使其暴露在雷电直击的范围内。一旦雷电袭来，不仅室外的热水器会遭碰坏，电流更会通过热水器的钢支架、金属管线等引入室内，危及其他电器乃至人身安全。为防止雷电伤人，强调钢结构支架与建筑物接地系统可靠连接。

【实施与检查】

检查太阳能集热器支架与建筑物的接地系统是否连接牢固。检查太阳能集热器支架与建筑屋面是否焊接或螺栓锚固牢固，并及时进行防锈处理，避免支架锈蚀而影响接地系统。

【案例】

武汉3层楼房被雷击穿太阳能热水器成祸首。

2013年某日上午，一道闪电从天而降，击穿了武汉郊区一户村民家的屋顶，导致全屋电器损坏全被烧毁，同时这道闪电还殃及了周边另外5户邻居，幸运的是雷电未造成人员伤亡。

林家小楼立于空旷地带在遭遇雷击后，3楼房顶被击穿，2楼厕所墙壁垮塌，其余不少地方的墙皮脱落，露出了里面的电线。家里所有的电灯、空调以及冰箱、电视、太阳能热水器都被雷击损坏，每间房的每个面板插座也均呈现炸开状态。

小楼顶层安放太阳能热水器的平台被打出两个大缺口，红砖暴露了出来，院子里的独立厨房的屋顶也被击穿。

附近5户人家电器损坏。林友文家遭雷击后，邻居家的电视、冰箱、空调等也都被烧毁坏了，而这户人家在一房湾的路口，离着林友文家约 200m 远。

这次雷击幸好没造成人员伤亡，林友文家的损失大约在 3 万元左右，另外 5 户受雷击影响的村民家的损失总计约在 2 万元左右。

《太阳能供热采暖工程技术规范》GB 50495－2009

1.0.5 在既有建筑上增设或改造太阳能供热采暖系统，必须经建筑结构安全复核，满足建筑结构及其他相应的安全性要求，并经施工图设计文件审查合格后，方可实施。

【技术要点说明】

我国既有建筑建成的年代参差不齐，有的建筑已使用多年，过去我国在抗震设计等结构安全方面的要求也比较低，而太阳能供热采暖系统的太阳能集热器需要安装在建筑物的外围护结构表面上，如屋面、阳台或墙面等，从而加重了安装部位的结构承载负荷量，较之太阳能热水、太阳能供热采暖系统中安装的太阳能集热器面积较大，对结构安全影响的矛盾更加突出，因此，需要进行结构安全复核计算。

在工程的方案设计阶段，就应对拟增设或改造太阳能供热采暖系统的既有建筑的建筑结构安全进行复核计算，如复核计算结果满足结构的安全性要求，则可以在该既有建筑上增设或改造太阳能供热采暖系统，并继续进行初步设计和施工图设计，否则，不能在该建筑上增设或改造太阳能供热采暖系统。

【实施与检查控制】

结构复核由原建筑设计单位或其他有资质的建筑设计单位，以及法定检测机构配合实施。建筑设计单位应根据原施工图、竣工图、计算书，以及法定检测机构提交的涉及结构安全的相关检测结果，进行结构复核计算，并经施工图审查程序、由具有资质的审图单位审查、确认不会影响结构安全后，才能够实施增设或改造太阳能供热采暖系统。

【案例】

某 1980 年建成的六层住宅楼拟加装太阳能供热采暖系统，其屋顶的原设计为非上人屋面，原设计单位已撤销，故委托当地一家为甲级资质设计院的注册结构工程师根据原图进行了结构复核计算，计算结果表明：屋顶的结构不满足加载太阳能集热系统后的承重要求。所以，该建筑不能加装太阳能供热采暖系统。

3.1.3 太阳能供热采暖系统应根据不同地区和使用条件采取防冻、防结霜、防过热、防雷、防雹、抗风、抗震和保证电气安全等技术措施。

【技术要点说明】

大部分使用太阳能供热采暖系统的地区，冬季最低温度低于 0℃，安装在室外的集热系统可能发生结霜和冻害，使系统不能运行甚至破坏管路、部件，需要在设计阶段充分重视，通过使用防冻液工质、系统排空、排回等相应措施予以避免。

即使考虑了系统的全年综合利用，也有可能因其他偶发因素，如住户外出度长假等造成用热负荷量大幅度减少，从而发生系统的过热现象；过热现象分为水箱过热和集热系统过热两种；水箱过热是当用户负荷突然减少、例如长期无人用水时，贮热水箱中热水温度会过高，甚至沸腾而有烫伤危险，产生的蒸汽会堵塞管道或将水箱和管道挤裂；集热系统过热是系统循环泵发生故障、关闭或停电时导致集热系统中的温度过高，而对集热器和管路系统造成损坏，例如集热系统中防冻液的温度高于115℃后具有强烈腐蚀性，对系统部件会造成损坏等。需要在设计阶段充分重视，通过系统排空、在系统中设置安全阀等相应防过热安全防护措施予以避免。

强风、冰雹、雷击、地震等恶劣自然条件也可能对室外安装的太阳能集热系统造成破坏；如果用电作为辅助热源，还会有电气安全问题；所有这些可能危及人身安全的因素，都必须在设计之初就认真对待，设置相应的技术措施加以防范。系统中使用的太阳能集热器、其刚度、强度、耐撞击等安全性能应符合国家标准《平板型太阳能集热器》GB/T 6424、《真空管型太阳能集热器》GB/T 17581 的要求，应根据国家标准《建筑结构荷载规范》GB 50009《建筑物防雷设计规范》GB 50057《建筑抗震设计规范》GB 50011、《建筑物电气装置》GB/T 16895、《电击防护　装置和设备的通用部分》GB/T 17045、行业标准《民用建筑电气设计规范》JGJ 16 等进行防雷、抗风、抗震和保证电气安全的相关设计。

【实施与检查控制】

应由有规定资质的建筑设计和施工、验收单位具体实施。建筑设计单位应根据相关国家和行业标准、进行太阳能供热采暖系统的防冻、防结霜、防过热、防雷、防雹、抗风、抗震和电气安全的工程设计，设计人员应在设计文件中对太阳能集热器产品的安全性能指标提出合格性要求，施工、验收单位应查验产品的检测报告，确认产品符合安全性能指标要求。

采用防冻液工质进行防冻设计时，应根据当地冬季的最低室外空气温度来确定防冻液的浓度，使防冻液的冰点低于当地冬季的最低室外空气温度。采用系统排空、排回进行防冻设计时，应使设计的系统管路坡度能够保证完全排净系统工质，并在施工验收时予以确认。

施工、验收单位应按国家标准《电气装置安装工程接地装置施工及验收规范》GB 50169、《电气装置安装工程　低压电器施工及验收规范》GB 50254、《电气装置安装工程　盘、柜及二次回路结线施工及验收规范》GB 50171、《电气装置安装工程 1kV 及以下配线工程施工及验收规范》等进行电气工程的施工和验收，确保电气安全。应查验系统中使用的电气设备、产品是否符合国家标准《家用和类似用途电器的安全》GB 4706、GB 14536.1《家用和类似用途电自动控制器　第1部分：通用要求》GB 14536.1 的安全性合格指标要求。

【示例】

防冻液是为太阳能供热采暖系统配套的成熟产品，可直接从相关企业采购。表14.1-1所示为某品牌企业所生产防冻液在不同温度下的主要成分配比。

表 14.1-1　不同温度下防冻液的主要成分配比

序号	温度/℃	丙二醇含量
1	−10	24%
2	−15	31%
3	−20	37%
4	−25	41.5%
5	−30	46%
6	−35	50%
7	−40	53.7%

3.4.1 太阳能集热系统设计应符合下列基本规定：

1 建筑物上安装太阳能集热系统，严禁降低相邻建筑的日照标准。

【技术要点说明】

鉴于我国土地资源的现状，目前建设主管部门及相关国家标准均对房地产开发项目的容积率有所限制，以节约用地，所以，城市中许多建筑物的底层房间只能刚刚达到规范要求的日照标准；在此条件下，尽管屋顶上安装的太阳能集热系统本身高度并不高，但仍有可能影响到相邻建筑的底层房间不能满足日照标准要求；此外，在阳台或墙面上安装有一定倾角的太阳能集热器时，也可能会影响到下层房间不能满足日照标准要求；因此，必须在进行太阳能集热系统设计时予以充分重视，使用相关日照分析计算软件进行分析计算，确认没有降低相邻建筑物的日照标准。

【实施与检查控制】

应由有规定资质的建筑设计和施工图审查单位配合实施，设计单位完成日照分析计算后，如计算结果为没有降低相邻建筑物的日照标准，则需将该结果提交审图单位，由审图单位复核计算无误后方可确认。如计算结果为降低了相邻建筑物的日照标准，需在改变原设计后重新计算直至符合要求。

【示例】

以住宅建筑日照标准为例，《城市居住区规划设计规范》GB 50180 规定的住宅建筑日照标准见表 14.1-2。针对太阳能集热器安装在建筑物屋面上的情况，使用相关日照分析计算软件计算相邻建筑的日照间距时，建筑总高度应为原建筑高度加上突出屋面的太阳能集热器高度。计算结果如不符合表 14.1-2 规定，则需降低太阳能集热器的安装高度并进行重新计算，直至符合规定。

表 14.1-2 住宅建筑日照标准

建筑气候区划	Ⅰ、Ⅱ、Ⅲ、Ⅶ气候区		Ⅳ气候区		Ⅴ、Ⅵ气候区
	大城市	中小城市	大城市	中小城市	
日照标准日	大寒日			冬至日	
日照时数（h）	≥2	≥3		≥1	
有效日照时间带（h）	8～16			9～15	
日照时间计算起点	底层窗台面				

3.6.3 系统安全和防护的自动控制应符合下列规定：

4 为防止因系统过热而设置的安全阀应安装在泄压时排出的高温蒸汽和水不会危及周围人员的安全的位置上，并应配备相应的措施；其设定的开启压力，应与系统可耐受的最高工作温度对应的饱和蒸汽压力相一致。

【技术要点说明】

当发生系统过热、安全阀必须开启时，系统中的高温水或蒸汽会通过安全阀外泄，安全阀的设置位置不当，或没有配备相应措施，有可能会危及周围人员的人身安全，必须在设计时着重考虑。例如，可将安全阀设置在已引入设备机房的系统管路上，并通过管路将外泄高温水或蒸汽排至机房地漏；安全阀只能在室外系统管路上设置时，通过管路将外泄高温水或蒸汽排至就近的雨水口等。

如果安全阀的开启压力大于与系统可耐受的最高工作温度对应的饱和蒸汽压力，系统可能会因工作压力过高受到破坏；而开启压力小于与系统可耐受的最高工作温度对应的饱和蒸汽压力，则使本来仍可正常运行的系统停止工作；所以，安全阀的开启压力应与系统可耐受的最高工作温度对应的饱和蒸汽压力一致，既保证了系统的安全性，又保证系统的稳定正常运行。

【实施与检查控制】

应由有规定资质的建筑设计、施工图审查单位和施工、验收单位配合实施，设计单位在进行施工图设计时，应按照系统可耐受的最高工作温度对应的饱和蒸汽压力选用开启压力与之相等的安全阀，并设置安全阀的安装位置，该设置位置应保证在安全阀泄压时排出的高温蒸汽和水不会危及周围人员的安全，同时需配备相应的保护措施，设计文件应提交施工图审查单位复核，确认安全阀的选用、安装位置和配备的保护措施均符合安全要求。

施工、验收单位应检查安装的安全阀产品、安装位置和保护措施是否符合设计要求。

【示例】

下表为不同介质工作温度和压力的对应参数：

介质种类	介质工作参数	
	压力（MPa）	温度（℃）
饱和蒸汽、热水	≤1.0	≤150
	≤1.6	≤300
	≤2.5	≤430

4.1.1 太阳能供热采暖系统的施工安装不得破坏建筑物的结构、屋面、地面防水层和附属设施，不得削弱建筑物在寿命期内承受荷载的能力。

【技术要点说明】

太阳能供热采暖系统的施工安装，应将保证建筑物的结构和功能设施安全放在第一位；特别在既有建筑上安装系统时，如果不能严格按照相关规范进行土建、防水、管道等部位的施工安装，很容易造成对建筑物的结构、屋面、地面防水层和附属设施的破坏，削弱建筑物在寿命期内承受荷载的能力，必须予以充分重视。

【实施与检查控制】

应由有规定资质的施工和验收单位实施，在太阳能供热采暖系统的施工安装过程中强化管理和过程控制，严格按照相关规范进行土建、防水、管道等部位的施工安装，并根据国家标准《建筑工程施工质量验收统一标准》GB 50300、《屋面工程质量验收规范》GB 50207 等严格进行工程验收。

【示例】

在平屋顶建筑安装太阳能供热采暖系统时，集热器基础的施工方法与屋顶风机、空调室外机基础的施工方法类似。除了按照设计要求保证基础的强度外，突出屋面的基础收头、防水处理尤为重要。图 14.1-6 为基础墩的常规做法。

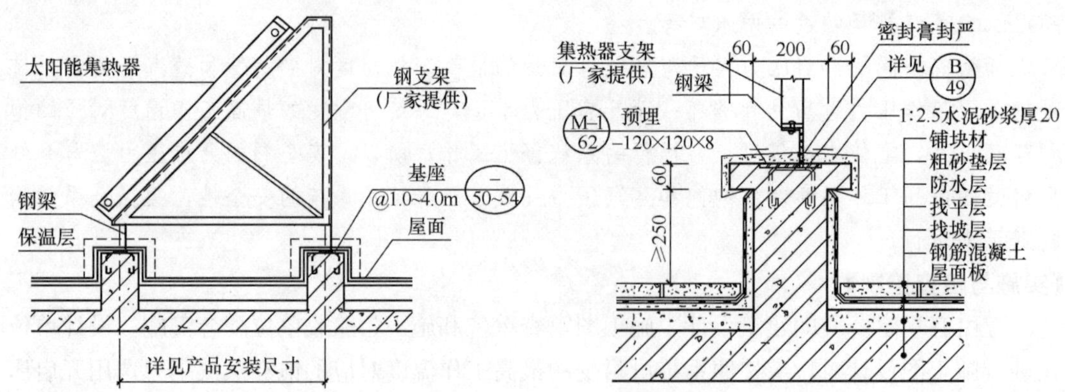

图 14.1-6 基础墩的常规做法

《民用建筑太阳能空调工程技术规范》GB 50787－2012

1.0.4 在既有建筑上增设或改造太阳能空调系统，必须经过建筑结构安全复核，满足建筑结构及其他相应的安全性要求，并通过施工图设计文件审查合格后，方可实施。

【技术要点说明】

本条的出发点是保证既有建筑的结构安全性。由于太阳能空调发展滞后，随着今后太阳能空调的推广和未来规模化发展，势必会存在大量既有建筑改装太阳能空调系统的现象，而原建筑屋面在设计时并没有将太阳能空调设备纳入到结构相关计算中去，可能存在安全隐患，根据民用建筑太阳能热水系统的发展经验，在改造过程中既有建筑的结构安全与否必须率先确定，然后才可以进行太阳能集热系统的安装。

【实施与检查控制】

增设或改造的太阳能空调系统图纸必须先由建筑的原建筑设计单位、有资质的设计单位或权威检测机构进行，复核安全后进行施工图设计，并指导施工。

3.0.6 太阳能集热系统应根据不同地区和使用条件采取防过热、防冻、防结垢、防雷、防雹、抗风、抗震和保证电气安全等技术措施。

【技术要点说明】

本条目的是为了确保太阳能集热系统在实际使用中的安全性。

第一，集热系统因位于室外，首先要做好保护措施，如采取避雷针、与建筑物避雷系统勾连等防雷措施。

第二，在非采暖和制冷季节，系统用热量和散热量低于太阳能集热系统得热量时，蓄能水箱温度会逐步升高，如系统未设置防过热措施，水箱温度会远高于设计温度，甚至沸腾过热。

第三，在冬季最低温度低于0℃的地区，安装太阳能集热系统需要考虑防冻问题。当系统集热器和管道温度低于0℃后，水结冰体积膨胀，如果管材允许变形量小于水结冰的膨胀量，管道会胀裂损坏。

最后，还应防止因水质问题带来的结垢问题。一般合格的集热器均能满足防雹要求，采取合适的防冻液或排空措施均可实现集热系统的防冻。用电设备的用电安全在设计时也要考虑。

【实施与检查控制】

(1) 实施

如系统未设置防过热措施，解决的措施包括：

①遮盖一部分集热器，减少集热系统得热量；

②采用回流技术使传热介质液体离开集热器，保证集热器中的热量不再传递到蓄能水箱；

③采用散热措施将过剩的热量传送到周围环境中去；

④及时排出部分蓄能水箱（池）中热水以降低水箱水温；

⑤传热介质液体从集热器迅速排放到膨胀罐，集热回路中达到高温的部分总是局限在集热器本身。

(2) 检查

检查设计图纸中是否采用了避雷针、与建筑物避雷系统勾连等防雷措施；是否设置了防过热措施；是否设置了防冻措施。

目前常用的防冻措施有以下几种：

【示例】

太阳能系统防冻措施的选用

防冻措施	严寒地区	寒冷地区	夏热冬冷
防冻液为工质的间接系统	●	●	●
排空系统	—	—	●
排回系统	○[注1]	●	●
蓄能水箱热水再循环	○[注2]	○[注2]	●
在集热器联箱和管道敷设电热带	—	○[注2]	●

注：表中“●”为可选用；“○”为有条件选用；“—”为不宜选用；注1表示室外系统排空时间较长时（系统较大，回流管线较长或管道坡度较小）不宜使用；注2表示方案技术可行，但由于夜晚散热较大，影响系统经济效益。

5.3.3 安装太阳能集热器的建筑部位，应设置防止太阳能集热器损坏后部件坠落伤人的安全防护设施。

【技术要点说明】

建筑设计时应考虑设置必要的安全防护措施，以防止安装有太阳能集热器的墙面、阳台或挑檐等部位的集热器损坏后部件坠落伤人。

【实施与检查控制】

(1) 实施

设置挑檐、入口处设雨篷或进行绿化种植隔离等，使人不易靠近。集热器下部的杆件和顶部的高度也应满足相应的要求。

(2) 检查

检查设计图纸，核查安置集热器的部位是否设置了防止人靠近的设施。集热器靠近屋面边缘部分是否设置了挑檐、雨棚等防止坠落的设施。

【示例】

（1）屋顶安装集热器时（图 14.1-7）

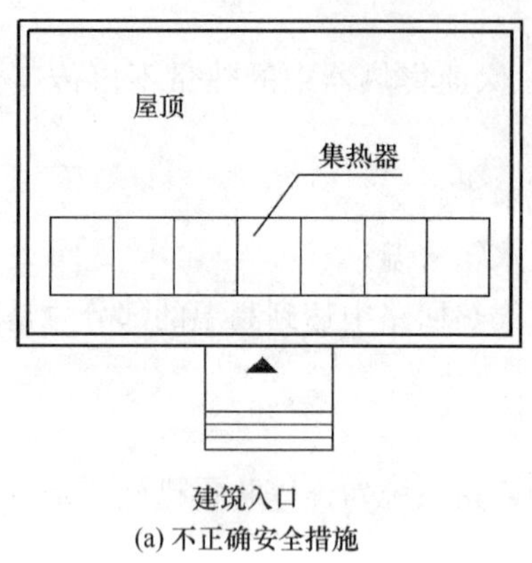

(a) 不正确安全措施

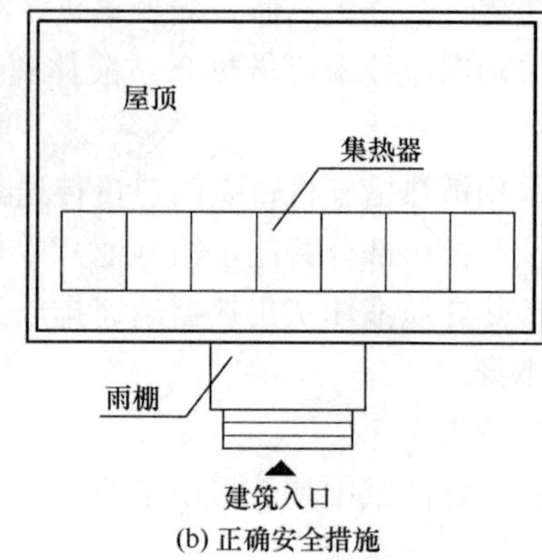

(b) 正确安全措施

图 14.1-7　屋顶安装集热器做法

注：图 14.1-7（a）建筑入口处无防护措施，图 14.1-7（b）在建筑入口处增加了雨棚，可以防止集热器损坏后部件坠落造成伤害。

（2）墙面安装集热器时（图 14.1-8）

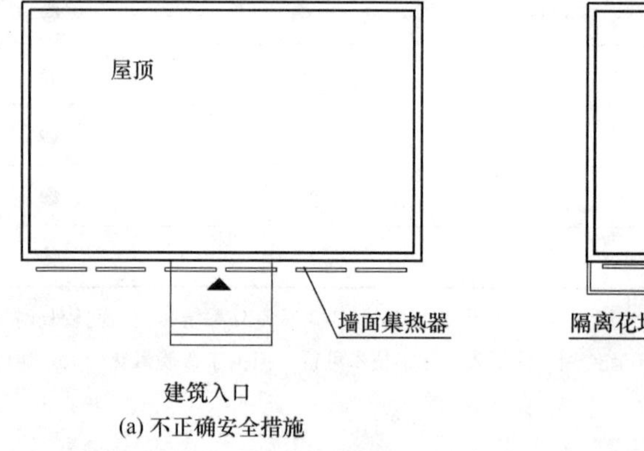

(a) 不正确安全措施

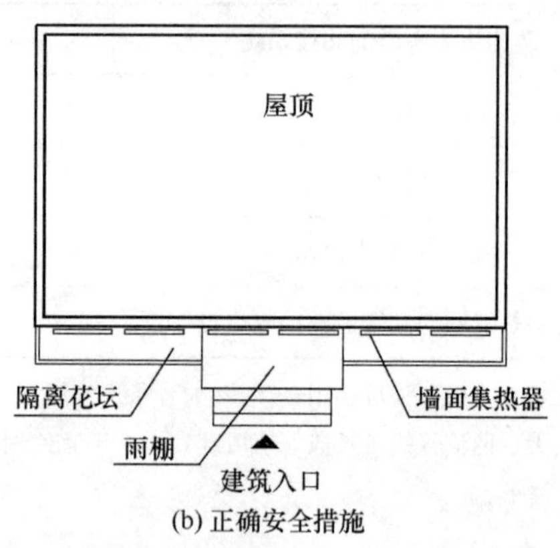

(b) 正确安全措施

图 14.1-8　墙面安装集热器做法

注：图 14.1-8（a）在靠近建筑物的地面、建筑入口处均无防护措施，图 14.1-8（b）在靠近建筑地面位置设置了隔离花坛，在建筑入口处设置了雨棚，能够起到防护作用。

5.4.2　结构设计应为太阳能空调系统安装埋设预埋件或其他连接件。连接件与主体结构的锚固承载力设计值应大于连接件本身的承载力设计值。

【技术要点说明】

连接件与主体结构的锚固承载力应大于连接件本身的承载力，任何情况不允许发生锚固破坏。采用锚栓连接时，应有可靠的防松动、防滑移措施；采用挂接或插接时，应有可靠的防脱落、防滑移措施。

为防止主体结构与支架的温度变形不一致导致太阳能集热器、热力制冷机组或蓄能水箱损坏，连接件必须有一定的适应位移的能力。

【实施与检查控制】

（1）实施

连接件的设计应通过计算确定，采用预埋件时应满足《混凝土结构设计规范》GB 50010 的要求；采用后锚固技术时应满足《混凝土结构后锚固技术规程》JGJ 145－2004 的要求。

（2）检查

检查连接件锚固设计计算书及安装图纸，确保连接件的锚固承载力大于连接件本身的承载力设计值；采用后锚固技术时，应符合《混凝土结构后锚固技术规程》JGJ 145－2004 的要求。

5.6.2　太阳能空调系统中所使用的电器设备应设置剩余电流保护、接地和断电等安全措施。

【技术要点说明】

如果系统中含有电器设备，其电器安全应符合现行国家标准《家用和类似用途电器的安全　第 1 部分：通用要求》GB 4706.1 的要求。

【实施与检查控制】

检查系统中的电器设备说明书，看其是否标注该产品符合国家标准《家用和类似用途电器的安全　第 1 部分：通用要求》GB 4706.1 的要求。

【示例】

三相配电系统中，在 L1、L2、L3 相与零线 N 中增加电流互感器，当产生漏电时，电流互感器中会产生剩余电流。

接地措施：电气设备金属外壳与专用保护地线 PE 线接通。

6.1.1　太阳能空调系统的施工安装不得破坏建筑物的结构、屋面防水层和附属设施，不得削弱建筑物在寿命期内承受荷载的能力。

【技术要点说明】

太阳能空调系统的施工安装，保证建筑物的结构和功能设施安全是第一位的，特别在既有建筑上安装系统时，如果不能严格按照相关规范进行土建、防水、管道等部位的施工安装，很容易造成对建筑物的结构、屋面防水层和附属设施的破坏，削弱建筑物在寿命期内承受荷载的能力。

【实施与检查控制】

①实施

在进行太阳能空调系统的安装施工时，采用加装混凝土块、与屋面凸起结构连接、女儿墙连接等方法安装太阳能空调系统（图 14.1-9）。

②检查

在施工场地检查原建筑结构、屋面面层等是否有施工的痕迹。并在施工完成后进行防水测试。

【示例】

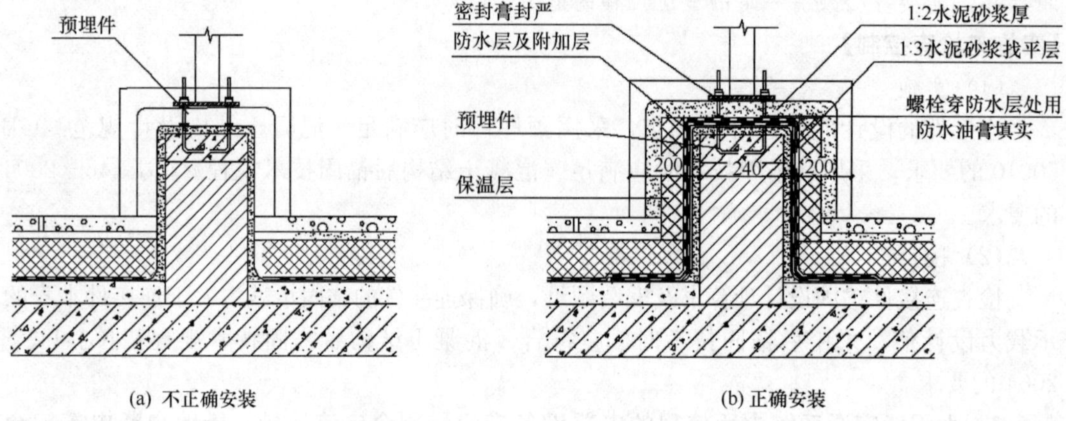

图 14.1-9　太阳能空调系统基座做法

注：图 14.1-9（a）基座安装时破坏了原屋面防水，且无修复措施；图 14.1-9（b）在基座周边增加了附加防水层，并对缝隙进行了密封处理，保证了屋面的防水性能。

《民用建筑太阳能光伏系统应用技术规范》JGJ 203—2010

1.0.4　在既有建筑上改造或安装光伏系统应按照建筑工程审批程序进行专项工程的设计、施工和验收。

【技术要点说明】

在既有建筑上改造或安装光伏系统，由于与房屋的原有部分不是同时设计、施工与验收，因而容易影响房屋结构安全和电气系统的安全，同时可能造成对房屋其他使用功能的破坏并造成安全隐患。

【实施与检查控制】

（1）实施

按照建筑工程审批程序，进行专项工程的设计、施工和验收。从而保证光伏系统工程能够得到全面的控制，也保证了原有建筑相关部位的功能。

（2）检查

在图纸审查时检查图纸是否影响房屋结构安全和电气安全，在施工过程中检查并严禁破坏原有房屋的结构。

3.1.1　民用建筑光伏系统设计应有专项设计或作为建筑电气工程设计的一部分。

【技术要点说明】

民用建筑光伏系统应由专业人员进行设计，并应贯穿于工程建设的全过程，以提高光伏系统的投资效益。光伏系统应符合国家现行的民用建筑电气设计规范要求。

【实施与检查控制】

光伏组件形式的选择以及安装数量、安装位置的确定，需要与建筑师配合进行设计，在设备承载及安装固定等方面需要与结构专业配合，在电气、通风、排水等方面与设备专业配合，使光伏系统与建筑物本身和谐统一，实现光伏系统与建筑的良好结合，并可保证系统本身的安全性以及使用者的安全性。

3.1.5 在人员有可能接触或接近光伏系统的位置，应设置防触电警示标识。

【技术要点说明】

光伏系统本身是可以产生电能的装置，本身会对可能接触或接近的人员带来安全隐患，应设置防触电警示标识；另外，当光伏系统从交流侧断开后，直流侧的设备仍有可能带电，因此，光伏系统直流侧也应设置必要的触电警示，并采取防止触电的安全措施。

【实施与检查控制】

(1) 实施

在进行光伏系统的安装时，在其位置附近明显部位设置防触电警示标识，警示标示应足够醒目。

(2) 检查

在光伏系统施工完成后检查各人员可能接触光伏系统的位置是否在明显位置设置了触电警示标识（图 14.1-10）。

【示例】

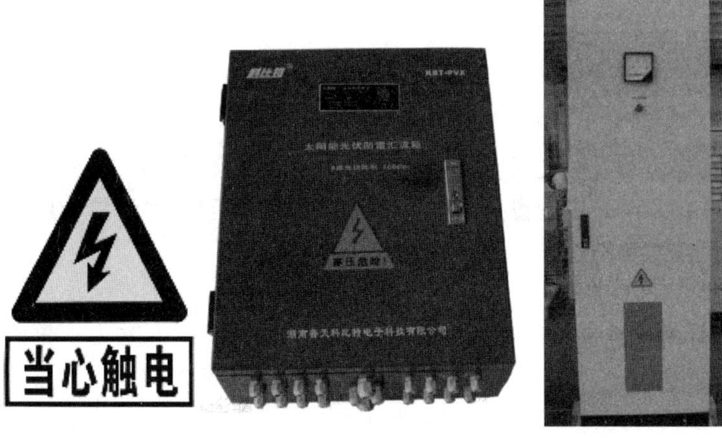

图 14.1-10 警示标示及位置

3.1.6 并网光伏系统应具有相应的并网保护功能，并应安装必要的计量装置。

【技术要点说明】

对于并网光伏系统，只有具备了并网保护功能，才能保障电网和光伏系统的正常运行，确保上述一方如发生异常情况不至于影响另一方的正常运行。同时并网保护也是保证电力检修人员人身安全的基本要求。另外，安装计量装置还便于用户对光伏系统的运行效果进行统计、评估，同时也考虑到随着国家相关政策的出台，国家对光伏系统用户进行补偿的可能。

【实施与检查控制】

(1) 实施

在光伏系统设计中设置并网保护和计量装置。

(2) 检查

在图纸审查时检查是否设置了并网保护和计量装置，并在施工过程中检查确认，在施工验收中检查并运行检测。

【示例】

并网保护及计量装置设计如图 14.1-11 所示：

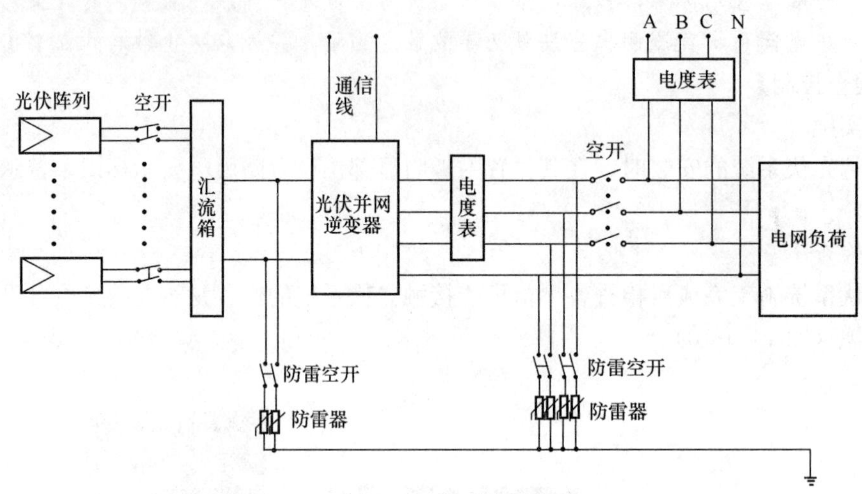

图 14.1-11　并网光伏系统原理图

3.4.2　光伏系统与公共电网之间应设隔离装置，并应符合以下要求：

3　光伏系统在并网处应设置并网专用低压开关箱（柜），并设置专用标识和“警告”、“双电源”等提示性文字和符号。

【技术要点说明】

在公共电网与光伏系统之间一定要有专用的联结装置，这样在发生异常情况时就可通过此醒目的联结装置及时人工切断两者之间的联系，避免危害的发生。并网开关采用四极开关，当采用抽出式开关时，可不设置隔离开关。

【实施与检查控制】

（1）实施

在进行光伏系统设计时，在系统图纸中标明光伏系统并网处的低压开关箱，并写明箱内相关装置名称及数量，设置专用的连接装置，在进行系统安装时，严格按照图纸要求进行装置安装，并在箱外显眼处设置醒目的“警示”、“双电源”等标示。

（2）检查

在图纸审查时检查系统图纸是否设置专用公共电网与光伏系统之间的联结装置和低压开关箱，是否标明内部装置及数量，装置规格是否符合要求。

在光伏系统安装完成时检查是否与图纸一致，检查低压开关箱外是否有醒目的警示标示。

【示例】

低压开关箱（柜）的警示标识位置如图 14.1-12 所示：

4.1.3　安装在建筑各部位或直接构成建筑围护结构的光伏组件，应具有带电警告标识及

相应的电气安全防护措施，并应满足该部位的建筑围护、建筑节能、结构安全和电气安全要求。

【技术要点说明】

安装在建筑屋面、阳台、墙面、窗面或其他部位的光伏组件，首先应满足该部位的承载、保温、隔热、防水及防护要求，并应成为建筑的有机组成部分，保持与建筑和谐统一的外观。另外这些构件均为带电的建筑构件，还应设置相应的电气安全防护措施和警告标识，以起到保证人员安全、提示人们注意的作用（图 14.1-13）。

图 14.1-12　并网专用低压开关箱示意图

图 14.1-13　系统阵列警告标识

【实施与检查控制】

（1）实施

在进行施工图设计时，采用安装在建筑各部位及直接构成建筑围护结构的光伏组件，首先要对该部位的构件的建筑围护、建筑节能、结构安全。电器安全等提出详细的要求，将其写入设计说明或在图纸中标出来，在光伏系统安装过程中，安装在建筑各部位或直接构成建筑围护结构的光伏组件要符合图纸中对该部位的建筑围护、建筑节能、结构安全和电气安全要求，并应提供相关的检测认证证书。

（2）检查

在图纸审查时要检查设计说明或图纸中时否对安装在在建筑各部位及直接构成建筑围护结构的光伏组件的相关性能提出具体要求。在安装现场，检查各光伏组件证明其建筑围护、建筑节能、结构安全和电气安全性能的检测证书是否齐全，对于无证书或者性能不符合要求的严禁安装。

4.1.4　在既有建筑上增设或改造光伏系统，必须进行建筑结构安全、建筑电气安全的复核，并满足光伏组件所在建筑部位的防火、防雷、防静电等相关功能要求和建筑节能要求。

【技术要点说明】

由于在既有建筑上增设或改造的光伏系统，其质量会增加建筑荷载。另外，安装过程也会对建筑结构和建筑功能有影响，因此，必须进行建筑结构安全、建筑电气安全等方面的复核和检验。

【实施与检查控制】

（1）实施

在施工前，施工图纸必须先由建筑的原建筑设计单位、有资质的设计单位或权威检测机构进行建筑结构安全，建筑电气安全的核验，并且组织相关单位进行现场核查，合格后方可进行施工安装。

（2）检查

首先查验是否具有相关单位开具的建筑结构安全，建筑电气安全的证明，并且检查光伏组件的防火、防雷、防静电等功能的测试报告。对于无证明、无测试报告或报告不完整的一律严禁使用。

5.1.5 施工安装人员应采取以下防触电措施：

1 应穿绝缘鞋，带低压绝缘手套，使用绝缘工具；

2 在建筑场地附近安装光伏系统时，应保护和隔离安装位置上空的架空电线；

3 不应在雨、雪、大风天作业。

【技术要点说明】

在光伏系统安装时，为了确保人员安全，应该采取相应的防触电措施和其他施工作业的安全措施，包括人身的绝缘保护、电线的绝缘保护以及作业天气。

【实施与检查控制】

（1）实施

在进行光伏系统施工安装前，首先对施工人员进行培训，发放安全注意事项材料到每位施工人员手中，配置相关绝缘装备，组织人员对建筑场地附近的架空电线进行绝缘和隔离处理。

（2）检查

每次光伏系统施工安装前检查施工人员是否装备全套的绝缘装备，对于装备不全的人员严禁进行光伏系统施工；检查建筑场地附近的每一处架空电线的漏电情况；在雨、雪、大风等恶劣天气下禁止施工人员进行光伏系统安装作业。

《采光顶与金属屋面技术规程》JGJ 255—2012

4.6.4 光伏组件应具有带电警告标识及相应的电气安全防护措施，在人员有可能接触或接近光伏系统的位置，应设置防触电警示标识。

【技术要点说明】

人员有可能接触或接近的、高于直流 50V 或 240W 以上的系统属于应用等级 A，适用于应用等级 A 的设备被认为是满足安全等级Ⅱ要求的设备，即Ⅱ类设备。当光伏系统从交流侧断开后，直流侧的设备仍有可能带电，因此，光伏系统直流侧应设置必要的触电警示和防止触电的安全措施。

【实施与检查控制】

（1）实施

在设计、施工和验收阶段，应执行本条的要求。设置光伏系统警示标志，避免触电危险发生。

（2）检查

现场进行检查，光伏组件和光伏系统应有带电警告标识，光伏组件应有电气安全防护措施。

14.2 地源热泵

《地源热泵系统工程技术规范》GB 50366—2005（2009年版）

3.1.1 地源热泵系统方案设计前，应进行工程场地状况调查，并应对浅层地热能资源进行勘察。

【技术要点说明】

工程场地状况及浅层地热能资源条件是能否应用地源热泵系统的基础。地源热泵系统方案设计前，应根据调查及勘察情况，选择地埋管、地下水或地表水源热泵系统。浅层地热能资源勘察包括地埋管换热系统勘察、地下水换热系统勘察及地表水换热系统勘察。采用地埋管地源热泵系统首先应根据工程场地条件、地质勘察结果，评估埋地管换热系统实施的可行性与经济性。

【实施与检查控制】

应由具备资质的地质勘察单位对工程场地状况进行调查，主要内容是围绕具体项目地质条件与项目条件间匹配关系的讨论，兼顾不确定因素分析和风险识别以及简单的财务分析，形成地质条件评估报告后经评审取得“地质条件评估意见”。并以此作为政府备案的依据。设计人员应通过当地的浅层低能资源情况，计算确定地埋管换热系统实施的可行性与经济性。

审查人员应检查相关“地质条件评估意见”和“地埋管换热系统可行性研究报告”等文件，确定采用地埋管地源热泵系统的可行性与经济性。

【示例】

地源热泵系统是可再生能源应用的主要应用方向之一，即利用浅层地热能资源进行供热与空调，具有良好的节能与环境效益，近年来在国内外得到了日益广泛的应用。但地源热泵系统的推广呈现出很大的盲目性。许多项目在没有对当地资源状况进行充分评估的条件下，就匆匆上马，造成了地源热泵系统工作不正常，影响了地源热泵系统的进一步推广与应用。因此，为了规范地源热泵系统的设计、施工及验收，确保地源热泵系统安全可靠的运行，更好地发挥其节能效益，制定了本强制性条文。

5.1.1 地下水换热系统应根据水文地质勘察资料进行设计。必须采取可靠回灌措施，确保置换冷量或热量后的地下水全部回灌到同一含水层，并不得对地下水资源造成浪费及污染。系统投入运行后，应对抽水量、回灌量及水质进行定期监测。

【技术要点说明】

地下水资源是非常宝贵而且有限的自然资源，在利用的过程中要做到完全无破坏和无损失。地源热泵形式对地下水资源的利用应该是做到“取热不取水”，在取用了它的热能之后必须通过回灌再把它送回地下，与地温进行热交换后再次抽出来取用其热能，循环往复，地下水也就成了一种利用浅层地热能的取之不尽用之不竭的良好媒介。可靠回灌是指将地下水通过回灌井全部送回原来的取水层的措施，要求从哪层取水必须再回灌到哪层，且回灌井要具有持续回灌能力。同层回灌可避免污染含水层和维持同一含水层储量、保护地热能资源。热源井只能用于置换地下冷量或热量，不得用于取水等其他用途。抽水、回灌过程中应采取密闭等措施，不得对地下水造成污染。

为了保护宝贵的地下水资源，要求采用地下水全部回灌到同一含水层，并不得对地下水资源造成污染。为了保证不污染地下水，应采用封闭式地下水采集、回灌系统。在整个地下水的使用过程中，不得设置敞开式的水池、水箱等作为地下水的蓄存装置。

【实施与检查控制】

在工程勘察阶段，必须进行抽水试验和回灌试验，试验条件必须符合国家标准的要求。热源井的设计单位应具有水文地质勘察资质，热源井设计应符合现行国家标准的相关规定。项目立项书和可行性研究报告中应对地下水回灌的措施以及系统投入运行后抽水量、回灌量及水质进行定期监测的方案有相关的说明。项目施工图审查阶段对地下水回灌的措施以及系统投入运行后抽水量、回灌量及水质进行定期监测方案等技术要点进行严格审查。热原井的施工单位应具有相应的施工资质。热源井施工过程中应同时绘制地层钻孔柱状剖面图。热源井应单独验收，验收后，施工单位应提交热源井成井报告。报告应包括管井综合柱状图，洗井、抽水和回灌试验、水质检验及验收资料。

【示例】

随着能源的短缺，大力发展新能源与可再生能源已成为我国 21 世纪发展国民经济和建设小康社会刻不容缓的主要任务和战略目标。地源热泵技术是应用低位可再生能源的重要技术措施之一。我国的地源热泵技术的应用开始于 20 世纪 80 年代，到 90 年代地下水源热泵技术在公共建筑中才真正开始应用。我国的地源热泵技术起步虽晚，但其在建筑中的应用发展迅速。进入 21 世纪，地源热泵技术在我国进入了推广普及阶段。

在工程应用方面，地下水地源热泵系统数量最多，应用范围最广。从 1996 年至今在北京、山东、河南、辽宁、河北、江苏、浙江、湖北、上海、西藏等地相继建成了地下水源热泵工程，应用范围基本覆盖了我国所有省份。

但地下水源热泵系统的推广呈现出很大的盲目性。许多项目没有采取可靠回灌措施，导致地下水资源造成浪费及污染。为了保护地下水资源，保证地下水源热泵系统安全可靠的运行，制定了本强制性条文。

附　　录

附录 1 建设工程质量管理条例

第一章 总 则

第一条 为了加强对建设工程质量的管理，保证建设工程质量，保护人民生命和财产安全，根据《中华人民共和国建筑法》，制定本条例。

第二条 凡在中华人民共和国境内从事建设工程的新建、扩建、改建等有关活动及实施对建设工程质量监督管理的，必须遵守本条例。

本条例所称建设工程，是指土木工程、建筑工程、线路管道和设备安装工程及装修工程。

第三条 建设单位、勘察单位、设计单位、施工单位、工程监理单位依法对建设工程质量负责。

第四条 县级以上人民政府建设行政主管部门和其他有关部门应当加强对建设工程质量的监督管理。

第五条 从事建设工程活动，必须严格执行基本建设程序，坚持先勘察、后设计、再施工的原则。

县级以上人民政府及其有关部门不得超越权限审批建设项目或者擅自简化基本建设程序。

第六条 国家鼓励采用先进的科学技术和管理方法，提高建设工程质量。

第二章 建设单位的质量责任和义务

第七条 建设单位应当将工程发包给具有相应资质等级的单位。

建设单位不得将建设工程肢解发包。

第八条 建设单位应当依法对工程建设项目的勘察、设计、施工、监理以及与工程建设有关的重要设备、材料等的采购进行招标。

第九条 建设单位必须向有关的勘察、设计、施工、工程监理等单位提供与建设工程有关的原始资料。

原始资料必须真实、准确、齐全。

第十条 建设工程发包单位不得迫使承包方以低于成本的价格竞标，不得任意压缩合理工期。

建设单位不得明示或者暗示设计单位或者施工单位违反工程建设强制性标准，降低建设工程质量。

第十一条 建设单位应当将施工图设计文件报县级以上人民政府建设行政主管部门或

者其他有关部门审查。施工图设计文件审查的具体办法，由国务院建设行政主管部门会同国务院其他有关部门制定。

施工图设计文件未经审查批准的，不得使用。

第十二条 实行监理的建设工程，建设单位应当委托具有相应资质等级的工程监理单位进行监理，也可以委托具有工程监理相应资质等级并与被监理工程的施工承包单位没有隶属关系或者其他利害关系的该工程的设计单位进行监理。

下列建设工程必须实行监理：

（一）国家重点建设工程；

（二）大中型公用事业工程；

（三）成片开发建设的住宅小区工程；

（四）利用外国政府或者国际组织贷款、援助资金的工程；

（五）国家规定必须实行监理的其他工程。

第十三条 建设单位在领取施工许可证或者开工报告前，应当按照国家有关规定办理工程质量监督手续。

第十四条 按照合同约定，由建设单位采购建筑材料、建筑构配件和设备的，建设单位应当保证建筑材料、建筑构配件和设备符合设计文件和合同要求。

建设单位不得明示或者暗示施工单位使用不合格的建筑材料、建筑构配件和设备。

第十五条 涉及建筑主体和承重结构变动的装修工程，建设单位应当在施工前委托原设计单位或者具有相应资质等级的设计单位提出设计方案；没有设计方案的，不得施工。

房屋建筑使用者在装修过程中，不得擅自变动房屋建筑主体和承重结构。

第十六条 建设单位收到建设工程竣工报告后，应当组织设计、施工、工程监理等有关单位进行竣工验收。

建设工程竣工验收应当具备下列条件：

（一）完成建设工程设计和合同约定的各项内容；

（二）有完整的技术档案和施工管理资料；

（三）有工程使用的主要建筑材料、建筑构配件和设备的进场试验报告；

（四）有勘察、设计、施工、工程监理等单位分别签署的质量合格文件；

（五）有施工单位签署的工程保修书。

建设工程经验收合格的，方可交付使用。

第十七条 建设单位应当严格按照国家有关档案管理的规定，及时收集、整理建设项目各环节的文件资料，建立、健全建设项目档案，并在建设工程竣工验收后，及时向建设行政主管部门或者其他有关部门移交建设项目档案。

第三章　勘察、设计单位的质量责任和义务

第十八条 从事建设工程勘察、设计的单位应当依法取得相应等级的资质证书，并在其资质等级许可的范围内承揽工程。

禁止勘察、设计单位超越其资质等级许可的范围或者以其他勘察、设计单位的名义承

揽工程。禁止勘察、设计单位允许其他单位或者个人以本单位的名义承揽工程。

勘察、设计单位不得转包或者违法分包所承揽的工程。

第十九条　勘察、设计单位必须按照工程建设强制性标准进行勘察、设计，并对其勘察、设计的质量负责。

注册建筑师、注册结构工程师等注册执业人员应当在设计文件上签字，对设计文件负责。

第二十条　勘察单位提供的地质、测量、水文等勘察成果必须真实、准确。

第二十一条　设计单位应当根据勘察成果文件进行建设工程设计。

设计文件应当符合国家规定的设计深度要求，注明工程合理使用年限。

第二十二条　设计单位在设计文件中选用的建筑材料、建筑构配件和设备，应当注明规格、型号、性能等技术指标，其质量要求必须符合国家规定的标准。

除有特殊要求的建筑材料、专用设备、工艺生产线等外，设计单位不得指定生产厂、供应商。

第二十三条　设计单位应当就审查合格的施工图设计文件向施工单位作出详细说明。

第二十四条　设计单位应当参与建设工程质量事故分析，并对因设计造成的质量事故，提出相应的技术处理方案。

第四章　施工单位的质量责任和义务

第二十五条　施工单位应当依法取得相应等级的资质证书，并在其资质等级许可的范围内承揽工程。

禁止施工单位超越本单位资质等级许可的业务范围或者以其他施工单位的名义承揽工程。禁止施工单位允许其他单位或者个人以本单位的名义承揽工程。

施工单位不得转包或者违法分包工程。

第二十六条　施工单位对建设工程的施工质量负责。

施工单位应当建立质量责任制，确定工程项目的项目经理、技术负责人和施工管理负责人。

建设工程实行总承包的，总承包单位应当对全部建设工程质量负责；建设工程勘察、设计、施工、设备采购的一项或者多项实行总承包的，总承包单位应当对其承包的建设工程或者采购的设备的质量负责。

第二十七条　总承包单位依法将建设工程分包给其他单位的，分包单位应当按照分包合同的约定对其分包工程的质量向总承包单位负责，总承包单位与分包单位对分包工程的质量承担连带责任。

第二十八条　施工单位必须按照工程设计图纸和施工技术标准施工，不得擅自修改工程设计，不得偷工减料。

施工单位在施工过程中发现设计文件和图纸有差错的，应当及时提出意见和建议。

第二十九条　施工单位必须按照工程设计要求、施工技术标准和合同约定，对建筑材料、建筑构配件、设备和商品混凝土进行检验，检验应当有书面记录和专人签字；未经检验或者检验不合格的，不得使用。

第三十条　施工单位必须建立、健全施工质量的检验制度，严格工序管理，作好隐蔽工程的质量检查和记录。隐蔽工程在隐蔽前，施工单位应当通知建设单位和建设工程质量监督机构。

第三十一条　施工人员对涉及结构安全的试块、试件以及有关材料，应当在建设单位或者工程监理单位监督下现场取样，并送具有相应资质等级的质量检测单位进行检测。

第三十二条　施工单位对施工中出现质量问题的建设工程或者竣工验收不合格的建设工程，应当负责返修。

第三十三条　施工单位应当建立、健全教育培训制度，加强对职工的教育培训；未经教育培训或者考核不合格的人员，不得上岗作业。

第五章　工程监理单位的质量责任和义务

第三十四条　工程监理单位应当依法取得相应等级的资质证书，并在其资质等级许可的范围内承担工程监理业务。

禁止工程监理单位超越本单位资质等级许可的范围或者以其他工程监理单位的名义承担工程监理业务。禁止工程监理单位允许其他单位或者个人以本单位的名义承担工程监理业务。

工程监理单位不得转让工程监理业务。

第三十五条　工程监理单位与被监理工程的施工承包单位以及建筑材料、建筑构配件和设备供应单位有隶属关系或者其他利害关系的，不得承担该项建设工程的监理业务。

第三十六条　工程监理单位应当依照法律、法规以及有关技术标准、设计文件和建设工程承包合同，代表建设单位对施工质量实施监理，并对施工质量承担监理责任。

第三十七条　工程监理单位应当选派具备相应资格的总监理工程师和监理工程师进驻施工现场。

未经监理工程师签字，建筑材料、建筑构配件和设备不得在工程上使用或者安装，施工单位不得进行下一道工序的施工。未经总监理工程师签字，建设单位不拨付工程款，不进行竣工验收。

第三十八条　监理工程师应当按照工程监理规范的要求，采取旁站、巡视和平行检验等形式，对建设工程实施监理。

第六章　建设工程质量保修

第三十九条　建设工程实行质量保修制度。

建设工程承包单位在向建设单位提交工程竣工验收报告时，应当向建设单位出具质量保修书。质量保修书中应当明确建设工程的保修范围、保修期限和保修责任等。

第四十条　在正常使用条件下，建设工程的最低保修期限为：

（一）基础设施工程、房屋建筑的地基基础工程和主体结构工程，为设计文件规定的该工程的合理使用年限；

（二）屋面防水工程、有防水要求的卫生间、房间和外墙面的防渗漏，为5年；

（三）供热与供冷系统，为2个采暖期、供冷期；

（四）电气管线、给排水管道、设备安装和装修工程，为2年。

其他项目的保修期限由发包方与承包方约定。

建设工程的保修期，自竣工验收合格之日起计算。

第四十一条 建设工程在保修范围和保修期限内发生质量问题的，施工单位应当履行保修义务，并对造成的损失承担赔偿责任。

第四十二条 建设工程在超过合理使用年限后需要继续使用的，产权所有人应当委托具有相应资质等级的勘察、设计单位鉴定，并根据鉴定结果采取加固、维修等措施，重新界定使用期。

第七章 监 督 管 理

第四十三条 国家实行建设工程质量监督管理制度。

国务院建设行政主管部门对全国的建设工程质量实施统一监督管理。国务院铁路、交通、水利等有关部门按照国务院规定的职责分工，负责对全国的有关专业建设工程质量的监督管理。

县级以上地方人民政府建设行政主管部门对本行政区域内的建设工程质量实施监督管理。县级以上地方人民政府交通、水利等有关部门在各自的职责范围内，负责对本行政区域内的专业建设工程质量的监督管理。

第四十四条 国务院建设行政主管部门和国务院铁路、交通、水利等有关部门应当加强对有关建设工程质量的法律、法规和强制性标准执行情况的监督检查。

第四十五条 国务院发展计划部门按照国务院规定的职责，组织稽查特派员，对国家出资的重大建设项目实施监督检查。

国务院经济贸易主管部门按照国务院规定的职责，对国家重大技术改造项目实施监督检查。

第四十六条 建设工程质量监督管理，可以由建设行政主管部门或者其他有关部门委托的建设工程质量监督机构具体实施。

从事房屋建筑工程和市政基础设施工程质量监督的机构，必须按照国家有关规定经国务院建设行政主管部门或者省、自治区、直辖市人民政府建设行政主管部门考核；从事专业建设工程质量监督的机构，必须按照国家有关规定经国务院有关部门或者省、自治区、直辖市人民政府有关部门考核。经考核合格后，方可实施质量监督。

第四十七条 县级以上地方人民政府建设行政主管部门和其他有关部门应当加强对有关建设工程质量的法律、法规和强制性标准执行情况的监督检查。

第四十八条 县级以上人民政府建设行政主管部门和其他有关部门履行监督检查职责时，有权采取下列措施：

（一）要求被检查的单位提供有关工程质量的文件和资料；

（二）进入被检查单位的施工现场进行检查；

（三）发现有影响工程质量的问题时，责令改正。

第四十九条 建设单位应当自建设工程竣工验收合格之日起15日内，将建设工程竣工验收报告和规划、公安消防、环保等部门出具的认可文件或者准许使用文件报建设行政主管部门或者其他有关部门备案。

建设行政主管部门或者其他有关部门发现建设单位在竣工验收过程中有违反国家有关建设工程质量管理规定行为的，责令停止使用，重新组织竣工验收。

第五十条 有关单位和个人对县级以上人民政府建设行政主管部门和其他有关部门进行的监督检查应当支持与配合，不得拒绝或者阻碍建设工程质量监督检查人员依法执行职务。

第五十一条 供水、供电、供气、公安消防等部门或者单位不得明示或者暗示建设单位、施工单位购买其指定的生产供应单位的建筑材料、建筑构配件和设备。

第五十二条 建设工程发生质量事故，有关单位应当在24小时内向当地建设行政主管部门和其他有关部门报告。对重大质量事故，事故发生地的建设行政主管部门和其他有关部门应当按照事故类别和等级向当地人民政府和上级建设行政主管部门和其他有关部门报告。

特别重大质量事故的调查程序按照国务院有关规定办理。

第五十三条 任何单位和个人对建设工程的质量事故、质量缺陷都有权检举、控告、投诉。

第八章 罚 则

第五十四条 违反本条例规定，建设单位将建设工程发包给不具有相应资质等级的勘察、设计、施工单位或者委托给不具有相应资质等级的工程监理单位的，责令改正，处50万元以上100万元以下的罚款。

第五十五条 违反本条例规定，建设单位将建设工程肢解发包的，责令改正，处工程合同价款百分之零点五以上百分之一以下的罚款；对全部或者部分使用国有资金的项目，并可以暂停项目执行或者暂停资金拨付。

第五十六条 违反本条例规定，建设单位有下列行为之一的，责令改正，处20万元以上50万元以下的罚款：

（一）迫使承包方以低于成本的价格竞标的；

（二）任意压缩合理工期的；

（三）明示或者暗示设计单位或者施工单位违反工程建设强制性标准，降低工程质量的；

（四）施工图设计文件未经审查或者审查不合格，擅自施工的；

（五）建设项目必须实行工程监理而未实行工程监理的；

（六）未按照国家规定办理工程质量监督手续的；

（七）明示或者暗示施工单位使用不合格的建筑材料、建筑构配件和设备的；

（八）未按照国家规定将竣工验收报告、有关认可文件或者准许使用文件报送备案的。

第五十七条　违反本条例规定，建设单位未取得施工许可证或者开工报告未经批准，擅自施工的，责令停止施工，限期改正，处工程合同价款百分之一以上百分之二以下的罚款。

第五十八条　违反本条例规定，建设单位有下列行为之一的，责令改正，处工程合同价款百分之二以上百分之四以下的罚款；造成损失的，依法承担赔偿责任；

（一）未组织竣工验收，擅自交付使用的；

（二）验收不合格，擅自交付使用的；

（三）对不合格的建设工程按照合格工程验收的。

第五十九条　违反本条例规定，建设工程竣工验收后，建设单位未向建设行政主管部门或者其他有关部门移交建设项目档案的，责令改正，处 1 万元以上 10 万元以下的罚款。

第六十条　违反本条例规定，勘察、设计、施工、工程监理单位超越本单位资质等级承揽工程的，责令停止违法行为，对勘察、设计单位或者工程监理单位处合同约定的勘察费、设计费或者监理酬金 1 倍以上 2 倍以下的罚款；对施工单位处工程合同价款百分之二以上百分之四以下的罚款，可以责令停业整顿，降低资质等级；情节严重的，吊销资质证书；有违法所得的，予以没收。

未取得资质证书承揽工程的，予以取缔，依照前款规定处以罚款；有违法所得的，予以没收。

以欺骗手段取得资质证书承揽工程的，吊销资质证书，依照本条第一款规定处以罚款；有违法所得的，予以没收。

第六十一条　违反本条例规定，勘察、设计、施工、工程监理单位允许其他单位或者个人以本单位名义承揽工程的，责令改正，没收违法所得，对勘察、设计单位和工程监理单位处合同约定的勘察费、设计费和监理酬金 1 倍以上 2 倍以下的罚款；对施工单位处工程合同价款百分之二以上百分之四以下的罚款；可以责令停业整顿，降低资质等级；情节严重的，吊销资质证书。

第六十二条　违反本条例规定，承包单位将承包的工程转包或者违法分包的，责令改正，没收违法所得，对勘察、设计单位处合同约定的勘察费、设计费百分之二十五以上百分之五十以下的罚款；对施工单位处工程合同价款百分之零点五以上百分之一以下的罚款；可以责令停业整顿，降低资质等级；情节严重的，吊销资质证书。

工程监理单位转让工程监理业务的，责令改正，没收违法所得，处合同约定的监理酬金百分之二十五以上百分之五十以下的罚款；可以责令停业整顿，降低资质等级；情节严重的，吊销资质证书。

第六十三条　违反本条例规定，有下列行为之一的，责令改正，处 10 万元以上 30 万元以下的罚款：

（一）勘察单位未按照工程建设强制性标准进行勘察的；

（二）设计单位未根据勘察成果文件进行工程设计的；

（三）设计单位指定建筑材料、建筑构配件的生产厂、供应商的；

（四）设计单位未按照工程建设强制性标准进行设计的。

有前款所列行为，造成工程质量事故的，责令停业整顿，降低资质等级；情节严重的，吊销资质证书；造成损失的，依法承担赔偿责任。

第六十四条　违反本条例规定，施工单位在施工中偷工减料的，使用不合格的建筑材料、建筑构配件和设备的，或者有不按照工程设计图纸或者施工技术标准施工的其他行为的，责令改正，处工程合同价款百分之二以上百分之四以下的罚款；造成建设工程质量不符合规定的质量标准的，负责返工、修理，并赔偿因此造成的损失；情节严重的，责令停业整顿，降低资质等级或者吊销资质证书。

第六十五条　违反本条例规定，施工单位未对建筑材料、建筑构配件、设备和商品混凝土进行检验，或者未对涉及结构安全的试块、试件以及有关材料取样检测的，责令改正，处10万元以上20万元以下的罚款；情节严重的，责令停业整顿，降低资质等级或者吊销资质证书；造成损失的，依法承担赔偿责任。

第六十六条　违反本条例规定，施工单位不履行保修义务或者拖延履行保修义务的，责令改正，处10万元以上20万元以下的罚款，并对在保修期内因质量缺陷造成的损失承担赔偿责任。

第六十七条　工程监理单位有下列行为之一的，责令改正，处50万元以上100万元以下的罚款，降低资质等级或者吊销资质证书；有违法所得的，予以没收；造成损失的，承担连带赔偿责任：

（一）与建设单位或者施工单位串通，弄虚作假、降低工程质量的；

（二）将不合格的建设工程、建筑材料、建筑构配件和设备按照合格签字的。

第六十八条　违反本条例规定，工程监理单位与被监理工程的施工承包单位以及建筑材料、建筑构配件和设备供应单位有隶属关系或者其他利害关系承担该项建设工程的监理业务的，责令改正，处5万元以上10万元以下的罚款，降低资质等级或者吊销资质证书；有违法所得的，予以没收。

第六十九条　违反本条例规定，涉及建筑主体或者承重结构变动的装修工程，没有设计方案擅自施工的，责令改正，处50万元以上100万元以下的罚款；房屋建筑使用者在装修过程中擅自变动房屋建筑主体和承重结构的，责令改正，处5万元以上10万元以下的罚款。

有前款所列行为，造成损失的，依法承担赔偿责任。

第七十条　发生重大工程质量事故隐瞒不报、谎报或者拖延报告期限的，对直接负责的主管人员和其他责任人员依法给予行政处分。

第七十一条　违反本条例规定，供水、供电、供气、公安消防等部门或者单位明示或者暗示建设单位或者施工单位购买其指定的生产供应单位的建筑材料、建筑构配件和设备的，责令改正。

第七十二条　违反本条例规定，注册建筑师、注册结构工程师、监理工程师等注册执业人员因过错造成质量事故的，责令停止执业1年；造成重大质量事故的，吊销执业资格证书，5年以内不予注册；情节特别恶劣的，终身不予注册。

第七十三条　依照本条例规定，给予单位罚款处罚的，对单位直接负责的主管人员和其他直接责任人员处单位罚款数额百分之五以上百分之十以下的罚款。

第七十四条 建设单位、设计单位、施工单位、工程监理单位违反国家规定，降低工程质量标准，造成重大安全事故，构成犯罪的，对直接责任人员依法追究刑事责任。

第七十五条 本条例规定的责令停业整顿，降低资质等级和吊销资质证书的行政处罚，由颁发资质证书的机关决定；其他行政处罚，由建设行政主管部门或者其他有关部门依照法定职权决定。

依照本条例规定被吊销资质证书的，由工商行政管理部门吊销其营业执照。

第七十六条 国家机关工作人员在建设工程质量监督管理工作中玩忽职守、滥用职权、徇私舞弊，构成犯罪的，依法追究刑事责任；尚不构成犯罪的，依法给予行政处分。

第七十七条 建设、勘察、设计、施工、工程监理单位的工作人员因调动工作、退休等原因离开该单位后，被发现在该单位工作期间违反国家有关建设工程质量管理规定，造成重大工程质量事故的，仍应当依法追究法律责任。

第九章 附 则

第七十八条 本条例所称肢解发包，是指建设单位将应当由一个承包单位完成的建设工程分解成若干部分发包给不同的承包单位的行为。

本条例所称违法分包，是指下列行为：

（一）总承包单位将建设工程分包给不具备相应资质条件的单位的；

（二）建设工程总承包合同中未有约定，又未经建设单位认可，承包单位将其承包的部分建设工程交由其他单位完成的；

（三）施工总承包单位将建设工程主体结构的施工分包给其他单位的；

（四）分包单位将其承包的建设工程再分包的。

本条例所称转包，是指承包单位承包建设工程后，不履行合同约定的责任和义务，将其承包的全部建设工程转给他人或者将其承包的全部建设工程肢解以后以分包的名义分别转给其他单位承包的行为。

第七十九条 本条例规定的罚款和没收的违法所得，必须全部上缴国库。

第八十条 抢险救灾及其他临时性房屋建筑和农民自建低层住宅的建设活动，不适用本条例。

第八十一条 军事建设工程的管理，按照中央军事委员会的有关规定执行。

第八十二条 本条例自发布之日起施行。

附：刑法有关条款

第一百三十七条 建设单位、设计单位、施工单位、工程监理单位违反国家规定，降低工程质量标准，造成重大安全事故的，对直接责任人员处五年以下有期徒刑或者拘役，并处罚金；后果特别严重的，处五年以上十年以下有期徒刑，并处罚金。

附录2　建设工程勘察设计管理条例

第一章　总　　则

第一条　为了加强对建设工程勘察、设计活动的管理，保证建设工程勘察、设计质量，保护人民生命和财产安全，制定本条例。

第二条　从事建设工程勘察、设计活动，必须遵守本条例。

本条例所称建设工程勘察，是指根据建设工程的要求，查明、分析、评价建设场地的地质地理环境特征和岩土工程条件，编制建设工程勘察文件的活动。

本条例所称建设工程设计，是指根据建设工程的要求，对建设工程所需的技术、经济、资源、环境等条件进行综合分析、论证，编制建设工程设计文件的活动。

第三条　建设工程勘察、设计应当与社会、经济发展水平相适应，做到经济效益、社会效益和环境效益相统一。

第四条　从事建设工程勘察、设计活动，应当坚持先勘察、后设计、再施工的原则。

第五条　县级以上人民政府建设行政主管部门和交通、水利等有关部门应当依照本条例的规定，加强对建设工程勘察、设计活动的监督管理。

建设工程勘察、设计单位必须依法进行建设工程勘察、设计，严格执行工程建设强制性标准，并对建设工程勘察、设计的质量负责。

第六条　国家鼓励在建设工程勘察、设计活动中采用先进技术、先进工艺、先进设备、新型材料和现代管理方法。

第二章　资质资格管理

第七条　国家对从事建设工程勘察、设计活动的单位，实行资质管理制度。具体办法由国务院建设行政主管部门商国务院有关部门制定。

第八条　建设工程勘察、设计单位应当在其资质等级许可的范围内承揽建设工程勘察、设计业务。

禁止建设工程勘察、设计单位超越其资质等级许可的范围或者以其他建设工程勘察、设计单位的名义承揽建设工程勘察、设计业务。禁止建设工程勘察、设计单位允许其他单位或者个人以本单位的名义承揽建设工程勘察、设计业务。

第九条　国家对从事建设工程勘察、设计活动的专业技术人员，实行执业资格注册管理制度。

未经注册的建设工程勘察、设计人员，不得以注册执业人员的名义从事建设工程勘察、设计活动。

第十条　建设工程勘察、设计注册执业人员和其他专业技术人员只能受聘于一个建设工程勘察、设计单位；未受聘于建设工程勘察、设计单位的，不得从事建设工程的勘察、设计活动。

第十一条　建设工程勘察、设计单位资质证书和执业人员注册证书，由国务院建设行政主管部门统一制作。

第三章　建设工程勘察设计发包与承包

第十二条　建设工程勘察、设计发包依法实行招标发包或者直接发包。

第十三条　建设工程勘察、设计应当依照《中华人民共和国招标投标法》的规定，实行招标发包。

第十四条　建设工程勘察、设计方案评标，应当以投标人的业绩、信誉和勘察、设计人员的能力以及勘察、设计方案的优劣为依据，进行综合评定。

第十五条　建设工程勘察、设计的招标人应当在评标委员会推荐的候选方案中确定中标方案。但是，建设工程勘察、设计的招标人认为评标委员会推荐的候选方案不能最大限度满足招标文件规定的要求的，应当依法重新招标。

第十六条　下列建设工程的勘察、设计，经有关主管部门批准，可以直接发包：

（一）采用特定的专利或者专有技术的；

（二）建筑艺术造型有特殊要求的；

（三）国务院规定的其他建设工程的勘察、设计。

第十七条　发包方不得将建设工程勘察、设计业务发包给不具有相应勘察、设计资质等级的建设工程勘察、设计单位。

第十八条　发包方可以将整个建设工程的勘察、设计发包给一个勘察、设计单位；也可以将建设工程的勘察、设计分别发包给几个勘察、设计单位。

第十九条　除建设工程主体部分的勘察、设计外，经发包方书面同意，承包方可以将建设工程其他部分的勘察、设计再分包给其他具有相应资质等级的建设工程勘察、设计单位。

第二十条　建设工程勘察、设计单位不得将所承揽的建设工程勘察、设计转包。

第二十一条　承包方必须在建设工程勘察、设计资质证书规定的资质等级和业务范围内承揽建设工程的勘察、设计业务。

第二十二条　建设工程勘察、设计的发包方与承包方，应当执行国家规定的建设工程勘察、设计程序。

第二十三条　建设工程勘察、设计的发包方与承包方应当签订建设工程勘察、设计合同。

第二十四条　建设工程勘察、设计发包方与承包方应当执行国家有关建设工程勘察费、设计费的管理规定。

第四章 建设工程勘察设计文件的编制与实施

第二十五条 编制建设工程勘察、设计文件，应当以下列规定为依据：

（一）项目批准文件；

（二）城市规划；

（三）工程建设强制性标准；

（四）国家规定的建设工程勘察、设计深度要求。

铁路、交通、水利等专业建设工程，还应当以专业规划的要求为依据。

第二十六条 编制建设工程勘察文件，应当真实、准确，满足建设工程规划、选址、设计、岩土治理和施工的需要。

编制方案设计文件，应当满足编制初步设计文件和控制概算的需要。

编制初步设计文件，应当满足编制施工招标文件、主要设备材料订货和编制施工图设计文件的需要。

编制施工图设计文件，应当满足设备材料采购、非标准设备制作和施工的需要，并注明建设工程合理使用年限。

第二十七条 设计文件中选用的材料、构配件、设备，应当注明其规格、型号、性能等技术指标，其质量要求必须符合国家规定的标准。

除有特殊要求的建筑材料、专用设备和工艺生产线等外，设计单位不得指定生产厂、供应商。

第二十八条 建设单位、施工单位、监理单位不得修改建设工程勘察、设计文件；确需修改建设工程勘察、设计文件的，应当由原建设工程勘察、设计单位修改。经原建设工程勘察、设计单位书面同意，建设单位也可以委托其他具有相应资质的建设工程勘察、设计单位修改。修改单位对修改的勘察、设计文件承担相应责任。

施工单位、监理单位发现建设工程勘察、设计文件不符合工程建设强制性标准、合同约定的质量要求的，应当报告建设单位，建设单位有权要求建设工程勘察、设计单位对建设工程勘察、设计文件进行补充、修改。

建设工程勘察、设计文件内容需要作重大修改的，建设单位应当报经原审批机关批准后，方可修改。

第二十九条 建设工程勘察、设计文件中规定采用的新技术、新材料，可能影响建设工程质量和安全，又没有国家技术标准的，应当由国家认可的检测机构进行试验、论证，出具检测报告，并经国务院有关部门或者省、自治区、直辖市人民政府有关部门组织的建设工程技术专家委员会审定后，方可使用。

第三十条 建设工程勘察、设计单位应当在建设工程施工前，向施工单位和监理单位说明建设工程勘察、设计意图，解释建设工程勘察、设计文件。

建设工程勘察、设计单位应当及时解决施工中出现的勘察、设计问题。

第五章 监 督 管 理

第三十一条 国务院建设行政主管部门对全国的建设工程勘察、设计活动实施统一监督管理。国务院铁路、交通、水利等有关部门按照国务院规定的职责分工，负责对全国的有关专业建设工程勘察、设计活动的监督管理。

县级以上地方人民政府建设行政主管部门对本行政区域内的建设工程勘察、设计活动实施监督管理。县级以上地方人民政府交通、水利等有关部门在各自的职责范围内，负责对本行政区域内的有关专业建设工程勘察、设计活动的监督管理。

第三十二条 建设工程勘察、设计单位在建设工程勘察、设计资质证书规定的业务范围内跨部门、跨地区承揽勘察、设计业务的，有关地方人民政府及其所属部门不得设置障碍，不得违反国家规定收取任何费用。

第三十三条 县级以上人民政府建设行政主管部门或者交通、水利等有关部门应当对施工图设计文件中涉及公共利益、公众安全、工程建设强制性标准的内容进行审查。

施工图设计文件未经审查批准的，不得使用。

第三十四条 任何单位和个人对建设工程勘察、设计活动中的违法行为都有权检举、控告、投诉。

第六章 罚 则

第三十五条 违反本条例第八条规定的，责令停止违法行为，处合同约定的勘察费、设计费 1 倍以上 2 倍以下的罚款，有违法所得的，予以没收；可以责令停业整顿，降低资质等级；情节严重的，吊销资质证书。

未取得资质证书承揽工程的，予以取缔，依照前款规定处以罚款；有违法所得的，予以没收。

以欺骗手段取得资质证书承揽工程的，吊销资质证书，依照本条第一款规定处以罚款；有违法所得的，予以没收。

第三十六条 违反本条例规定，未经注册，擅自以注册建设工程勘察、设计人员的名义从事建设工程勘察、设计活动的，责令停止违法行为，没收违法所得，处违法所得 2 倍以上 5 倍以下罚款；给他人造成损失的，依法承担赔偿责任。

第三十七条 违反本条例规定，建设工程勘察、设计注册执业人员和其他专业技术人员未受聘于一个建设工程勘察、设计单位或者同时受聘于两个以上建设工程勘察、设计单位，从事建设工程勘察、设计活动的，责令停止违法行为，没收违法所得，处违法所得 2 倍以上 5 倍以下的罚款；情节严重的，可以责令停止执行业务或者吊销资格证书；给他人造成损失的，依法承担赔偿责任。

第三十八条 违反本条例规定，发包方将建设工程勘察、设计业务发包给不具有相应资质等级的建设工程勘察、设计单位的，责令改正，处 50 万元以上 100 万元以下的罚款。

第三十九条 违反本条例规定，建设工程勘察、设计单位将所承揽的建设工程勘察、设计转包的，责令改正，没收违法所得，处合同约定的勘察费、设计费25%以上50%以下的罚款，可以责令停业整顿，降低资质等级；情节严重的，吊销资质证书。

第四十条　违反本条例规定，有下列行为之一的，依照《建设工程质量管理条例》第六十三条的规定给予处罚：

（一）勘察单位未按照工程建设强制性标准进行勘察的；

（二）设计单位未根据勘察成果文件进行工程设计的；

（三）设计单位指定建筑材料、建筑构配件的生产厂、供应商的；

（四）设计单位未按照工程建设强制性标准进行设计的。

第四十一条　本条例规定的责令停业整顿、降低资质等级和吊销资质证书、资格证书的行政处罚，由颁发资质证书、资格证书的机关决定；其他行政处罚，由建设行政主管部门或者其他有关部门依据法定职权范围决定。

依照本条例规定被吊销资质证书的，由工商行政管理部门吊销其营业执照。

第四十二条　国家机关工作人员在建设工程勘察、设计活动的监督管理工作中玩忽职守、滥用职权、徇私舞弊，构成犯罪的，依法追究刑事责任；尚不构成犯罪的，依法给予行政处分。

第七章　附　　则

第四十三条　抢险救灾及其他临时性建筑和农民自建两层以下住宅的勘察、设计活动，不适用本条例。

第四十四条　军事建设工程勘察、设计的管理，按照中央军事委员会的有关规定执行。

第四十五条　本条例自公布之日起施行。

附录 3 民用建筑节能条例

第一章 总 则

第一条 为了加强民用建筑节能管理，降低民用建筑使用过程中的能源消耗，提高能源利用效率，制定本条例。

第二条 本条例所称民用建筑节能，是指在保证民用建筑使用功能和室内热环境质量的前提下，降低其使用过程中能源消耗的活动。

本条例所称民用建筑，是指居住建筑、国家机关办公建筑和商业、服务业、教育、卫生等其他公共建筑。

第三条 各级人民政府应当加强对民用建筑节能工作的领导，积极培育民用建筑节能服务市场，健全民用建筑节能服务体系，推动民用建筑节能技术的开发应用，做好民用建筑节能知识的宣传教育工作。

第四条 国家鼓励和扶持在新建建筑和既有建筑节能改造中采用太阳能、地热能等可再生能源。

在具备太阳能利用条件的地区，有关地方人民政府及其部门应当采取有效措施，鼓励和扶持单位、个人安装使用太阳能热水系统、照明系统、供热系统、采暖制冷系统等太阳能利用系统。

第五条 国务院建设主管部门负责全国民用建筑节能的监督管理工作。县级以上地方人民政府建设主管部门负责本行政区域民用建筑节能的监督管理工作。

县级以上人民政府有关部门应当依照本条例的规定以及本级人民政府规定的职责分工，负责民用建筑节能的有关工作。

第六条 国务院建设主管部门应当在国家节能中长期专项规划指导下，编制全国民用建筑节能规划，并与相关规划相衔接。

县级以上地方人民政府建设主管部门应当组织编制本行政区域的民用建筑节能规划，报本级人民政府批准后实施。

第七条 国家建立健全民用建筑节能标准体系。国家民用建筑节能标准由国务院建设主管部门负责组织制定，并依照法定程序发布。

国家鼓励制定、采用优于国家民用建筑节能标准的地方民用建筑节能标准。

第八条 县级以上人民政府应当安排民用建筑节能资金，用于支持民用建筑节能的科学技术研究和标准制定、既有建筑围护结构和供热系统的节能改造、可再生能源的应用，以及民用建筑节能示范工程、节能项目的推广。

政府引导金融机构对既有建筑节能改造、可再生能源的应用，以及民用建筑节能示范工程等项目提供支持。

民用建筑节能项目依法享受税收优惠。

第九条 国家积极推进供热体制改革，完善供热价格形成机制，鼓励发展集中供热，逐步实行按照用热量收费制度。

第十条 对在民用建筑节能工作中做出显著成绩的单位和个人，按照国家有关规定给予表彰和奖励。

第二章 新建建筑节能

第十一条 国家推广使用民用建筑节能的新技术、新工艺、新材料和新设备，限制使用或者禁止使用能源消耗高的技术、工艺、材料和设备。国务院节能工作主管部门、建设主管部门应当制定、公布并及时更新推广使用、限制使用、禁止使用目录。

国家限制进口或者禁止进口能源消耗高的技术、材料和设备。

建设单位、设计单位、施工单位不得在建筑活动中使用列入禁止使用目录的技术、工艺、材料和设备。

第十二条 编制城市详细规划、镇详细规划，应当按照民用建筑节能的要求，确定建筑的布局、形状和朝向。

城乡规划主管部门依法对民用建筑进行规划审查，应当就设计方案是否符合民用建筑节能强制性标准征求同级建设主管部门的意见；建设主管部门应当自收到征求意见材料之日起10日内提出意见。征求意见时间不计算在规划许可的期限内。

对不符合民用建筑节能强制性标准的，不得颁发建设工程规划许可证。

第十三条 施工图设计文件审查机构应当按照民用建筑节能强制性标准对施工图设计文件进行审查；经审查不符合民用建筑节能强制性标准的，县级以上地方人民政府建设主管部门不得颁发施工许可证。

第十四条 建设单位不得明示或者暗示设计单位、施工单位违反民用建筑节能强制性标准进行设计、施工，不得明示或者暗示施工单位使用不符合施工图设计文件要求的墙体材料、保温材料、门窗、采暖制冷系统和照明设备。

按照合同约定由建设单位采购墙体材料、保温材料、门窗、采暖制冷系统和照明设备的，建设单位应当保证其符合施工图设计文件要求。

第十五条 设计单位、施工单位、工程监理单位及其注册执业人员，应当按照民用建筑节能强制性标准进行设计、施工、监理。

第十六条 施工单位应当对进入施工现场的墙体材料、保温材料、门窗、采暖制冷系统和照明设备进行查验；不符合施工图设计文件要求的，不得使用。

工程监理单位发现施工单位不按照民用建筑节能强制性标准施工的，应当要求施工单位改正；施工单位拒不改正的，工程监理单位应当及时报告建设单位，并向有关主管部门报告。

墙体、屋面的保温工程施工时，监理工程师应当按照工程监理规范的要求，采取旁站、巡视和平行检验等形式实施监理。

未经监理工程师签字，墙体材料、保温材料、门窗、采暖制冷系统和照明设备不得在建筑上使用或者安装，施工单位不得进行下一道工序的施工。

第十七条 建设单位组织竣工验收，应当对民用建筑是否符合民用建筑节能强制性标准进行查验；对不符合民用建筑节能强制性标准的，不得出具竣工验收合格报告。

第十八条 实行集中供热的建筑应当安装供热系统调控装置、用热计量装置和室内温度调控装置；公共建筑还应当安装用电分项计量装置。居住建筑安装的用热计量装置应当满足分户计量的要求。

计量装置应当依法检定合格。

第十九条 建筑的公共走廊、楼梯等部位，应当安装、使用节能灯具和电气控制装置。

第二十条 对具备可再生能源利用条件的建筑，建设单位应当选择合适的可再生能源，用于采暖、制冷、照明和热水供应等；设计单位应当按照有关可再生能源利用的标准进行设计。

建设可再生能源利用设施，应当与建筑主体工程同步设计、同步施工、同步验收。

第二十一条 国家机关办公建筑和大型公共建筑的所有权人应当对建筑的能源利用效率进行测评和标识，并按照国家有关规定将测评结果予以公示，接受社会监督。

国家机关办公建筑应当安装、使用节能设备。

本条例所称大型公共建筑，是指单体建筑面积2万平方米以上的公共建筑。

第二十二条 房地产开发企业销售商品房，应当向购买人明示所售商品房的能源消耗指标、节能措施和保护要求、保温工程保修期等信息，并在商品房买卖合同和住宅质量保证书、住宅使用说明书中载明。

第二十三条 在正常使用条件下，保温工程的最低保修期限为5年。保温工程的保修期，自竣工验收合格之日起计算。

保温工程在保修范围和保修期内发生质量问题的，施工单位应当履行保修义务，并对造成的损失依法承担赔偿责任。

第三章 既有建筑节能

第二十四条 既有建筑节能改造应当根据当地经济、社会发展水平和地理气候条件等实际情况，有计划、分步骤地实施分类改造。

本条例所称既有建筑节能改造，是指对不符合民用建筑节能强制性标准的既有建筑的围护结构、供热系统、采暖制冷系统、照明设备和热水供应设施等实施节能改造的活动。

第二十五条 县级以上地方人民政府建设主管部门应当对本行政区域内既有建筑的建设年代、结构形式、用能系统、能源消耗指标、寿命周期等组织调查统计和分析，制定既有建筑节能改造计划，明确节能改造的目标、范围和要求，报本级人民政府批准后组织实施。

中央国家机关既有建筑的节能改造，由有关管理机关事务工作的机构制定节能改造计划，并组织实施。

第二十六条 国家机关办公建筑、政府投资和以政府投资为主的公共建筑的节能改造，应当制定节能改造方案，经充分论证，并按照国家有关规定办理相关审批手续方可进行。

各级人民政府及其有关部门、单位不得违反国家有关规定和标准，以节能改造的名义对前款规定的既有建筑进行扩建、改建。

第二十七条 居住建筑和本条例第二十六条规定以外的其他公共建筑不符合民用建筑节能强制性标准的，在尊重建筑所有权人意愿的基础上，可以结合扩建、改建，逐步实施节能改造。

第二十八条 实施既有建筑节能改造，应当符合民用建筑节能强制性标准，优先采用遮阳、改善通风等低成本改造措施。

既有建筑围护结构的改造和供热系统的改造，应当同步进行。

第二十九条 对实行集中供热的建筑进行节能改造，应当安装供热系统调控装置和用热计量装置；对公共建筑进行节能改造，还应当安装室内温度调控装置和用电分项计量装置。

第三十条 国家机关办公建筑的节能改造费用，由县级以上人民政府纳入本级财政预算。

居住建筑和教育、科学、文化、卫生、体育等公益事业使用的公共建筑节能改造费用，由政府、建筑所有权人共同负担。

国家鼓励社会资金投资既有建筑节能改造。

第四章 建筑用能系统运行节能

第三十一条 建筑所有权人或者使用权人应当保证建筑用能系统的正常运行，不得人为损坏建筑围护结构和用能系统。

国家机关办公建筑和大型公共建筑的所有权人或者使用权人应当建立健全民用建筑节能管理制度和操作规程，对建筑用能系统进行监测、维护，并定期将分项用电量报县级以上地方人民政府建设主管部门。

第三十二条 县级以上地方人民政府节能工作主管部门应当会同同级建设主管部门确定本行政区域内公共建筑重点用电单位及其年度用电限额。

县级以上地方人民政府建设主管部门应当对本行政区域内国家机关办公建筑和公共建筑用电情况进行调查统计和评价分析。国家机关办公建筑和大型公共建筑采暖、制冷、照明的能源消耗情况应当依照法律、行政法规和国家其他有关规定向社会公布。

国家机关办公建筑和公共建筑的所有权人或者使用权人应当对县级以上地方人民政府建设主管部门的调查统计工作予以配合。

第三十三条 供热单位应当建立健全相关制度，加强对专业技术人员的教育和培训。

供热单位应当改进技术装备，实施计量管理，并对供热系统进行监测、维护，提高供热系统的效率，保证供热系统的运行符合民用建筑节能强制性标准。

第三十四条 县级以上地方人民政府建设主管部门应当对本行政区域内供热单位的能源消耗情况进行调查统计和分析，并制定供热单位能源消耗指标；对超过能源消耗指标的，应当要求供热单位制定相应的改进措施，并监督实施。

第五章 法 律 责 任

第三十五条 违反本条例规定，县级以上人民政府有关部门有下列行为之一的，对负有责任的主管人员和其他直接责任人员依法给予处分；构成犯罪的，依法追究刑事责任：

（一）对设计方案不符合民用建筑节能强制性标准的民用建筑项目颁发建设工程规划许可证的；

（二）对不符合民用建筑节能强制性标准的设计方案出具合格意见的；

（三）对施工图设计文件不符合民用建筑节能强制性标准的民用建筑项目颁发施工许可证的；

（四）不依法履行监督管理职责的其他行为。

第三十六条 违反本条例规定，各级人民政府及其有关部门、单位违反国家有关规定和标准，以节能改造的名义对既有建筑进行扩建、改建的，对负有责任的主管人员和其他直接责任人员，依法给予处分。

第三十七条 违反本条例规定，建设单位有下列行为之一的，由县级以上地方人民政府建设主管部门责令改正，处20万元以上50万元以下的罚款：

（一）明示或者暗示设计单位、施工单位违反民用建筑节能强制性标准进行设计、施工的；

（二）明示或者暗示施工单位使用不符合施工图设计文件要求的墙体材料、保温材料、门窗、采暖制冷系统和照明设备的；

（三）采购不符合施工图设计文件要求的墙体材料、保温材料、门窗、采暖制冷系统和照明设备的；

（四）使用列入禁止使用目录的技术、工艺、材料和设备的。

第三十八条 违反本条例规定，建设单位对不符合民用建筑节能强制性标准的民用建筑项目出具竣工验收合格报告的，由县级以上地方人民政府建设主管部门责令改正，处民用建筑项目合同价款2%以上4%以下的罚款；造成损失的，依法承担赔偿责任。

第三十九条 违反本条例规定，设计单位未按照民用建筑节能强制性标准进行设计，或者使用列入禁止使用目录的技术、工艺、材料和设备的，由县级以上地方人民政府建设主管部门责令改正，处10万元以上30万元以下的罚款；情节严重的，由颁发资质证书的部门责令停业整顿，降低资质等级或者吊销资质证书；造成损失的，依法承担赔偿责任。

第四十条 违反本条例规定，施工单位未按照民用建筑节能强制性标准进行施工的，由县级以上地方人民政府建设主管部门责令改正，处民用建筑项目合同价款2%以上4%以下的罚款；情节严重的，由颁发资质证书的部门责令停业整顿，降低资质等级或者吊销资质证书；造成损失的，依法承担赔偿责任。

第四十一条 违反本条例规定，施工单位有下列行为之一的，由县级以上地方人民政府建设主管部门责令改正，处10万元以上20万元以下的罚款；情节严重的，由颁发资质证书的部门责令停业整顿，降低资质等级或者吊销资质证书；造成损失的，依法承担赔偿责任：

（一）未对进入施工现场的墙体材料、保温材料、门窗、采暖制冷系统和照明设备进行查验的；

（二）使用不符合施工图设计文件要求的墙体材料、保温材料、门窗、采暖制冷系统和照明设备的；

（三）使用列入禁止使用目录的技术、工艺、材料和设备的。

第四十二条 违反本条例规定，工程监理单位有下列行为之一的，由县级以上地方人民政府建设主管部门责令限期改正；逾期未改正的，处10万元以上30万元以下的罚款；情节严重的，由颁发资质证书的部门责令停业整顿，降低资质等级或者吊销资质证书；造成损失的，依法承担赔偿责任：

（一）未按照民用建筑节能强制性标准实施监理的；

（二）墙体、屋面的保温工程施工时，未采取旁站、巡视和平行检验等形式实施监理的。

对不符合施工图设计文件要求的墙体材料、保温材料、门窗、采暖制冷系统和照明设备，按照符合施工图设计文件要求签字的，依照《建设工程质量管理条例》第六十七条的规定处罚。

第四十三条 违反本条例规定，房地产开发企业销售商品房，未向购买人明示所售商品房的能源消耗指标、节能措施和保护要求、保温工程保修期等信息，或者向购买人明示的所售商品房能源消耗指标与实际能源消耗不符的，依法承担民事责任；由县级以上地方人民政府建设主管部门责令限期改正；逾期未改正的，处交付使用的房屋销售总额2%以下的罚款；情节严重的，由颁发资质证书的部门降低资质等级或者吊销资质证书。

第四十四条 违反本条例规定，注册执业人员未执行民用建筑节能强制性标准的，由县级以上人民政府建设主管部门责令停止执业3个月以上1年以下；情节严重的，由颁发资格证书的部门吊销执业资格证书，5年内不予注册。

第六章 附 则

第四十五条 本条例自2008年10月1日起施行。

附录 4　实施工程建设强制性标准监督规定

第一条　为加强工程建设强制性标准实施的监督工作，保证建设工程质量，保障人民的生命、财产安全，维护社会公共利益，根据《中华人民共和国标准化法》、《中华人民共和国标准化法实施条例》和《建设工程质量管理条例》，制定本规定。

第二条　在中华人民共和国境内从事新建、扩建、改建等工程建设活动，必须执行工程建设强制性标准。

第三条　本规定所称工程建设强制性标准是指直接涉及工程质量、安全、卫生及环境保护等方面的工程建设标准强制性条文。

国家工程建设标准强制性条文由国务院建设行政主管部门会同国务院有关行政主管部门确定。

第四条　国务院建设行政主管部门负责全国实施工程建设强制性标准的监督管理工作。

国务院有关行政主管部门按照国务院的职能分工负责实施工程建设强制性标准的监督管理工作。

县级以上地方人民政府建设行政主管部门负责本行政区域内实施工程建设强制性标准的监督管理工作。

第五条　工程建设中拟采用的新技术、新工艺、新材料，不符合现行强制性标准规定的，应当由拟采用单位提请建设单位组织专题技术论证，报批准标准的建设行政主管部门或者国务院有关主管部门审定。

工程建设中采用国际标准或者国外标准，现行强制性标准未作规定的，建设单位应当向国务院建设行政主管部门或者国务院有关行政主管部门备案。

第六条　建设项目规划审查机关应当对工程建设规划阶段执行强制性标准的情况实施监督。

施工图设计文件审查单位应当对工程建设勘察、设计阶段执行强制性标准的情况实施监督。

建筑安全监督管理机构应当对工程建设施工阶段执行施工安全强制性标准的情况实施监督。

工程质量监督机构应当对工程建设施工、监理、验收等阶段执行强制性标准的情况实施监督。

第七条　建设项目规划审查机关、施工图设计文件审查单位、建筑安全监督管理机构、工程质量监督机构的技术人员必须熟悉、掌握工程建设强制性标准。

第八条　工程建设标准批准部门应当定期对建设项目规划审查机关、施工图设计文件审查单位、建筑安全监督管理机构、工程质量监督机构实施强制性标准的监督进行检查，对监督不力的单位和个人，给予通报批评，建议有关部门处理。

第九条 工程建设标准批准部门应当对工程项目执行强制性标准情况进行监督检查。监督检查可以采取重点检查、抽查和专项检查的方式。

第十条 强制性标准监督检查的内容包括：

（一）有关工程技术人员是否熟悉、掌握强制性标准；

（二）工程项目的规划、勘察、设计、施工、验收等是否符合强制性标准的规定；

（三）工程项目采用的材料、设备是否符合强制性标准的规定；

（四）工程项目的安全、质量是否符合强制性标准的规定；

（五）工程中采用的导则、指南、手册、计算机软件的内容是否符合强制性标准的规定。

第十一条 工程建设标准批准部门应当将强制性标准监督检查结果在一定范围内公告。

第十二条 工程建设强制性标准的解释由工程建设标准批准部门负责。

有关标准具体技术内容的解释，工程建设标准批准部门可以委托该标准的编制管理单位负责。

第十三条 工程技术人员应当参加有关工程建设强制性标准的培训，并可以计入继续教育学时。

第十四条 建设行政主管部门或者有关行政主管部门在处理重大工程事故时，应当有工程建设标准方面的专家参加；工程事故报告应当包括是否符合工程建设强制性标准的意见。

第十五条 任何单位和个人对违反工程建设强制性标准的行为有权向建设行政主管部门或者有关部门检举、控告、投诉。

第十六条 建设单位有下列行为之一的，责令改正，并处以20万元以上50万元以下的罚款：

（一）明示或者暗示施工单位使用不合格的建筑材料、建筑构配件和设备的；

（二）明示或者暗示设计单位或者施工单位违反工程建设强制性标准，降低工程质量的。

第十七条 勘察、设计单位违反工程建设强制性标准进行勘察、设计的，责令改正，并处以10万元以上30万元以下的罚款。

有前款行为，造成工程质量事故的，责令停业整顿，降低资质等级；情节严重的，吊销资质证书；造成损失的，依法承担赔偿责任。

第十八条 施工单位违反工程建设强制性标准的，责令改正，处工程合同价款2%以上4%以下的罚款；造成建设工程质量不符合规定的质量标准的，负责返工、修理，并赔偿因此造成的损失；情节严重的，责令停业整顿，降低资质等级或者吊销资质证书。

第十九条 工程监理单位违反强制性标准规定，将不合格的建设工程以及建筑材料、建筑构配件和设备按照合格签字的，责令改正，处50万元以上100万元以下的罚款，降低资质等级或者吊销资质证书；有违法所得的，予以没收；造成损失的，承担连带赔偿责任。

第二十条 违反工程建设强制性标准造成工程质量、安全隐患或者工程事故的，按照

《建设工程质量管理条例》有关规定，对事故责任单位和责任人进行处罚。

第二十一条　有关责令停业整顿、降低资质等级和吊销资质证书的行政处罚，由颁发资质证书的机关决定；其他行政处罚，由建设行政主管部门或者有关部门依照法定职权决定。

第二十二条　建设行政主管部门和有关行政主管部门工作人员，玩忽职守、滥用职权、徇私舞弊的，给予行政处分；构成犯罪的，依法追究刑事责任。

第二十三条　本规定由国务院建设行政主管部门负责解释。

第二十四条　本规定自发布之日起施行。

附录 5　房屋建筑和市政基础设施工程施工图设计文件审查管理办法

第一条　为了加强对房屋建筑工程、市政基础设施工程施工图设计文件审查的管理，提高工程勘察设计质量，根据《建设工程质量管理条例》、《建设工程勘察设计管理条例》等行政法规，制定本办法。

第二条　在中华人民共和国境内从事房屋建筑工程、市政基础设施工程施工图设计文件审查和实施监督管理的，应当遵守本办法。

第三条　国家实施施工图设计文件（含勘察文件，以下简称施工图）审查制度。

本办法所称施工图审查，是指施工图审查机构（以下简称审查机构）按照有关法律、法规，对施工图涉及公共利益、公众安全和工程建设强制性标准的内容进行的审查。施工图审查应当坚持先勘察、后设计的原则。

施工图未经审查合格的，不得使用。从事房屋建筑工程、市政基础设施工程施工、监理等活动，以及实施对房屋建筑和市政基础设施工程质量安全监督管理，应当以审查合格的施工图为依据。

第四条　国务院住房城乡建设主管部门负责对全国的施工图审查工作实施指导、监督。

县级以上地方人民政府住房城乡建设主管部门负责对本行政区域内的施工图审查工作实施监督管理。

第五条　省、自治区、直辖市人民政府住房城乡建设主管部门应当按照本办法规定的审查机构条件，结合本行政区域内的建设规模，确定相应数量的审查机构。具体办法由国务院住房城乡建设主管部门另行规定。

审查机构是专门从事施工图审查业务，不以营利为目的的独立法人。

省、自治区、直辖市人民政府住房城乡建设主管部门应当将审查机构名录报国务院住房城乡建设主管部门备案，并向社会公布。

第六条　审查机构按承接业务范围分两类，一类机构承接房屋建筑、市政基础设施工程施工图审查业务范围不受限制；二类机构可以承接中型及以下房屋建筑、市政基础设施工程的施工图审查。

房屋建筑、市政基础设施工程的规模划分，按照国务院住房城乡建设主管部门的有关规定执行。

第七条　一类审查机构应当具备下列条件：

（一）有健全的技术管理和质量保证体系。

（二）审查人员应当有良好的职业道德；有 15 年以上所需专业勘察、设计工作经历；主持过不少于 5 项大型房屋建筑工程、市政基础设施工程相应专业的设计或者甲级工程勘察项目相应专业的勘察；已实行执业注册制度的专业，审查人员应当具有一级注册建筑师、一级注册结构工程师或者勘察设计注册工程师资格，并在本审查机构注册；未实行执业注册制度的专业，审查人员应当具有高级工程师职称；近5年内未因违反工程建设法律法规和强制性标准受到行政处罚。

（三）在本审查机构专职工作的审查人员数量：从事房屋建筑工程施工图审查的，结构专业审查人员不少于7人，建筑专业不少于3人，电气、暖通、给排水、勘察等专业审查人员各不少于2人；从事市政基础设施工程施工图审查的，所需专业的审查人员不少于7人，其他必须配套的专业审查人员各不少于2人；专门从事勘察文件审查的，勘察专业审查人员不少于7人。

承担超限高层建筑工程施工图审查的，还应当具有主持过超限高层建筑工程或者100米以上建筑工程结构专业设计的审查人员不少于3人。

（四）60岁以上审查人员不超过该专业审查人员规定数的1/2。

（五）注册资金不少于300万元。

第八条 二类审查机构应当具备下列条件：

（一）有健全的技术管理和质量保证体系。

（二）审查人员应当有良好的职业道德；有10年以上所需专业勘察、设计工作经历；主持过不少于5项中型以上房屋建筑工程、市政基础设施工程相应专业的设计或者乙级以上工程勘察项目相应专业的勘察；已实行执业注册制度的专业，审查人员应当具有一级注册建筑师、一级注册结构工程师或者勘察设计注册工程师资格，并在本审查机构注册；未实行执业注册制度的专业，审查人员应当具有高级工程师职称；近5年内未因违反工程建设法律法规和强制性标准受到行政处罚。

（三）在本审查机构专职工作的审查人员数量：从事房屋建筑工程施工图审查的，结构专业审查人员不少于3人，建筑、电气、暖通、给排水、勘察等专业审查人员各不少于2人；从事市政基础设施工程施工图审查的，所需专业的审查人员不少于4人，其他必须配套的专业审查人员各不少于2人；专门从事勘察文件审查的，勘察专业审查人员不少于4人。

（四）60岁以上审查人员不超过该专业审查人员规定数的1/2。

（五）注册资金不少于100万元。

第九条 建设单位应当将施工图送审查机构审查，但审查机构不得与所审查项目的建设单位、勘察设计企业有隶属关系或者其他利害关系。送审管理的具体办法由省、自治区、直辖市人民政府住房城乡建设主管部门按照“公开、公平、公正”的原则规定。

建设单位不得明示或者暗示审查机构违反法律法规和工程建设强制性标准进行施工图审查，不得压缩合理审查周期、压低合理审查费用。

第十条 建设单位应当向审查机构提供下列资料并对所提供资料的真实性负责：

（一）作为勘察、设计依据的政府有关部门的批准文件及附件；

（二）全套施工图；

（三）其他应当提交的材料。

第十一条 审查机构应当对施工图审查下列内容：

（一）是否符合工程建设强制性标准；

（二）地基基础和主体结构的安全性；

（三）是否符合民用建筑节能强制性标准，对执行绿色建筑标准的项目，还应当审查是否符合绿色建筑标准；

（四）勘察设计企业和注册执业人员以及相关人员是否按规定在施工图上加盖相应的图章和签字；

（五）法律、法规、规章规定必须审查的其他内容。

第十二条　施工图审查原则上不超过下列时限：

（一）大型房屋建筑工程、市政基础设施工程为15个工作日，中型及以下房屋建筑工程、市政基础设施工程为10个工作日。

（二）工程勘察文件，甲级项目为7个工作日，乙级及以下项目为5个工作日。

以上时限不包括施工图修改时间和审查机构的复审时间。

第十三条　审查机构对施工图进行审查后，应当根据下列情况分别作出处理：

（一）审查合格的，审查机构应当向建设单位出具审查合格书，并在全套施工图上加盖审查专用章。审查合格书应当有各专业的审查人员签字，经法定代表人签发，并加盖审查机构公章。审查机构应当在出具审查合格书后5个工作日内，将审查情况报工程所在地县级以上地方人民政府住房城乡建设主管部门备案。

（二）审查不合格的，审查机构应当将施工图退建设单位并出具审查意见告知书，说明不合格原因。同时，应当将审查意见告知书及审查中发现的建设单位、勘察设计企业和注册执业人员违反法律、法规和工程建设强制性标准的问题，报工程所在地县级以上地方人民政府住房城乡建设主管部门。

施工图退建设单位后，建设单位应当要求原勘察设计企业进行修改，并将修改后的施工图送原审查机构复审。

第十四条　任何单位或者个人不得擅自修改审查合格的施工图；确需修改的，凡涉及本办法第十一条规定内容的，建设单位应当将修改后的施工图送原审查机构审查。

第十五条　勘察设计企业应当依法进行建设工程勘察、设计，严格执行工程建设强制性标准，并对建设工程勘察、设计的质量负责。

审查机构对施工图审查工作负责，承担审查责任。施工图经审查合格后，仍有违反法律、法规和工程建设强制性标准的问题，给建设单位造成损失的，审查机构依法承担相应的赔偿责任。

第十六条　审查机构应当建立、健全内部管理制度。施工图审查应当有经各专业审查人员签字的审查记录。审查记录、审查合格书、审查意见告知书等有关资料应当归档保存。

第十七条　已实行执业注册制度的专业，审查人员应当按规定参加执业注册继续教育。

未实行执业注册制度的专业，审查人员应当参加省、自治区、直辖市人民政府住房城乡建设主管部门组织的有关法律、法规和技术标准的培训，每年培训时间不少于40学时。

第十八条　按规定应当进行审查的施工图，未经审查合格的，住房城乡建设主管部门不得颁发施工许可证。

第十九条　县级以上人民政府住房城乡建设主管部门应当加强对审查机构的监督检

查，主要检查下列内容：

（一）是否符合规定的条件；

（二）是否超出范围从事施工图审查；

（三）是否使用不符合条件的审查人员；

（四）是否按规定的内容进行审查；

（五）是否按规定上报审查过程中发现的违法违规行为；

（六）是否按规定填写审查意见告知书；

（七）是否按规定在审查合格书和施工图上签字盖章；

（八）是否建立健全审查机构内部管理制度；

（九）审查人员是否按规定参加继续教育。

县级以上人民政府住房城乡建设主管部门实施监督检查时，有权要求被检查的审查机构提供有关施工图审查的文件和资料，并将监督检查结果向社会公布。

第二十条　审查机构应当向县级以上地方人民政府住房城乡建设主管部门报审查情况统计信息。

县级以上地方人民政府住房城乡建设主管部门应当定期对施工图审查情况进行统计，并将统计信息报上级住房城乡建设主管部门。

第二十一条　县级以上人民政府住房城乡建设主管部门应当及时受理对施工图审查工作中违法、违规行为的检举、控告和投诉。

第二十二条　县级以上人民政府住房城乡建设主管部门对审查机构报告的建设单位、勘察设计企业、注册执业人员的违法违规行为，应当依法进行查处。

第二十三条　审查机构列入名录后不再符合规定条件的，省、自治区、直辖市人民政府住房城乡建设主管部门应当责令其限期改正；逾期不改的，不再将其列入审查机构名录。

第二十四条　审查机构违反本办法规定，有下列行为之一的，由县级以上地方人民政府住房城乡建设主管部门责令改正，处3万元罚款，并记入信用档案；情节严重的，省、自治区、直辖市人民政府住房城乡建设主管部门不再将其列入审查机构名录：

（一）超出范围从事施工图审查的；

（二）使用不符合条件审查人员的；

（三）未按规定的内容进行审查的；

（四）未按规定上报审查过程中发现的违法违规行为的；

（五）未按规定填写审查意见告知书的；

（六）未按规定在审查合格书和施工图上签字盖章的；

（七）已出具审查合格书的施工图，仍有违反法律、法规和工程建设强制性标准的。

第二十五条　审查机构出具虚假审查合格书的，审查合格书无效，县级以上地方人民政府住房城乡建设主管部门处3万元罚款，省、自治区、直辖市人民政府住房城乡建设主管部门不再将其列入审查机构名录。

审查人员在虚假审查合格书上签字的，终身不得再担任审查人员；对于已实行执业注册制度的专业的审查人员，还应当依照《建设工程质量管理条例》第七十二条、《建设工程安全生产管理条例》第五十八条规定予以处罚。

第二十六条 建设单位违反本办法规定，有下列行为之一的，由县级以上地方人民政府住房城乡建设主管部门责令改正，处3万元罚款；情节严重的，予以通报：

（一）压缩合理审查周期的；

（二）提供不真实送审资料的；

（三）对审查机构提出不符合法律、法规和工程建设强制性标准要求的。

建设单位为房地产开发企业的，还应当依照《房地产开发企业资质管理规定》进行处理。

第二十七条 依照本办法规定，给予审查机构罚款处罚的，对机构的法定代表人和其他直接责任人员处机构罚款数额5%以上10%以下的罚款，并记入信用档案。

第二十八条 省、自治区、直辖市人民政府住房城乡建设主管部门未按照本办法规定确定审查机构的，国务院住房城乡建设主管部门责令改正。

第二十九条 国家机关工作人员在施工图审查监督管理工作中玩忽职守、滥用职权、徇私舞弊，构成犯罪的，依法追究刑事责任；尚不构成犯罪的，依法给予行政处分。

第三十条 省、自治区、直辖市人民政府住房城乡建设主管部门可以根据本办法，制订实施细则。

第三十一条 本办法自2013年8月1日起施行。原建设部2004年8月23日发布的《房屋建筑和市政基础设施工程施工图设计文件审查管理办法》（建设部令第134号）同时废止。

附录 6 民用建筑节能管理规定

第一条 为了加强民用建筑节能管理，提高能源利用效率，改善室内热环境质量，根据《中华人民共和国节约能源法》、《中华人民共和国建筑法》、《建设工程质量管理条例》，制定本规定。

第二条 本规定所称民用建筑，是指居住建筑和公共建筑。

本规定所称民用建筑节能，是指民用建筑在规划、设计、建造和使用过程中，通过采用新型墙体材料，执行建筑节能标准，加强建筑物用能设备的运行管理，合理设计建筑围护结构的热工性能，提高采暖、制冷、照明、通风、给排水和通道系统的运行效率，以及利用可再生能源，在保证建筑物使用功能和室内热环境质量的前提下，降低建筑能源消耗，合理、有效地利用能源的活动。

第三条 国务院建设行政主管部门负责全国民用建筑节能的监督管理工作。

县级以上地方人民政府建设行政主管部门负责本行政区域内民用建筑节能的监督管理工作。

第四条 国务院建设行政主管部门根据国家节能规划，制定国家建筑节能专项规划；省、自治区、直辖市以及设区城市人民政府建设行政主管部门应当根据本地节能规划，制定本地建筑节能专项规划，并组织实施。

第五条 编制城乡规划应当充分考虑能源、资源的综合利用和节约，对城镇布局、功能区设置、建筑特征，基础设施配置的影响进行研究论证。

第六条 国务院建设行政主管部门根据建筑节能发展状况和技术先进、经济合理的原则，组织制定建筑节能相关标准，建立和完善建筑节能标准体系；省、自治区、直辖市人民政府建设行政主管部门应当严格执行国家民用建筑节能有关规定，可以制定严于国家民用建筑节能标准的地方标准或者实施细则。

第七条 鼓励民用建筑节能的科学研究和技术开发，推广应用节能型的建筑、结构、材料、用能设备和附属设施及相应的施工工艺、应用技术和管理技术，促进可再生能源的开发利用。

第八条 鼓励发展下列建筑节能技术和产品：

（一）新型节能墙体和屋面的保温、隔热技术与材料；

（二）节能门窗的保温隔热和密闭技术；

（三）集中供热和热、电、冷联产联供技术；

（四）供热采暖系统温度调控和分户热量计量技术与装置；

（五）太阳能、地热等可再生能源应用技术及设备；

（六）建筑照明节能技术与产品；

（七）空调制冷节能技术与产品；

（八）其他技术成熟、效果显著的节能技术和节能管理技术。

鼓励推广应用和淘汰的建筑节能部品及技术的目录，由国务院建设行政主管部门制定；省、自治区、直辖市建设行政主管部门可以结合该目录，制定适合本区域的鼓励推广应用和淘汰的建筑节能部品及技术的目录。

第九条　国家鼓励多元化、多渠道投资既有建筑的节能改造，投资人可以按照协议分享节能改造的收益；鼓励研究制定本地区既有建筑节能改造资金筹措办法和相关激励政策。

第十条　建筑工程施工过程中，县级以上地方人民政府建设行政主管部门应当加强对建筑物的围护结构（含墙体、屋面、门窗、玻璃幕墙等）、供热采暖和制冷系统、照明和通风等电器设备是否符合节能要求的监督检查。

第十一条　新建民用建筑应当严格执行建筑节能标准要求，民用建筑工程扩建和改建时，应当对原建筑进行节能改造。

既有建筑节能改造应当考虑建筑物的寿命周期，对改造的必要性、可行性以及投入收益比进行科学论证。节能改造要符合建筑节能标准要求，确保结构安全，优化建筑物使用功能。

寒冷地区和严寒地区既有建筑节能改造应当与供热系统节能改造同步进行。

第十二条　采用集中采暖制冷方式的新建民用建筑应当安设建筑物室内温度控制和用能计量设施，逐步实行基本冷热价和计量冷热价共同构成的两部制用能价格制度。

第十三条　供热单位、公共建筑所有权人或者其委托的物业管理单位应当制定相应的节能建筑运行管理制度，明确节能建筑运行状态各项性能指标、节能工作诸环节的岗位目标责任等事项。

第十四条　公共建筑的所有权人或者委托的物业管理单位应当建立用能档案，在供热或者制冷间歇期委托相关检测机构对用能设备和系统的性能进行综合检测评价，定期进行维护、维修、保养及更新置换，保证设备和系统的正常运行。

第十五条　供热单位、房屋产权单位或者其委托的物业管理等有关单位，应当记录并按有关规定上报能源消耗资料。

鼓励新建民用建筑和既有建筑实施建筑能效测评。

第十六条　从事建筑节能及相关管理活动的单位，应当对其从业人员进行建筑节能标准与技术等专业知识的培训。

建筑节能标准和节能技术应当作为注册城市规划师、注册建筑师、勘察设计注册工程师、注册监理工程师、注册建造师等继续教育的必修内容。

第十七条　建设单位应当按照建筑节能政策要求和建筑节能标准委托工程项目的设计。

建设单位不得以任何理由要求设计单位、施工单位擅自修改经审查合格的节能设计文件，降低建筑节能标准。

第十八条　房地产开发企业应当将所售商品住房的节能措施、围护结构保温隔热性能指标等基本信息在销售现场显著位置予以公示，并在《住宅使用说明书》中予以载明。

第十九条　设计单位应当依据建筑节能标准的要求进行设计，保证建筑节能设计质量。

施工图设计文件审查机构在进行审查时，应当审查节能设计的内容，在审查报告中单列节能审查章节；不符合建筑节能强制性标准的，施工图设计文件审查结论应当定为不合格。

第二十条　施工单位应当按照审查合格的设计文件和建筑节能施工标准的要求进行施工，保证工程施工质量。

第二十一条　监理单位应当依照法律、法规以及建筑节能标准、节能设计文件、建设工程承包合同及监理合同对节能工程建设实施监理。

第二十二条　对超过能源消耗指标的供热单位、公共建筑的所有权人或者其委托的物业管理单位，责令限期达标。

第二十三条　对擅自改变建筑围护结构节能措施，并影响公共利益和他人合法权益的，责令责任人及时予以修复，并承担相应的费用。

第二十四条　建设单位在竣工验收过程中，有违反建筑节能强制性标准行为的，按照《建设工程质量管理条例》的有关规定，重新组织竣工验收。

第二十五条　建设单位未按照建筑节能强制性标准委托设计，擅自修改节能设计文件，明示或暗示设计单位、施工单位违反建筑节能设计强制性标准，降低工程建设质量的，处20万元以上50万元以下的罚款。

第二十六条　设计单位未按照建筑节能强制性标准进行设计的，应当修改设计。未进行修改的，给予警告，处10万元以上30万元以下罚款；造成损失的，依法承担赔偿责任；两年内，累计三项工程未按照建筑节能强制性标准设计的，责令停业整顿，降低资质等级或者吊销资质证书。

第二十七条　对未按照节能设计进行施工的施工单位，责令改正；整改所发生的工程费用，由施工单位负责；可以给予警告，情节严重的，处工程合同价款2%以上4%以下的罚款；两年内，累计三项工程未按照符合节能标准要求的设计进行施工的，责令停业整顿，降低资质等级或者吊销资质证书。

第二十八条　本规定的责令停业整顿、降低资质等级和吊销资质证书的行政处罚，由颁发资质证书的机关决定；其他行政处罚，由建设行政主管部门依照法定职权决定。

第二十九条　农民自建低层住宅不适用本规定。

第三十条　本规定自2006年1月1日起施行。原《民用建筑节能管理规定》（建设部令第76号）同时废止。

附录 7　住房和城乡建设部强制性条文协调委员会简介

住房和城乡建设部强制性条文协调委员会（以下简称“强条委”）是由住房和城乡建设部批准成立，以原《工程建设标准强制性条文》（房屋建筑部分）咨询委员会为基础重新组建，开展城乡规划、城乡建设和房屋建筑领域工程建设标准强制性条文管理工作的标准化技术支撑机构，于 2012 年成立。

强条委第一届强条委由 59 名委员组成。田国民任主任委员，黄强任常务副主任委员，徐文龙、王凯、李铮任副主任委员，王果英任秘书长，程志军任常务副秘书长，王磐岩、鹿勤、林常青任副秘书长。秘书处承担单位为中国建筑科学研究院。

主要工作任务：

1. 负责对住房和城乡建设领域工程建设标准强制性条文进行审查。
2. 协助住房和城乡建设部对强制性条文进行日常管理和对强制性条文技术内容进行解释。
3. 协助住房和城乡建设部开展强制性条文实施的监督检查；组织开展强制性条文复审工作。
4. 组织开展强制性条文的宣贯培训工作。
5. 组织开展强制性条文的发展研究工作等。

秘书处联系方式：

地 址：北京市北三环东路 30 号，中国建筑科学研究院标准规范处（100013）

网 址：http://www.actr.org.cn/

E-mail：qtw@cabr.com.cn

附录 8　住房和城乡建设部强制性条文协调委员会章程

第一章　总　　则

第一条　根据《住房和城乡建设部专业标准化技术委员会工作准则》的有关规定，结合住房城乡建设领域工程建设标准强制性条文工作的具体情况，制定本章程。

第二条　住房和城乡建设部强制性条文协调委员会（简称“强条委”）是经住房和城乡建设部批准成立并开展城乡规划、城乡建设和房屋建筑领域工程建设标准强制性条文管理工作的标准化技术支撑机构。

第二章　工　作　任　务

第三条　负责对住房和城乡建设部各专业标准化技术委员会提交的工程建设国家标准、行业标准，以及各地方建设行政主管部门或其委托机构报请备案的地方标准中的强制性条文进行审查。

第四条　协助住房和城乡建设部对强制性条文进行日常管理和对强制性条文技术内容进行解释。

第五条　协助住房和城乡建设部开展强制性条文实施的监督检查。

第六条　根据工作需要，派员参加相关国家标准、行业标准的送审稿审查会议。

第七条　组织开展强制性条文复审工作。

第八条　组织开展强制性条文的宣贯培训工作。

第九条　组织开展强制性条文的发展研究工作。

第十条　承担住房和城乡建设部标准定额司委托的其他工作。

第三章　组　织　机　构

第十一条　强条委由具有较高理论水平和丰富实践经验，熟悉和热心标准化工作的工程技术人员、研究人员和管理人员等组成。

第十二条　强条委设主任委员 1 人，常务副主任委员 1 人，副主任委员若干人，秘书长 1 人，常务副秘书长 1 人，副秘书长若干人，委员若干人。协调委员会每届任期四年，委员由住房和城乡建设部聘任。

第十三条　强条委设秘书处，负责日常工作和印章管理。秘书处承担单位应委派工作人员承担秘书处具体工作，并为秘书处提供必要的工作条件和经费。秘书处工作应纳入秘书处承担单位的工作计划。

第十四条 强条委新增委员可由强条委秘书处提出推荐人选，经主任委员审核后，报住房和城乡建设部批准并聘任。

第十五条 根据工作需要，强条委秘书处可临时聘请相关社会团体、单位的代表和专家参与强制性条文具体工作。

第十六条 根据工作需要，强条委可成立专业工作组，承担各专业领域强制性条文的有关具体工作。

第四章 工 作 制 度

第十七条 强条委制订年度工作计划并组织实施。

第十八条 强条委实行工作会议制度。强条委工作会议，原则上每年召开一次，讨论强条委工作中的重大事项，对上一年度工作进行总结并对下一年度工作做出计划安排。

第十九条 根据工作需要，强条委可决定临时召开全体委员或部分委员会议。强条委会议可由主任委员、副主任委员、秘书长或副秘书长主持，会议议题由主任委员或副主任委员决定。

第二十条 强制性条文审查可采取函审或会议审查方式。

第二十一条 强条委与住房和城乡建设部有关专业标准化技术委员会建立并实行联络员制度。

第五章 委员的权利和义务

第二十二条 强条委委员在委员会内拥有建议权、表决权和获得委员会有关文件和资料的权利。

第二十三条 强条委委员有遵守委员会章程、执行委员会决议、参加委员会活动的义务。

第二十四条 强条委委员应承担委员会分配的工作，积极参加各项活动。对不履行职责，或每届任期内两次不参加活动，或因其他原因不适宜继续担任委员者，秘书处可向强条委主任委员提出调整或解聘的建议，经主任委员审核后，报住房和城乡建设部批准。

第二十五条 强条委委员应向所在单位报告强制性条文有关工作，所在单位应支持委员的工作，提供必要的工作条件和经费。

第六章 工 作 经 费

第二十六条 强条委的工作经费主要由以下几方面提供：

（一）主管部门为强条委提供的支持经费；

（二）强条委秘书处承担单位提供的工作经费；

（三）强条委委员所在单位提供的支持经费；

（四）强条委开展咨询、培训和服务等工作的收入。

第二十七条　强条委的工作经费按照专款专用的原则筹集和开支。

第二十八条　强条委工作经费的主要用途为：

（一）强条委会议等活动经费；

（二）向委员提供文件、资料所需费用；

（三）强制性条文审查费用；

（四）出版物编辑、国际标准文件翻译等稿酬和人员劳务费等；

（五）参与国际、国内标准化活动所需费用；

（六）秘书处日常工作费用等。

第二十九条　强条委工作经费的管理与使用，应严格遵守国家有关财务制度和财经纪律，并接受主管部门和秘书处承担单位的审计和监督。

第七章　附　　则

第三十条　强条委依据本章程制定强制性条文审查等事项的工作程序和管理办法。

第三十一条　本章程由强条委秘书处负责解释。

第三十二条　本章程经强条委第一次全体会议（2012 年 4 月 5 日，北京）讨论通过，自印发之日起施行。

附录9　住房和城乡建设部强制性条文协调委员会强制性条文解释工作办法

第一章　总　　则

第一条　为协助主管部门做好强制性条文的解释工作，更好地发挥住房和城乡建设部强制性条文协调委员会（以下简称强条委）的技术支撑作用，根据《住房和城乡建设部强制性条文协调委员会章程》等文件，制定本工作办法。

第二条　本工作办法适用于城乡规划、城乡建设和房屋建筑工程建设标准强制性条文的解释。

本工作办法所称工程建设标准包括工程建设国家标准和行业标准；工程建设标准强制性条文（以下简称强制性条文）包括全文强制标准的条文和非全文强制标准中的强制性条文。

第二章　任务和执行

第三条　强条委秘书处负责组织执行主管部门下达的强制性条文解释任务。对强制性条文解释任务，主管部门应出具书面文件。

第四条　对有关部门、强制性条文实施单位提出的强制性条文解释要求，应转请主管部门提出解释要求，由强条委秘书处组织执行。

第五条　强条委秘书处负责组织相关人员或成立专题工作组开展相关强制性条文具体技术内容的解释。相关人员或专题工作组成员包括强条委委员、相关标准化技术委员会委员、相关标准主要起草人和有关专家。

第六条　对强制性条文的解释，应出具强制性条文解释函。起草强制性条文解释函时，应当深入调查研究，对主要技术内容做出具体解释，并进行论证。

第七条　强制性条文解释函的解释内容应以条文规定为依据，不得扩展或延伸条文规定，并应做到措辞准确、逻辑严密，与相关强制性条文协调统一。

第八条　强制性条文解释函应加盖强条委公章后报送主管部门；经主管部门同意或授权，也可直接回复给提出强制性条文解释要求的部门或单位。

第九条　强制性条文解释过程中的全部资料和记录由强条委秘书处存档。

第十条　强条委委员和秘书处成员不得以强条委或个人名义对强制性条文进行解释。

第三章　附　　则

第十一条　本工作办法由强条委秘书处负责解释。

第十二条　本工作办法由强条委全体委员讨论通过，自印发之日起施行。